U0178895

南 山 博 文

中国美术学院博士生论文

艺术与生活

——"杂志年"的封面设计与现代消费文化

章腊梅 著

中国美术学院出版社

《南山博文》编委会

主　　任　许　江
副 主 任　刘　健　宋建明　刘国辉
编　　委　范景中　曹意强　毛建波
　　　　　杨桦林　傅新生

责任编辑：刘　炜
装帧设计：张　钟
责任校对：杨轩飞
责任印制：张荣胜

图书在版编目（ＣＩＰ）数据

艺术与生活：“杂志年”的封面设计与现代消费文
化 / 章腊梅著. -- 杭州：中国美术学院出版社，
2021.5
　（南山博文 / 许江主编）
　ISBN 978-7-5503-2545-6

　Ⅰ. ①艺… Ⅱ. ①章… Ⅲ. ①期刊－封面－设计－研
究 Ⅳ. ①TS881

中国版本图书馆CIP数据核字(2021)第062647号

艺术与生活
——"杂志年"的封面设计与现代消费文化

章腊梅　著

出 品 人：祝平凡
出版发行：中国美术学院出版社
地　　址：中国·杭州南山路218号 / 邮政编码：310002
网　　址：http://www.caapress.com
经　　销：全国新华书店
印　　刷：杭州恒力通印务有限公司
版　　次：2021年5月第1版
印　　次：2021年5月第1次印刷
印　　张：15.5
开　　本：787mm×1092mm　1 / 16
字　　数：300千
图　　数：106幅
印　　数：001—500
书　　号：ISBN 978-7-5503-2545-6
定　　价：68.00元

南山博文

总　序

打造学院精英

当我们讲"打造中国学院的精英"之时，并不是要将学院的艺术青年培养成西方样式的翻版，培养成为少数人服务的文化贵族，培养成对中国的文化现实视而不见、与中国民众以及本土生活相脱节的一类。中国的美术学院的使命就是要重建中国学院的精英性。一个真正的中国学院必须牢牢植根于中国文化的最深处。一个真正的学院精英必须对中国文化具有充分的自觉精神和主体意识。

当今时代，跨文化境域正深刻地叠合而成我们生存的文化背景，工业化、信息化发展深刻地影响着如今的文化生态，城市化进程深刻地提出多种类型和多种关怀指向的文化命题，市场化环境带来文化体制和身份的深刻变革，所有这一切都包裹着新时代新需求的沉甸甸的胎衣，孕育着当代视觉文化的深刻转向。今天美术学院的学科专业结构已经发生变化。从美术学学科内部来讲，传统艺术形态的专业研究方向在持续的文化热潮中，重温深厚宏博的画论和诗学传统，一方面提出重建中国画学与书学的使命方向，另一方面以观看的存疑和诘问来追寻绘画的直观建构的方法，形成思想与艺术的独树一帜的对话体系。与此同时，一些实验形态的艺术以人文批判的情怀涉入现实生活的肌体，显露出更为贴近生活、更为贴近媒体时尚的积极思考，迅疾成长为新的研究方向。我们努力将这些不同的研究方向置入一个人形的结构中，组织成环环相扣、共生互动的整体联系。从整个学院的学科建设来讲，除了回应和引领全球境域中生活时尚的设计艺术学科外，回应和引领城市化进程的建筑艺术学科，回应和引领媒体生活的电影学和广播电视艺术学学科，回应和引领艺术人文研究与传播的艺术学学科都应运而生，组成具有视觉研究特色的人文艺术学科群。将来以总体艺术关怀的基本点，还将涉入戏剧、表演等学科。面对这样众多的学科划分，建立一个通识教育的基础阶段十分重要。这种通识教育不仅要构筑一个由世界性经典文明为中心的普适性教育，还要面对始终环绕着我们的中西对话基本模式、思考"自我文明将如何保存和发展"这样一类基本命题。这种通识教育被寄望来建构一种"自我文化模式"的共同基础，本身就包含了对于强势文明一统天下的颠覆观念，而着力树立复数的今古人文的价值关联体系，完成特定文化人群的文明认同的历史教育，塑造重建文化活力的主体力量，担当起"文化熔炉"的再造使命。

马一浮先生在《对浙江大学生毕业诸生的讲演词》中说："国家生命所系，实系于文化。而文化根本则在思想。从闻见得来的是知识，由自己体究，能将各种知识融会贯通，成立一个体系，名为思想。"孔子所谓的"知"，就是指思想而言。知、言、行，内在的是知，发于外的是言行。所以中国理学强调"格物、致知、诚意、正心、修身、齐家、治国、平天下"的序列及交互的生命义理。整部中国古典教育史反反复复重申的就是这个内圣外王的道理。在柏拉图那里，教育的本质就是"引导心灵转向"。这个引导心灵转向的过程，强调将心灵引向对于个别事物的理念上的超越，使之直面"事物本身"。为此必须引导心灵一步步向上，从低层次渐渐提升上去。在这过程中，提倡心灵远离事物的表象存在，去看真实的东西。从这个意义上讲，教育与学术研究、艺术与哲学的任务是一致的，都是教导人们面向真实，而抵达真实之途正是不断寻求"正确地看"的过程。为此柏拉图强调"综览"，通过综览整合的方式达到真。"综览"代表了早期学院精神的古典精髓。

　　中华文化，源远流长。纵观中国艺术史，不难窥见，开时代之先的均为画家而兼画论家。一方面他们是丹青好手，甚至是世所独绝的一代大师，另一方面，是中国画论得以阐明和传承并代有发展的历史名家，是中国画史和画论的文献主角。他们同是绘画实践与理论的时代高峰的创造者。他们承接和彰显着中国绘画精神艺理相通、生生不息的伟大的通人传统。中国绘画的通人传统使我们有理由在艺术经历分科之学、以培养艺术实践与理论各具所长的专门人才为目标的今天，来重新思考艺术的教育方式及其模式建构的问题。今日分科之学的一个重大弊端就在于将"知识"分类切块，学生被特定的"块"引向不同的"类"，不同的专业方向。这种专业方向与社会真正需求者，与马一浮先生所说的"思想者"不能相通。所以，"通"始终是学院的使命。要使其相通，重在艺术的内在精神。中国人将追寻自然的自觉，演变而成物化的精神，专注于物我一体的艺术境界，可赋予自然以人格化，亦可赋予人格以自然化，从而进一步将在山水自然中安顿自己生命的想法，发显而为"玄对山水"、以山水为美的世界，并始终铸炼着一种内修优先、精神至上的本质。所有这些关于内外能通、襟抱与绘事能通的特质，都使得中国绘画成为中国文人发露情感和胸襟的基本方式，并与文学、史学互为补益、互为彰显而相生相和。这是中国绘画源远流长的伟大的自觉，也是我们重建中国学院的精英性的一个重要起点。

　　在上述的这个机制设定之中，让我们仍然对某种现成化的系统感到担忧，这种系统有可能与知识的学科划分所显露出来的弊端结构性地联系在一起。如何在这样一个不可回避的学科框架中，有效地解决个性开启与共性需求、人文创意与知识学基础之间的矛盾，就是要不断地从精神上回返早期学院那种师生"同游"的关系。中国文化是强调"心游"的文化。"游"从水从流，一如旌旗的流苏，指不同的东西以原样来相伴相行，并始终保持自己。中国古典书院，历史上的文人雅集，都带着这种"曲水流觞"、与天地同游的心灵沟通的方式。欧洲美术学院有史以来所不断实践着的工作室体制，在经历了包豪斯的工坊系统的改革之后，持续容纳新的内涵，可以寄予希望构成这种"同游"的心灵濡染、个性开启的基本方式，为学子们提高自我的感受能力、亲历艺术家的意义，提供一个较少拘束、持续发展的平台。回返早期学院"同游"的状态，还在于尽可能避免实践类技艺传授中的"风格"定势，使学生在今古人文的理论与实践的研究中，广采博集，发挥艺术的独特心灵智性的作用，改变简单意义上的一味颠覆的草莽形象，建造学院的真正的精英性。

随着经济外向度的不断提高，多种文化互为交叠、互为揳入，我们进入一个前所未有的跨文化的环境。在这样的跨文化境域中，中国文化主体精神的重建和深化尤为重要。这种主体精神不是近代历史上"中西之辩"中的那个"中"。它不是一个简单的地域概念，既包含了中国文化的根源性因素，也包含了近现代史上不断融入中国的世界优秀文化；它也不是一个简单的时间概念，既包含了悠远而伟大的传统，也包含了在社会生活中生生不息地涌现着的文化现实；它亦不是简单的整体论意义上的价值观念，不是那些所谓表意的、线性东方符号式的东西。它是中国人创生新事物之时在根蒂处的智性品质，是那种直面现实、激活历史的创生力量。那么这种根源性在哪里？我想首先在中国文化的典籍之中。我们强调对文化经典的深度阅读，强调对美术原典的深度阅读。潘天寿先生一代在 20 世纪 50 年代建立起来的临摹课，正是这样一种有益的原典阅读。我原也不理解这种临摹的方法，直至今日，才慢慢嚼出其中的深义。这种临摹课不仅有利于中国画系的教学，还应当在一定程度上用于更广泛的基础课程。中国文化的根性隐在经典之中，深度阅读经典正是意味着这种根性并不简单而现成地"在"经典之中，而且还在我们当代人对经典的体验与洞察，以及这种洞察与深隐其中的根性相互开启和砥砺的那种情态之中。中国文化主体精神的缺失，并不能简单地归因于经典的失落，而是我们对经典缺少那种充满自信和自省的洞察。

学院的通境不仅仅在于通识基础的课程模式设置。这一基础设置涵盖本民族的经典文明与世界性的经典文明，并以原典导读和通史了解相结合的方式来继承中国的"经史传统"，建构起"自我文化模式"的自觉意识。学院的通境也不仅仅在于学院内部学科专业之间通过一定的结构模式，形成一种环环相扣的链状关系，让学生对于这个结构本身有感觉，由此体味艺术创造与艺术个性之间某些基本的问题，心存一种"格"的意念，抛却先在的定见，在自己所应该"在"的地方来充实而完满地呈现自己。学院的通境也不仅仅在于特色化校园建造和校园山水的濡染。今天，在自然离我们远去的时代，校园山水的意义，是在坚硬致密的学科见识中，在建筑物内的漫游生活中，不断地回望青山，我们在那里朝朝暮暮地与生活的自然会面。学子们正是在这样的远望和自照之中，随师友同游，不断感悟到一个远方的"自己"。学院的通境更在于消解学院的樊篱，尽可能让"家园"与"江湖"相通，让理论与实践相通，让学院内外的艺术思考努力相通。学院的精英性绝不是家园的贵族化，而是某种学术谱系的精神特性。这种特性有所为有所不为，但并不禁锢。她常常从生活中，从艺术种种的实验形态中吸取养料。她始终支持和赞助具有独立眼光和见解的艺术研究，支持和赞助向未知领域拓展的勇气和努力。她甚至应当拥有一种让艺术的最新思考尽早在教学中得以传播的体制。她本质上是面向大众、面向民间的，但她也始终不渝地背负一种自我铸造的要求，一种精英的责任。

在学院八十周年庆典到来之际，我们将近年来学院各学科的部分博士论文收集起来，编辑了这套书，题为"南山博文"。丛书中有获得全国优秀博士论文荣誉的论文，有我院率先进行的实践类理论研究博士的论文。论文所涉及的内容范围很广，有历史原典的研究，有方法论的探讨，有文化比较的课题。这套书中满含青年艺术家的努力，凝聚导师辅导的心血，更凸显了一个中国学院塑造自我精英性的决心和独特悠长的精神气息。

谨以此文献给"南山博文"首批丛书的出版，并愿学院诸子：心怀人文志，同游天地间。

许　江
2008 年 3 月 8 日
于北京新大都宾馆

序

　　章腊梅的《艺术与生活：“杂志年”的封面设计与现代消费文化》一书，提出并解决了中国现代设计史上的一个重要问题，即1933年至1934年中国出现的“杂志年”期间的封面设计如何通过视觉启蒙，显现中国城市消费生活的现代转身。其重要性表现在不仅具体地建构起中国早期图案教育和中国社会大众之间的实际联系，而且通过这一联系，用马克思主义社会艺术学的方法确实地来思考和分析中国现代艺术发展的特例，解读了普通民众日常生活和杂志封面设计理念之间的鲜明落差，由此开拓了设计史研究一个新的面向。

　　本书有两大特色，反映出现代设计史研究的突出成果。

　　从历史的角度，《艺术与生活》这本书的着眼点，根据20世纪30年代的中国国情，界说被史家称为“民国黄金十年”的文化亮点，即1933年至1934年出现多达500余种刊物的“杂志年”这一独特现象，全面深入地展示一个由图案教育、杂志封面设计和大众消费文化之间形成的有机互动，在突出中国现代生活中视觉启蒙意义的同时，彰显中外现代艺术交汇融合的巨大张力。如果对比20世纪20年代初上海出现的“国画复活运动”，20世纪30年代前期上海、广州、东京昙花一现的现代主义艺术新潮，这些象牙塔中的传统革新与新派实验，都无法与“杂志年”所形成的社会冲击力相提并论。其历史的价值，一方面强调国立西湖艺专图案科通过受现代西方设计理念熏陶海归学人和外教斋藤佳三在设计教学上的作用；另一方面凭借由鲁迅倡导的左翼文学艺术运动对文创设计的深刻影响，使学院和社会之间增强互动，激发出众多现代设计的构思灵感和艺术火花，赢得尽可能多的读者，在社会各个阶层，通过消费文化，形成改变人们思想和生活的强大推动力。

从理论的角度，马克思主义社会艺术史的方法，在此书中得到了精致的发挥，具有典范的意义。《艺术与生活》这本书的立意，超越了习见的设计视觉分析，而从设计功能的社会性上，形成不同以往的解读。这种时代性，如果泛泛地套用"经济基础决定上层建筑"的观点，是很难认识"杂志年"之所以如井喷一般壮美的奇观，因为这一时期大多数杂志的作者和读者，身处当时统治者施行的白色恐怖之下，都饥寒交迫地生存在社会中下层，不断挣扎、奋争和期盼。现实与理想之间这种巨大的落差，更加清晰地揭示了生活与艺术之间如此紧密契合的关键。这就是用设计艺术的理念，包括现代主义的各种手法，来唤起读者的想象力，憧憬美好的明天。章腊梅本科和硕士研究生阶段分别学设计和设计史，因此，在解读关于艺术与生活密切关联的主张时，并不是从概念到概念，而是结合杂志创办人的阶级立场、社会身份以及文化背景，进行深入具体的考察，由此了解他们对封面设计的思考和读者受众的需求。像本书附录《20 世纪 30 年代早中期左翼文学艺术出版杂志一览》，就清晰明了地体现出艺术设计与现实生活之间的这一有机互动，成为她讨论报章媒体封面设计"视觉启蒙"和中国都市民众生活的"现代转身"彼此关联的设计艺术史出发点。正如章腊梅在导论中所说，马克思主义社会艺术史方法看似熟悉，但真正用来解决现代设计史的问题，由于缺少对具体专题的深入剖析，至今尚未在中国艺术史界形成确解。而《艺术与生活》这本书，尤疑用"杂志年"这个"民国黄金十年"的设计史亮点，让马克思主义社会艺术设计史方法熠熠生辉。

2021 年 3 月

目　录

导　论

在中国现代艺术史上，大众生活、报章媒体与设计教育是三个相互关联的命题，精彩地呈现出现代艺术与城市消费文化之间的关系。这种关系特别清楚地体现在被称为"杂志年"的1934年所刊行的近500份杂志的封面设计中。

从20世纪30年代开始，在鲁迅（1881—1936）先生的领导下，左翼文化艺术运动空前活跃。1934年出现的众多文艺生活杂志，成为其有机的组成部分，形成独特的"杂志年"现象。作为中国悠久的印刷文化的历史延伸，"杂志年"与十六七世纪晚明时代，以及19世纪末20世纪初晚清时代的市民文化形成了生动的对比。这种新的印刷文化的独特之处，在于它通过设计教育影响了社会各个阶层，和上海、广州、北京，甚至东京等都市的读者产生了广泛的关联。如果对比20世纪20年代初上海出现的"国画复活运动"、20世纪30年代前期上海、广州、东京昙花一现的现代主义艺术新潮，这些象牙塔中的传统革新与新派实验，都无法与"杂志年"所形成的社会冲击力相提并论。这种前所未有的文化普及现象代表了由艺术设计推进大众媒体和传播现代文学的趋势，使城市的劳苦大众也参与其中，成为1937年抗日战争全面爆发之前史称"中华民国黄金十年"[1]的文化亮点。在这新的趋势中，艺术与生活，即鲁迅先生所提倡的为生活而艺术的理念，蔚为大观。从中国早期图案教育的发展而言，便意味着视觉文化教育必须适应时代需要，为新生活而设计，由此暗合20世纪初德国包豪斯的设计理念，显示该设计学派在中国的思想影响。

包豪斯理论长期在学术界被误解为纯粹的前卫运动，被认为是推崇"为艺术而艺术"，而与"为生活而艺术"的理念没有受到重视。这种误解在所有关于中国现代设计的研究之中相当普遍。为了避免这种误解，本文以国立杭州艺专的艺术教育作为案例，回到中国现代艺术的教育现场，展开深入研究。

由于林风眠（1900—1991）和陈之佛（1896—1962）、斋藤佳三（1887—1955）等重要美术教育家的提倡和示范，中国现代城市文化呈现出了纯艺术与商业艺术的大胆结合，展示出艺术与生活的内在关联，从而构成了与中国既往的印刷文化的鲜明对照。正是这个在中国现代艺术非常重要却长期被忽视的层面，本文的考察为艺术史学科的发展展示了新的研究面向。更准确地说，就是运用马克思主义方法来具体处理社会艺术史的个别与一般的关系。不论"杂志年"何其短暂，它如黑暗中划破浩瀚夜空的一颗流星，成为艺术社会学史上认识设计教育和大众生活关系的难得范例。1934 年"杂志年"众多杂志封面的设计所取得重要的成就，在于它们努力吸引尽可能多的读者，特别是针对来自社会底层的工人阶级。这在"中华民国的黄金十年"是非同寻常的文化建树，它不仅有力地强化了我们对"包豪斯学派在社会中真正代表了什么"的诠释，而且更重要的是体现出马克思主义艺术社会学方法的普世价值，激发用我们更宏观的眼光来考察现代世界设计史，也成为本文研究"杂志年"的价值所在和历史启示。

第一节　研究缘起

进入博士课程之初，第一次在导师建议下接触 1934 年"杂志年"这一现象，笔者就立刻被其丰富的内容吸引，其中折射出的艰难时势，民众的生存境况以及起伏的抗争历程，令人深感震撼。多年战乱、军阀割据、外敌入侵……都是 20 世纪 20 至 30 年代人们所处境遇的宏观概括。对于普通大众来说，每一个人都在承受这些苦难。在这样的背景下，中华大地上竟出现了杂志出版繁盛的"杂志年"，颇有些令人费解。大半个世纪过去，"杂志年"现在已成为一个特殊的文化、社会现象，不断在吸引着国内外学者的注意力。

身为一名编辑，笔者深知在书籍出版工作中，参与书刊形态制作是整个工作环节中很重要的一部分。同时，书刊的形态设计也是联系作者、读者的重要环节。很难想象，"杂志年"的读者和撰稿人，大多是一群生活在底层、食不果腹，挣扎在温饱线下的民众。无论是其中的创办者还是作者抑或是读者，平时都节衣缩食，对杂志出版事业却倾囊而出，支撑他们的是对精神生活的强烈渴望，他们共同书写了中国杂志出版史上的辉煌一页。

同样的是书刊出版与订阅，"杂志年"的读者和今天读者究竟有什么不同？两者之间的差距以及"杂志年"的价值与意义究竟在哪里？我们今天还能从中读到什么？……这些问题不断浮现并吸引笔者去一探究竟。

出于设计专业本科和硕士学设计理论的背景，笔者在思考这些问题时，努力从视觉出发，从生活出发，从艺术和生活的关系出发，将关注点具体落在这些杂志的设计与封面上。这些往昔的期刊，绝大多数被历史尘封。当笔者在上海图书馆查阅这些杂志时，一种莫名的冲动，由衷而生：那么多的封面设计，形形色色，别具一格，作为最先映入人们眼帘的视觉图像，它们曾经在中国现代历史上起过什么实际作用？就这样，笔者开始了对"杂志年"漫长的摸索与研究。

幸运的是，有了这样的关注点之后，经过初始阶段的资料搜集，"杂志年"现象中隐含的艺术为生活服务的视觉主题开始显现。与此同时，笔者恰巧赶上了设计界的大事——"以包豪斯为中心的西方现代设计收藏"落户中国美术学院。这批收藏以及包豪斯理念恰恰与"杂志年"背后艺术与生活的关系和意义相吻合。这些日渐清晰的线索不仅和笔者学习过的设计专业联系密切，还与现在所从事的工作密切相连。特别是接触到曾经受聘在国立艺术院教授图案的斋藤佳三的第一手史料，使笔者深深感到中国美术学院的设计教育源远流长，在世界现代艺术发展的历程中拥有特殊的位置。

从世界设计艺术史来考察，包豪斯对中国现代设计影响巨大。但如果说其设计理念贯穿了 20 世纪初设计师追求民生改造和"现代化"的历程，那么，其对"杂志年"的形成影响如何呢？20 世纪 20 至 30 年代出版的数以千计的杂志，其视觉形象的形成和包豪斯理念有何关联？具体的经典设计又是怎样和日常生活的大众需求密不可分？

在马克思主义的故乡，包豪斯核心的设计理念便是艺术与生活的统一。中国设计史的研究显示出包豪斯设计理念是中国早期设计主要的参照来源。聚焦 1934 年即"杂志年"和大众媒体传播的新趋势，其中呈现出很多为生活而做的设计，艺术与生活密切联系，为生活而艺术，这不恰恰吻合包豪斯的设计理念？

现代书刊的产生和发展对于编辑和书刊设计研究者来说，

是一个绕不过去的阶段，"杂志年"的封面设计形成了现代书刊形态产生阶段最具特点的视觉谱系，应该成为当代封面设计的理论和实践的原点，可惜一度繁荣的"杂志年"所缔造的视觉盛宴尚未引起设计界的足够重视，得到系统与理性的阐述。事实上，20世纪30年代，这一时期的设计除了作为大众传媒的杂志封面设计，还有包装设计、广告设计、月份牌等商业美术设计，此时的商业美术因站在历史、社会、文化发展的十字路口，肩负着特殊的历史使命，表现出极高的艺术性和文化性，独具魅力。这一阶段设计的真正价值，是以设计的观念来满足、引导和提升社会生活方方面面的需求。在现代中国艺术史的研究中，关于艺术为生活服务这一命题看似熟悉却又长期遭到忽视。包豪斯的设计理论，也渐渐成为前卫派、纯学术的代名词，其理念核心，即把艺术与生活相统一的理论和实践却成为人们很少关注的对象。

由于这种认识上的偏颇和缺失，本文的主旨便凸显出来。如果现代生活中没有艺术设计，很难想象美好的生活会是什么样子。随着科学技术的迅速发展，艺术设计正以前所未有的广度和深度参与并影响人们的生活方式。最初从纯艺术教育中分离出来的实用美术教育，又在怎样践行设计教育改造社会、服务大众生活这一理念呢？而像"杂志年"这样多姿多彩、生动鲜活的具体史迹，正好是思考这些问题的绝佳案例。由此看来，包豪斯设计理念在 20 世纪 30 年代中国都市消费文化形成中的直接影响，可以借此一探虚实。以马克思主义艺术社会学重新解读艺术与生活的关系，能对症下药，解决中国现代设计史上的一个重要议题。更进一步，本文也希望通过马克思主义艺术社会学的视角，重新审度包豪斯研究对理解中国设计史发展的一般意义。

第二节　学术综述：探索"杂志年"的艺术史价值

当笔者信心满满着手研究时，才发现这是一个跨度非常大的领域。不仅涉及"杂志年"、现代印刷文化、"左联"文艺以及中国早期图案教育的研究，还和日籍教师斋藤佳三在国立杭州艺专[2]的教学、包豪斯早期对中国现代设计的影响等相关领域关系密切。

涉及"杂志年"的大多文献都重在研究和陈述这一现象，如王海的《20 世纪二三十年代中西杂志比较》[3]、吴晓琛的《"杂志年"的思考》[4]等。当时的中国正在经历激烈的社会和政治变革，内政部注册的杂志就有 450 种，其中在上海发行的杂志就多达

212 种。20 世纪 30 年代的上海，创办期刊没有数量上的限制，各种政治力量、私人团体、几个人、甚至一个人单枪匹马都能办杂志，可谓上海期刊的黄金时代。

此外，有关"杂志年"历史背景的研究有刘政洲、邓晓慧的《20 世纪 30 年代"杂志年"兴起的历史背景研究》[5]，刘峰、范继忠的《民国（1919—1936）时期学术期刊研究述评》[6]。他们分析了"杂志年"兴起的历史背景，论述杂志的艰难生存境况。这一时期大部分期刊寿命短暂，往往刚出版两三期即告停刊，国民党新军阀政权的建立与 1927 年在南京成立的国民党政府所推行的文化专制政策，使大批期刊包括学术期刊遭到扼杀。本文附录《1930 年代早中期左翼文学艺术出版杂志一览》的"其他"栏目对此有清楚的显示。如《太阳》月刊就曾因为不断被查封，在短短两年之间改了五次刊名，而鲁迅先生为了逃避审查制度，在 1933—1944 年用过 60 多个笔名。

以上这些文章从文化层面、经济层面和政治层面分析了"杂志年"的成因，为杂志作为商品流通时展现的视觉形象研究做了很好的铺垫。民国时期国家经济发展缓慢，国人生活贫困，期刊只有内容含量大，价格便宜，才能满足大众需求。值得注意的是，这些期刊在生活中的视觉存在是怎样的呢？它们所处文化和社会空间又是怎样的呢？在这一方面，李欧梵《上海摩登》[7]一书做出了很好的大环境研究。郑胜天等人于2004年策划的慕尼黑《上海摩登》大展和图录[8]，以相同的标题，也将人们的注意力引向1937年之前上海的视觉文化。

杂志是一种特殊的商品，要生存要依赖市场，要有相对稳定的消费群体。李欧梵描述了一些上海的公共空间，如外滩建筑、咖啡馆、电影院、跑马场等，试图在这些公共空间的基础上，结合其对上海外国和本国居民日常生活的潜移默化的影响，重绘一张上海文化地图。通过分析印刷文化体现的现代性，中国电影对西方的借鉴和本土化，文学作品和翻译作品中所体现的现代主义等，想象性地重构了上海近代的都市文化。他论述了新的思想和观念如何被传播，论述了印刷文化中所体现的现代性。有些出版物承担了启蒙和促进现代化的任务，并帮助国家进行民族的构建。画报和月份牌上的女性反映出来的是一种都会的生活方式，是都市文化和现代性的体现。李欧梵也谈到期刊的现代性，杂志上琳琅满目的衣服、香水、珠宝、饭店和汽车广告，正是构成摩登意象的神话般的商品，它们是上海富有市民逐猎的东西。

陈瑞林的《城市文化与大众美术》[9]一文从印刷文化发展的角度谈城市文化与大众美术时提及，报纸、杂志、书籍的印刷出版属于利润丰富的商业行为。印刷复制的进步极大地推动了报纸、刊物、画报的出版，尤其是以满足文化程度不高的市民阶层读图要求的画报，更是如雨后春笋般出现。传入中国的石版、铜版、照相版（珂罗版）印刷技术使美术品的复制脱离了中国木版刻印传统，视觉效果更加精美，批量印制更加便利。城市市民的消费需求与商人的商业利益结合在一起，促使书籍装帧、插图和画报、广告、包装等大众美术创作日趋繁盛。

"城市文化与大众美术"以及上述李欧梵、郑胜天等人的研究，加上后来 2007 年中国美术学院艺术人文学院成立之初举办的"城市文化与视觉生产"学术研讨会，将人们不断引向视觉文化的情境中。这些研究都为"杂志年"的具体研究奠定了基础。

在这一情境中，恰是展开"杂志年"研究的好时机。1934 年在中国出现"杂志年"的奇迹，不仅在于刊物数量惊人，还在于其体现的现代性，具体到杂志设计上就是对包豪斯理念的实际应用。这种印刷文化的传统，从晚明到晚清曾出现过两次高潮，但都无法和"杂志年"相提并论，无论是在广度还是在深度上，"杂志年"的重要性不言而喻。在这一浪潮中，又以中国左翼作家联盟（"左联"）出版物最有生机和活力。数量惊人并在全国范围开花结果，和共产国际的各个分部相连接，其中和"左联"东京支部的关系最为密切。在这个浪潮中，鲁迅、郭沫若（1892—1978）等革命文化旗手，都具有世界意义。与之对照，其他意识形态主导下的刊物，如温源宁（1899—1984）主编的《天下》（*Tian Hsia Monthly*）英文月刊也在国际社会颇具影响。如果对比20世纪20年代初上海出现的"国画复活运动"、[10]20 世纪 30 年代前期上海、广州、东京昙花一现的现代主义艺术新潮，[11]这些象牙塔中的传统革新与新派实验，都无法与"杂志年"所形成的社会冲击力相提并论。

1934、1935 年出现的"杂志年"伴随着中国的现代化进程而产生，在以鲁迅为代表的左翼文学的助力下，文学为大众的思想得到很好的讨论。在国民党的文化围剿中，"左联"等文艺团体成立。为了宣扬他们的大众文学主张和现代主义思想，"左联"在上海和全国以及海外的成员，在与国民党当局斗争的过程中，先后创办了一批刊物，如《拓荒者》《萌芽月刊》《北斗》等期刊。这些杂志吸引了一大批新老作家，形成了一支以左翼作家为核心的革命文艺大军，出现了文艺创作空前繁荣的新局面。关于左翼文学的研究有姚辛《左联史》[12]《左联画史》[13]《左联词典》[14]等著作，提供了"左联"的史料和"左联"杂志的出版状况。[15]在大众文学的影响下，左翼美术提倡大众美术的创作方法，木刻和漫画成为最具代表的形式。这些也成为杂志空前繁荣的主要原因。乔丽华的《"美联"与左翼美术运动》[16]一书，论述了鲁迅与左翼美术家联盟（美联）的关系及鲁迅在其中发挥的作用和所做的贡献。而鲁迅的现代性文艺主张则留待人们继续探讨。鲁迅在文艺创作和艺术实践（封面设计）两方面的努力中成就突出，是以鲁迅为代表的文化精英的现代性思维在文化刊物上的整体呈现。

在当时的历史背景下，民国商业美术包括杂志在内的大众媒体的发展不仅是艺术家所要面对的问题，更是受到了有识之士的重视。他们身体力行，参与到商业美术设计中。鲁迅、丰子恺（1898—1975）、陶元庆（1893—1929）、钱君匋（1907—1998）等艺术家都参与到书籍装帧设计中。关于民国时期的书籍封面设计研究分为两个部分，一是书籍封面画研究，如欧咏梅《中西合璧——民国时期书籍装帧的艺术风格研究》、徐燕《冲突与融合——民国时期书籍装帧设计》；二是对当时重要的书籍封画艺术家的研究，如鲁迅、丰子恺等。如高华《鲁迅的书籍装帧艺术研究》、刘运峰《鲁迅书衣白影》、李晓峰《丰子恺书籍装帧艺术研究》、中国美术家协会上海分会编著的《鲁迅与书籍装帧》等。这些研究多侧重于以审美眼光进行分析。如果我们能将这些设计联系当时西方现代艺术和设计风格的传入对杂志繁荣和整体设计的影响，会发现西方元素成了书刊封面图像的一个设计方向。这些新的设计思潮如何同中国的书籍内容相协调并为大众接受，恰是这一时期设计师要面对的问题，也是设计师在对西方图像引入的基础上有意识地进行本土化创新的亮点。杂志最后要面对读者，怎样的设计才能让杂志的受众特征明显，引起读者的共鸣，刺激购买欲，这也是设计师要思考和面对的问题。

印刷文化体现着日常生活中蕴含着的意识形态与文化价值观念。新一代的知识分子，借助印刷文化的发展，在中国传统文化的土壤上发展出中国的现代文化。现代文化首先发端在广州、杭州、上海等都市，20世纪20至30年代是中国近代史上一个短暂的黄金时期，借助商业的繁荣发展，城市市民文化迅速发展。现代性不仅反映在文化、艺术创作中，也反映在上海人的生活方式中—都市生活中的休闲娱乐方式，充满了大众媒介等商业艺术对新生活的传播与渗透。港台、欧美学人对晚明、晚清印刷文化也做过大量研究，本文对于"杂志年"的探索则更加明确地放在了实用美术如杂志封面设计这样的"视觉启蒙"样板上。

20世纪20至30年代出现的私立美术学校、高等美术教育图案系的建立和教学，正是将这种视觉启蒙落到实处的艺术土壤。日籍教师斋藤佳三在国立杭州艺术专科学校（斋藤佳三应聘合约生效的前一个月，国立艺术院更名为国立杭州艺术专科学校）的图案教学是我们具体探究的关键点。国内提及斋藤佳三的文献有丘玺（1913—？）的《记母校的外籍教师》[17]、季春丹（力扬，1908—1964）整理的《斋藤佳三先生在教室里的演讲》[18]、蔡振华（1912—2006）的《一鳞半爪忆当年》[19]以及章之珺翻译的斋藤佳三的《图案构成法》[20]等。在日本，关于斋藤佳三与杭州艺专的研究有吉田千鹤子的《斋藤佳三与林风眠》[21]，长田谦一的《斋藤佳三1930—杭州/上海的经验》[22]等。2014年，斋藤佳三的家属将一批斋藤佳三的作品和文献捐赠给了日本东京艺术大学，这批珍贵的材料里包含1929年在杭州艺专授课期间的讲义、书信等手稿。通过对国内和日本斋藤佳三的文献整理和研究，论文得以将杭州艺专的图案教学和包豪斯的教学理念建立起联系。

关于上海美专、国立艺术院和国立北京美术专门学校的图案教学，有大量的专门研究，如郑洁《美术学校与海上摩登艺术史界：上海美专1913—1937》[23]里的第二章。围绕上海美专在上海商业美术市场中的教学和实践我们发现，当时的教学通过高效地提供商业美术训练，完美地回应了市场需求，并根据市场变化调整其培训服务。夏燕靖《上海美专工艺图案教学史考》[24]、贺晓舟《国立北京美术专门学校高等部图案科及其日本原型》[25]、周博《北京美术学院与中国现代设计教育的开端》[26]、吴海燕主编的《国美之路大典·设计卷·匠心文脉》[27]和《国美之路大典·设计卷·道生悟成》[28]等中国高等图案系的教学史料考证，是本文早期图案教学研究的基础。

基于这些文献，可以更好地展开艺术与生活、艺术服务于生活的研究。19世纪末20世纪初，启蒙与普及是这一时期的出版方向，小说出版成为联系民众与启蒙民众的工具。提倡科学、民主的新文化运动成了"五四运动"的先导。"五四运动"后，在科学、民主观念的传播过程中，书籍期刊出版繁荣，书籍封面设计的需求大增，同时引起封面设计新风格的实践。20世纪20至30年代的商业美术、书籍、杂志等，均体现出不同形态的现代性进程，包括封面设计在内的商业设计于1930年代在现代城市文化兴盛过程中发挥的巨大作用也是本文关心的问题。

第三节　研究方法：社会艺术史的反思与设计学视觉分析的应用

艺术史研究的前辈为我们提供了各种各样的研究方法，在涉及具体问题时，往往不限于一种或几种方法，而是随时根据需要使用恰当的方法来解决我们要探寻的问题。

在中国近现代艺术史的研究领域，中国近现代美术史被认为是中国美术史传统及其审美标准的赓续，抑或是一部美术社会史。[29] 在现代中国艺术史特别是设计史研究上，运用马克思主义社会艺术史方法来认识政治、社会和历史问题，看似熟悉但又长期被人忽视，十分耐人寻思。

让我们先从熟悉的一面入手。其原因，是马克思主义作为中华人民共和国的主流意识形态，强调存在决定意识，因此人们会自然地注意到印刷文化在中国现代城市文化兴盛过程中所起的作用。

中国 20 世纪 20 至 30 年代引入马克思主义美学主张，艺术与生活的关系也成为中国文艺理论的核心问题。艺术来源于生活却高于生活，这是艺术创作中谈得最多的问题。高于生活的部分成为"为艺术而艺术"的理论也成了研究的主要方向。

对鲁迅的文学艺术主张给予高度评价的毛泽东（1893—1976），其文艺思想，创造性地将马克思主义普遍真理同中国革命文艺实践经验结合起来，极大地丰富了马克思主义文艺理论宝库。在《在延安文艺座谈会上的讲话》中，毛泽东提出了人类的社会生活是一切文学艺术的取之不尽、用之不竭的唯一的源泉的著名论断，揭示了文艺和生活、文艺和群众的相互关系。他指出：作家、艺术家"必须和新的群众的时代相结合"，"必须彻底解决个人与群众的关系"。[30] 艺术为现实生活服务是马克思主义理论的基础，毛泽东在马克思理论的基础上，强调艺术为人民大众服务的宗旨。这些不仅是"左联"刊行报纸、杂志的初衷，而且能具体落实在现代封面设计的实践过程中。

20 世纪 70 年代，西方艺术史的研究出现了新艺术史思潮。新艺术史力图重新检验我们的思考、写作视觉艺术史的方式，并在现代批评理论的影响下，致力于揭示艺术的社会、文化和历史意义。社会艺术史学派的学者则把目光投向复杂的政治潮流，以及同时期的文学和哲学思想潮流，把美术与同时代的其他方面的发展联系起来，例如社会和政治变革。[31] 运用马克思主义政治、社会和历史理论解释艺术史也是新艺术史研究的一个趋势和流派——马克思主义社会艺术史，这个流派将艺术当作一种社会现象来研究，现代的社会艺术史至少包括五个层次：

一个社会中艺术的一般意义与功能；生产者与接受者之间互动的一般形式；生产者之间的互动的一般形式；艺术家与买家（赞助人、听众）之间的特殊关系；一件特殊产品生产背后的动机，不管是生产这方面的特别动机，还是赞助者或买家方面的特别动机。出于简明的理由，这些层次可以被浓缩为两个主要的议题：艺术的社会功能以及艺术家与社会之间的关系。[32]

马克思主义社会艺术史学派认为，美术作品和特定的阶级社会中的某种文化的所有方面一样，是由社会历史条件决定的，特别是由生活资料的生产和分配方式等基本经济条件决定的。视觉艺术和社会经济状况之间存在着必然联系，并且随时可以看到这种联系。在 20 世纪 50 年代，阿诺德·豪泽尔（Arnold Hauser, 1892—1978）在《艺术社会史》中认为，艺术总是与社会需求联系在一起，社会向艺术创造提供了机会。"社会的变化总是伴随着艺术的变化，另一方面，艺术变化常常不能导致可见的或是有意义的社会效果。"[33]艺术是自发或既定经验的组织、陈述和传播者，艺术介入生活，就对社会产生了影响。豪泽尔的理论基点是艺术诞生于纯科学真理偏离的地方。艺术不是作为科学发生的，也不是作为科学而终止的。艺术源于生活的需要，它和科学都行走在同一条永无止境的路上，解释和引导着生活。迈克尔·巴克桑德尔（Michael Baxandall，1933—2008）《15世纪意大利的绘画和经验》从新的视角来谈论艺术与社会的关系。他认为首先要反对的是依据图画的社会背景解释图画的观点，不能以此来解读他的论著，他甚至声明此书是给历史学家而非艺术史家的。[34]试图用假设的方式阐述视觉文化，即丰富多彩的社会现实是如何体现在绘画中，视觉艺术成为表达某些想法的新工具。"一幅画作，系'某种社会关系的积淀'；'绘画作品和其他物品一样，皆系经济生活的化石'。"巴克桑德尔在加州大学伯克利分校的同事 T.J. 克拉克（T. J. Clark），也是欧美重要的马克思主义艺术史家之一。他的研究基于这样的前提：艺术必须被理解为劳动产品，是特定历史条件下的产物，它受到经济、历史、意识形态以及当时的美学思想和物质的影响。艺术作品一定要联系它所属的历史时刻来理解，艺术家的创作一定受制于当时的艺术主流、社会机制、政治体系以及学术环境。加州大学伯克利分校研究中国绘画史的教授高居翰（James Cahill，1926—2014）身为社会艺术史学派的成员，对中国绘画研究贡献卓著。他不仅重视绘画作品本身的技术性和审美性探讨，也注重绘画作品产生的时代、地域、文化等外部因素对艺术的影响，即强调绘画的社会、历史和文化等的研究。"把艺术家与画作摆到他们历史的（社会的、经济的）进程中加以理解。"[35]

梳理了社会艺术史方法论的发展脉络，接下来就可以思考，为什么马克思主义看似那么熟悉，其社会艺术史方法却会在中国现代设计史的研究中长期受人忽视？究其原因，在于缺乏对包豪斯理念的真切理解以及历史和理论的解读，尤其是缺乏对第一手相关人物的历史材料和实物收藏的关注。

综观中国的设计史研究，注重的多是设计的语言、形态和风格的研究，很少有关于设计为生活服务的专项研究。落实到艺术的现实功能一面，为生活的艺术研究特别是在中国现代设计史研究中尤其有待深入。例如，以往对国立艺术院的研究中，我们更多关注"纯美术""美育代宗教"等观念。本文则希望运用马克思主义艺术史学的方法，既能关注整个"杂志年"的设计思路和影响，又能通过分析这一时期图案教学产生的社会环境、经济基础、包括教学宗旨、教学方法和课程设置等，以及设计师个体的学习背景等相关因素，找出当时高等图案教育与包豪斯设计理念之间的联系。

为了探究"杂志年"的设计理念及其在城市文化兴盛上扮演的角色，20世纪20至30年代的杂志封面设计研究是本文的基础。可以运用马克思主义艺术社会学的研究方法和文献学的方法对大量的一手材料、文献进行挖掘和分析，而处理具体案例则更多运用设计学的视觉分析法。

本文以20世纪20至30年代的书籍封面设计为基础，考察包括左翼文学在内的"杂志年"的期刊封面设计特点。在收集大量封面书影的基础上，通过对作品的形式、风格和设计手法等视觉元素进行归纳和对比考证，梳理封面图像的种类、视觉特征等，以此呈现出当时书籍封面图像的真实图景。在此基础上，剖析书籍封面图像产生的文化背景、社会背景等，继而进行理论分析。同时总结封面图像的设计规律，并挖掘形态与社会、经济和文化等关系，梳理杂志封面设计的核心价值和核心理念。然后对比国立与私立美术学院图案系的课程设置和教师的学习背景，可以看出我国近代"图案学"兴起的历史渊源。特别是国立艺术院图案系教学理论的梳理，呈现了林风眠主持的国立艺术院的教学一方面强调艺术创作，一方面强调艺术与社会结合起来的教育思想，超越了"为艺术而艺术"的西方美术教育观念，凸显了设计与社会生活的关系，显示出20世纪中国社会生活对于美术教育和设计的需要。

在设计艺术史研究中，马克思主义社会艺术史从艺术的社会功能和艺术家与那个时代之间的关系两个主要的方面对艺术展开研究，而包豪斯设计理念，可以说很好地阐释了马克思主义理论中艺术与现实生活的关系。源于德意志制造联盟理念的包豪斯理论产生于"一战"后，学生时代的沃尔特·格罗皮乌斯（Walter Gropius，1883—1969）一直希望设计能够为广大的劳动人民服务，而不仅仅为少数权贵服务，设计拯救国家，这是他的抱负。艺术与生活、工业的结合是包豪斯设计的核心理念。从此，西方的现代艺术向实用艺术和纯艺术两个不同的方向发展。

关于包豪斯的研究，正如周诗岩在《包豪斯悖论：先锋派临界点》一书中所观察到的：

> 可以说，"包豪斯"既是枯竭的，又是丰沃的。其枯竭在于，尽管包豪斯为人们贡献过林林总总的成果，但是一旦论及其理念，往往只剩下口号几句。其丰沃则在于，我们可以在其理念结构所预留的空隙中，探寻到它为后世存蓄的动能……最终，你可能会发现，包豪斯无论如何都产生于对紧邻的历史所招致的经验现实的激烈抵抗。一系列的发现之后，剩下的关键问题仍在于它的根本出发点：基于怎样的出发点，它有可能作为艺术更新社会的思想宝库？[36]

思考这个出发点，正是本文的全部立论。

在中西文化交流的过程中，西方的现代主义艺术随着文化交流进入中国，包括包豪斯设计在内的西方现代设计理念也随之传入。最早在中国谈论包豪斯的两位艺术家是接受过日本现代设计教育的陈之佛和接受法国等欧洲现代设计教育的庞薰琹（1906—1985），他们受到的设计教育正好是当时中国现代艺术和设计借鉴、引入西方现代艺术和设计的两个途径。他们最后都有过在国立艺术院的教育实践，都由于客观及社会、政治等原因，最后选择以图案教育来回应包括包豪斯在内的西方现代设计的影响。他们的图案教学，使国立杭州艺专为生活的设计走在了中国高等设计教育的前列。1928年国立艺术院图案系建立并聘请受过法国图案教育的刘既漂（1900—1992）担任图案系主任，这正是基于校长林风眠实用艺术与纯艺术并重的办学理念。而最早将西方包豪斯理念实施在国立艺术院的教学中的是林风眠聘请的受过德国现代设计教育的日籍教授斋藤佳三。因为国立艺术院有了这样的西方体系的图案教学实践，艺术服务于生活的宗旨成为国立艺术院图案教学的理念。也正因为有了斋藤佳三的教学和一批留学归国的设计师的实践和教学，从此国立艺专的图案教学与西方包括包豪斯在内的现代设计联系了起来，使中国早期的图案教学跻身于世界现代设计的进程并参与其中。当这种理念和留学生们一起来到中国，面临着中国尚不发达的批量生产的工业现实。中国的设计师势必在吸收西方现代设计的过程中，借鉴西方现代设计的形式和设计理念，同时结合本民族的文化特点，创造出适合那个时代的设计。在现代商业文化的发展中，设计在中国都市城市文化建设中起到了改善人民生活的作用，以此满足人们生活方方面面的需求，至此设计将艺术和生活联系到了一起。

本文还采取了图像学的方法，在掌握材料的基础上进行历史的分析和解释，结合个案研究，注重封面图像背后传达的文化意义和传播意义。在文献基础上，运用综合比较法，通过纵向的比较来梳理书籍封面图像的发展和演变，通过横向的比较来认识图像的个体特征等。

第四节 研究内容：艺术与生活关系的再探索

在中国现代艺术史上，大众生活、报章媒体与设计教育是三个相互关联的命题，精彩地呈现出现代艺术与城市消费文化之间的关系。这种关系特别清楚地体现在被称为"杂志年"的1934年所刊行的近500份杂志的封面设计中。

因此，本文分三章探讨大众生活的"现代转身"，具体显示在"杂志年"的现代性建构的视觉启蒙和中国高等美术院校早期图案设计教育的实际示范与具体应用，作为对提倡把艺术与生活和工业相结合的包豪斯学派之中国影响的新诠释。

第一章分三个方面，认识传统大众生活如何通过印刷文化的发展实现"现代转身"，并由"杂志年"封面设计体现其印刷技术、视觉导向和消费阶层的定型。1934、1935年被文坛称为"杂志年"，在封面设计里程中，尤其是中国早期现代设计实践的发展中，这两年是一个关键的转折点。包括中国现代社会特征，即民族资本支持下城市消费阶层的出现，而半殖民地半封建文化的现状，使这种急剧发展的消费文化带有时代和地域的特色。20世纪流行的大众美术运动现象也是世界现代美术的现象，大众美术和繁荣的商业结合，为满足大众的市民趣味，引导消费和时尚的图像体系——月份牌、广告、杂志封面等图像出现。这些商业图像成了特殊化的传递信息的重要工具，创造大众的生活需要是商业美术与纯美术的差异，在满足大众生活需要的基础上，提供和人们生活息息相关的信息，其目的是引起消费者的购买，服务于人们的生活。近代商业美术，通过广告、报纸、杂志建立起一套全新的图像启蒙体系。在这些商业美术中，书籍杂志封面设计成为值得注意的商业文化现象。在现代民主社会背景下，不同的党派、不同的思想并存，各种党派意识形态的斗争都汇聚在这些封面图像设计上。这里特别引人注目的是参与"杂志年"的作者和读者，许多是挣扎在生活贫困线上的普通民众，由此更加彰显出大众生活和艺术设计之间的内在联系。在此现实与理想的悬殊对比之下，"杂志年"运作的政治、社会和商业机制也因此变得精彩纷呈，极具时代特色。

第二章的重点是展开这场现代"视觉启蒙"，显示报章时代的都市消费文化特色。在现代文化消费市场中，作为商品的书籍与报章形成了激烈的竞争，使都市的娱乐消费文化充满活力，由此带动时代风尚与艺术形态中的设计，深刻地改变大众生活与舆论媒体之间的联系。"杂志年"不啻为中国社会生活方方面面的体现，可以借此重新认识现代中国城市文化。而左翼文学艺术的异军突起，则成为其中的一道壮观的风景线。通过对这一时期的杂志封面设计可以看出，为了书刊的中文刊名与引入的西方设计元素相协调，设计师的共同点是以报刊的刊名创意字体为主，字体设计包含丰富多样的形态和风格。由于文化、设计师主体的差异和受西方艺术和设计风格的影响，设计师结合刊物的主旨和时代特征，在封面图像设计中表现丰富多彩、形式多样。设计师的设计思想受到日本、欧洲现代设计的影响，但同时能结合中国的社会环境和文化背景，将设计与生活结合起来。由此体现的大众生活，也因此争奇斗艳，精彩纷呈。最值得注意的是反映劳苦民众的左翼刊物，现代的设计意识尤为出众。在国民政府对进步文化进行残酷的镇压和围剿中，左翼作家、美术家等联盟成立。在和国民党斗争的过程中，鲁迅等倡导的大众文学创作得到了文学界的响应，"左联"的领导人积极创办刊物，形成了一支以左翼作家为核心的革命文艺大军，出现了文艺的繁荣。杂志为了生存，采取了更换刊名、设立海外分部等策略，"杂志年"在这样的"白色恐怖"下形成，作为出版物激发大众的审美趣味，引导大众对书籍内容的认知，这便是左翼杂志封面设计的特点。"杂志年"也因此由左翼文学与艺术运动的旗手鲁迅及其追随者所定义。鲁迅的文艺创作和艺术实践，实际上是现代性思维在文化刊物上的整体体现。

第三章通过"包豪斯与现代印刷文化"，"中国早期高等美术教育中的'现代设计'"和"包豪斯、国立艺专图案设计教育及其影响"三个方面来阐述中国早期设计教育作为包豪斯将设计与生活紧密结合的切入点，呈现其"蝴蝶效应"，从而把大众生活和现代媒体在"杂志年"所呈现的宏大景观，上升到一个现代世界设计史的高度，重新评估。事实上，20世纪20至30年代，由于工商制造业和与日俱增的国货运动带来的契机，使上海本地商业美术设计、出版和印刷业达到鼎盛时期。这时候商业上对美术字、书籍装帧、海报设计方面的需求空前庞大。这一时期的书籍装帧设计呈现出风格独特、表达细腻而富有魅力的基本形式，整体来看，其革新创造，不仅直接生成了当时新的社会视觉意象，而且对后来现代设计也极具启发作用。其内在的原因，便是由"杂志年"封面设计所象征的现代大众生活。由于市场的需求，早期商业美术培训机构相继出现，到了 20 世纪 20 年代，私立美术教育和高等美术教育是商业美术教育的主要两个途径。这一部分围绕教育的主体人和图案教育机构展开，特别是上海美专和国立艺术院，重构图案在欧洲的现代设计理念即包豪斯设计理念辗转从日本传播过来的细节，主要结合具体的材料呈现早期中国的图案教育和艺术实践。中国派遣大量学生到日本留学考察，20 世纪 20 至 30 年代留学生毕业于京都高等工艺学校外，还有毕业于东京高等工业学校工业图案科的同学们，借助图案实现实业救国的抱负。通过对陈之佛等的日本图案教育考察，刘既漂、庞薰琹、雷圭元（1906—1988）等留学欧洲学习工艺美术的教育考察，呈现西方现代设计理念进入中国的两条主线，同时也展示了他们结合中国当时不发达工业现状，将现代设计理念和中国图案教学相结合的实践与影响。除派遣留学生出国学习，还有国内实施的教育改革，如聘请外籍教师担任教学工作，将日本学习西方的美术和设计教育传到中国。1918 年国立北京美术专门学校成立、上海图画美术院即后来的私立上海美术专科学校、1928 年国立杭州艺术专科学校，都设有图案科，通过对高等美术学校的图案教育考察，包括外籍教师教学的考察，如国立艺专日籍教授斋藤佳三的设计理念和教学，呈现早期图案教育从日本和欧洲传递过来的细节和面貌。这里说的"蝴蝶效应"[37]，是借用数学中混沌理论的形象比喻，像巴西丛林中一只翩翩起舞的蝴蝶，可能引起美国得州的一场龙卷风，把看似毫不搭界的现象，通过建立数学模式，形成关联。而包豪斯在中国的影响，也可做这样的关联。

概而言之，现代设计观念在设计领域通过杂志封面设计发挥了巨大的启蒙作用，在商业文化的发展中，设计在中国都市城市文化建设中起到改善人民生活的作用，以此满足人们生活方方面面的需求，至此设计将艺术和生活联系到了一起。通过对包豪斯理念、中国早期图案科、日本教习在一特定历史时段进行现代设计教育思想的跨语境梳理，帮助我们进一步了解西方现代设计与生活方式的关联，借此为中国现代设计教育思想史研究寻求一个清醒的思路，更深层次地探讨艺术与生活的关系，运用马克思主义艺术社会学的方法，为中国设计史的研究开辟一个新的面向。

注释

1. 杨红林.日本侵华终结"黄金十年"[N].环球时报,2006-6-8.

2. 今中国美术学院成立之初,1928年称国立艺术院,1929年改为国立杭州艺术专科学校,也称国立杭州艺专。为了行文统一,1928年统一用国立艺术院,1929年起统一用国立杭州艺专。

3. 王海.20世纪二三十年代中西杂志比较——兼论林语堂的杂志观[J].国际新闻界,2008(9).

4. 吴晓琛."杂志年"的思考——从《人间世》看30年代上海期刊编辑特点[J].科技咨询导报,2006(14).

5. 刘政洲,邓晓慧.20世纪30年代"杂志年"兴起的历史背景研究[J].今传媒,2013(11).

6. 刘峰,范继忠.民国(1919—1936)时期学术期刊研究述评[J].北京印刷学院学报,2008(3).

7. 李欧梵.上海摩登——一种新都市文化在中国(1930—1945)(修订版)[M].毛尖.译.杭州:浙江大学出版社,2017.

8. 参见 Shanghai modern, 1919-1945, edited by Jo-Anne Birnie Danzker, Ken Lum, and Zheng Shengtian, Ostfildern-Ruit: Hatje Cantz, 2004.

9. 陈瑞林.城市文化与大众美术[J].清华大学学报(哲学社会科学版),2009(4).

10. 参见洪再新.跨语境范畴的展开——探寻1920年代初上海"国画复活运动"的启示,[J]美术学报,2014(2):5—14;洪再新.中外现代绘画的交汇点:回顾1920年代初上海的"国画复活运动",[J]诗书画,北京:诗书画杂志社第十二期,2014(2):62—90.

11. 参见蔡涛策展"浮游的前卫:中华独立美术协会与1930年代广州、上海、东京的现代美术展",广东美术馆,2007.

12. 姚辛.左联史[M].北京:光明日报出版社,2005.

13. 姚辛.左联画史[M].北京:光明日报出版社,1999.

14. 姚辛.左联词典[M].北京:光明日报出版社,2005.

15. 参见本文附录《1930年代早中期左翼文学艺术出版杂志一览》具体历史编年。

16. 乔丽华."美联"与左翼美术运动[M].上海:上海人民出版社,2016.

17. 宋忠元主编.艺术摇篮:浙江美术学院六十年[M].杭州:中国美术学院出版社,1988:69.

18. 国立杭州艺术专科学校周刊,1929(7、8、9、11).

19. 宋忠元主编.艺术摇篮:浙江美术学院六十年[M].杭州:中国美术学院出版社,1988:86—87.

20. (日)斋藤佳三.图案构成法.章之珺译[M]∥吴海燕主编.国美之路大典·设计卷·匠心文脉[M].杭州:中国美术学院出版社,2017:13.

21. (日)吉田千鹤子.斋藤佳三与林风眠[M]∥近代中国美术史的胎动.东京:勉诚出版,2013.

22. (日)长田谦一.斋藤佳三1930—杭州/上海的经验[M].斋藤佳三的轨迹.东京:印象社,2006:60.

23. 郑洁.美术学校与海上摩登艺术史界:上海美专1913—1937[M].孔达.译.上海:上海书店出版社,2017.

24. 夏燕靖.上海美专工艺图案教学史考[M]刘伟冬,黄惇主编.上海美专研究专辑.南京:南京大学出版社,2010.

25. 贺晓舟.国立北京美术专门学校高等部图案科及其日本原型[J].浙江艺术职业学院学报,2013,11(4).

26. 周博.北京美术学院与中国现代设计教育的开端——以北京美术学校《图案法讲义》为中心的知识考察[J].美术研究,2014(1).

27. 吴海燕主编.国美之路大典·设计卷·匠心文脉[M].杭州:中国美术学院出版社,

2017.

28. 吴海燕主编.国美之路大典·设计卷·道生悟成[M].杭州：中国美术学院出版社，
2017.

29. Croizier, Ralph. "Art and Society in China: A Review Article", Journal of Asian Studies, 1990, vol.49, no.3，pp. 587-602.

30. 毛泽东选集（第三卷）[M].北京：人民出版社，1951：877.

31. Cohen, Joan. Painting the Chinese Dream: Chinese Art Thirty Years after the Revolution, Northampton: Smith College Museum of Art, 1982.

32. Tumer, Jane ed., The dictionary of Art, Oxford: Oxford University Press, 1996, p. 915.

33. （匈）阿诺德·豪泽尔.艺术社会史[M].居延安.编译.上海：学林出版社，1987：12.

34. 曹意强.巴克桑德尔谈欧美艺术史研究现状[J].新美术，1997（1）.

35. 洪再辛.海外中国绘画史研究文选1950—1987[M].上海：上海人民美术出版社，1992：334.

36. 周诗岩,王家浩.包豪斯悖论:先锋派临界点[M].武汉:华中科技大学出版社,2019年.

37. 蝴蝶效应（The Butterfly Effect），由美国气象学家爱德华·洛伦兹（Edward N.Lorenz, 1917—2008) 1963 年提出。事物发展的结果，对初始条件具有极为敏感的依赖性，初始条件的极小偏差，都将可能会引起结果的极大差异。参见 Lorenz, Edward N.The Predictability of Hydrodynamic Flow.Transactions of the New York Academy of Sciences.1963,25(4):409–432.

第一章
"现代转身"："杂志年"与大众生活的现代性建构

20 世纪 20 至 30 年代，作为与北京相呼应的文化重镇，"上海迅速成为中国的金融和工业，以及艺术、绘画、出版、新闻、大众娱乐和高等教育的领导中心"。[1] 令人难以想象的是，20 世纪 30 年代，除了少数人养尊处优，一般大众的生活是苦闷甚至悲惨的。在这样的境遇下，何谈享受生活，享受艺术的感染和熏陶？可偏偏在这一时期出现了杂志出版的高峰期——"杂志年"[2]。

杂志成为都市生活日常的组成部分，"家境殷实的市民还可以买个留声机，一边放着唱片音乐，一边随手翻阅下班路上买回来的《紫罗兰》《小说月报》《玲珑》等报刊"。[3] 杂志的编辑也在努力探索这种新的需要，如 1925 年《良友》画报的编辑就敏感于大众在日常生活层面可能需要一种新的都会生活方式，并就此做了探究。在《良友》第二期编者按中，旨在把良友的含义推广到潜在读者中去，成为其日常生活中的休闲方式：

作工作到劳倦之时，拿本《良友》来看了一躺，包你气力勃发，作工还要好。常在电影里，音乐未奏、银幕未开之时，拿本《良友》看了一躺，比较四面顾盼还要好。坐在家里没事干，拿本《良友》看了一躺，比较拍麻雀还要好。卧在床上眼睛还没有倦，拿本《良友》看了一躺，比较眼睁睁卧在床上胡思乱想还要好。[4]

此时人们的生活还根本谈不上奢华，读书、看报却是人们的日常生活，而且是人们梦想的幸福生活的组成部分。1933 年至 1934 年，以《东方杂志》为首的一些报刊开展了以"梦想中国""梦想的个人生活"为主题的征文活动，很多读者都参与了，有的人就梦想："电影、戏剧、弈棋、球赛、游泳、划船、跳水、滑雪、歌舞、阅书、看报，一切'文''武'娱乐，都色色俱备，样样周全。人们做完了事，每天都可以享受各种幸福。"5

我们可以从当时的文献看到读者对杂志出版和销售盛况的描写：

好些日子以来，报纸上的巨幅杂志广告是每天刺激着观众的神经；许多的书店里也专辟着杂志部，搜集了全国重要的定期刊物陈列经售。爱看杂志的人，每天早晨翻报纸找新出杂志的广告，宛如像电影迷找新影片的广告一样；走过书店，更像有要公式的必需往杂志部去浏览那像万花镜般陈列着的新刊物。然而这种事情发生得并不久，杂志在中国被编辑者、出版者、发卖者、读者一致热烈拥护着迅速发展，实在是今年的事情，尤其是上海，似乎这大都会里又卷起了一种新潮了。6

20 世纪 20 至 30 年代，杂志的读者和作者却是以那群生活在最底层的青年文化人为主。他们纷纷来到上海这座首屈一指的"大码头"寻求自己的理想和自我价值实现。"以亭子间为原点，以底层经验和边缘叙述为根本，结交同类，寻找机会，渐渐崭露头角，从而迈向文坛中心。"7绝大多数到上海追逐人生梦想的左翼青年文化人的经济地位靠近上海社会的最底层，他们日常衣食住行各方面只能极度简省。住租金低廉、阴暗逼仄的亭子间，吃比较实惠的罗宋菜，成为左翼青年文化人的生活方式。正是这些从亭子间走来的文化青年，饿着肚子省下吃饭的钱去买书读报，享受精神食粮。百年前的读者和作者，正是这样一群生活在底层的、难于温饱的人。他们节衣缩食争相购买杂志，贫困线下挣扎却对精神生活充满渴望，是这些作者和读者共同创造了中国出版史上的辉煌。

在艺术界，生活与艺术的关系是一个永恒的话题。"生活美术化，美术生活化"是 20 世纪 30 年代有识之士的艺术梦想。1934 年 4 月在上海创刊的《美术生活》杂志即围绕"艺术"与"生活"两大主题。唐隽（1896—1954）在创刊号的《我们的路线》一文这样说明：

我们发刊这部杂志，走着两条路线：一是站在"艺术"和"美"的路线上，要使"艺术"或"美"生活化，大众化，实用化。二是站在"生活""大众"或"社会"的路线上，要使生活艺术化或美化，大众艺术化或美化，社会艺术化或美化。[8]

同样，1933年1月1日创刊的《艺风》，可从杂志取名看这个艺术团体的创刊初衷：

在这样的年头，这样的国度里，内忧外患，民不聊生，然而不论如何的困顿，我们都应该用艺术的鼓舞、艺术的慰藉来代替津津的口水，指引我们前行。如果真能走到有梅林的地方，自然很好，倘若遇见了流水桃花，那是更好了，这个艺术的鼓舞与慰藉，我们假定叫作《艺风》。[9]

20世纪20至30年代是中国文化大裂变的时代，而这一时期的中国美术，也是美术发展史上较为辉煌多元化的时代。文化上现代和传统混合共存，艺术上各种现代艺术流派、各种哲学思想和艺术观念相继被介绍到中国。随着大批有留学经历、爱国情感深厚的留学生回国任教，这一时期自由解放的艺术思潮论辩，各类美术展览举办，各种美术刊物创刊，美术社团学会成立，美术学校创办，中外美术活动交流频繁，艺术品欣赏不再是少数文化精英阶层的特权，美育观念在大众层面迅速流通和传播，艺术作品走入民间，贴近普通大众，美术欣赏的理念逐渐大众化。"艺术是大众的，所谓大众，就是雅俗共赏，并不是通俗，也不是某一阶级所独占的欣赏物。"[10]可以说这个时代是社团纷呈，报刊林立，流派纷繁，所有这些都交织呈现出中国美术20世纪20至30年代蓬勃发展的辉煌时代，同时美术的功能和范围也逐渐扩大，除了中国画和西洋画，工商设计和书籍装帧等也有了发展，为中国的现代设计奠定了良好的基础。

连年战乱、外敌入侵、军阀割据、主义之争的民国时期，也是一个文化多元、艺术自由、个性纷呈的时代。这一时期的知识分子处在一个外部环境动荡的时代，却在内部保持了独立的个性，形成了良好的文化小环境。杂志出版繁荣的1934、1935年被称为"杂志年"，离不开20世纪30年代中国的政治、经济、文化和科学技术的发展，也离不开各种艺术思潮相互碰撞与交融。1930年后，美术界人的思想处于复杂、变化的状态，也是其思维思想活跃的时期：不满中国艺术界的现状，对传统画学与西方美术的争论。鲁迅倡导的新木刻运动，以及他提倡的"为人生而艺术"的思想，成为这一时期艺术思潮几个重要特点之一，鲁迅也身体力行投入杂志的创办和杂志封面设计的行列，为中国早期的书籍装帧设计画上了浓重的一笔。

第一节　传统都市生活的转型

1912 年"中华民国"政府成立，统治中国几千年的封建专制制度退出了历史的舞台。在政府不断的更迭的过程中，人们的思想观念也随着社会政治的革新与复辟不断的产生变化。"五四"新文化运动后，西方文化大举引入中国，西方的思想和生活方式对当时的中国产生了很大的影响。西学东渐的潮流使人们的价值观、政治观、经济观和科学观产生了彻底的改变，中国传统的文化受到了强烈的冲击。在经济方面，辛亥革命的推动和第一次世界大战的爆发，促进了民族工商业的迅速发展，涌现出一批有为的民族资本家。西方科学技术的传入，使民众的生活方式发生了巨大的变化，整个社会呈现出传统与现代并存、进步与守旧共生的杂乱局面，开始向现代社会转型。[11]

一、中国现代社会的基本雏形

近百年来，中国的知识分子和艺术家，不断地寻找中国艺术未来的方向和出路。从西方影响中国的架构，到传统到现代的辩论，再到中西文化的比较研究，不同的学者做出了不同的研究并有大量的论著。有的学者尝试着评量东西方文化的价值，有的学者尝试着辨明文化融合的可能性，双方论点不同，却产生殊途同归的历史结果，他们都是在传统中探索各种转换到现代性的可能性。

现代化的概念来自西方，是西方文化从自身历史中发展出来的现象。中国的现代化，是在参照西方，在不断向西方学习不断回应西方挑战的过程中，逐渐走上工业化和都市化的现代道路。无论是西方还是东方，现代与传统的对立统一关系都是存在着的。中国从传统文化向现代文化转型，外来文化是刺激中国文化变革的重要原因，但真正推进这种转换还是来自在儒学传统中成长起来并受过西方文化滋养的"现代知识分子"。[12]"知识分子"作为西方话语滥觞于 19 世纪 60 年代。它由俄国作家彼得·博博雷金·瓦茨瓦夫提出，用来指出身贵族且具有西学背景，对于落后的社会现实具有强烈批判意识的俄国精英群体[13]。

而现代性和现代化在西方是"一战"后流行起来的，没过多久就在中国的学术界得以反响。1929 年胡适（1891—1962）在《中国今日的文化冲突》一文中明确使用"现代化"一词。[14] 最初的现代化一词，是维新派的"新"化之说；[15] 通俗地说认为一切事物都要求新，而且认为新的东西都是好的，而过去的一切都是旧的，这个新变成政治文化上最常见的词汇。从"维新""新政"到梁启超（1873—1929）笔下的"新民"和"新小说"，一脉相承到"五四"，有报刊《新青年》《新潮》，而后新的用语更丰富，诸如"新时代""新文化""新文艺"，"五四"前后，文化革命论者将其演绎为"欧化"或者"西化"，[16] 他们打着"科学""民主"的旗号，号召向西方学习，到了 20 世纪 30 年代，特别是都市文化发达的上海，"新"已经不足为奇了，甚至商界为了标新立异，干脆把英文 Modern 这个词直译称摩登。这是当时人们对未来现代社会形态的一种预言，或者说，是对社会的政治、经济、文化（包括科学技术）诸方面，描述从封建形态向资本形态转化的整个预见性的过程。

在社会的政治制度、经济体制、科学技术等项，现代化具有一个普遍适用的相应模式，但在文化艺术的问题上，就出现现代与传统的对立关系。现代与传统的对抗和整合，一方面在自身传统内，却在规范外不断激发隐蔽的或者被规范排斥的文化潜在，并取得发展的势头；另一方面在自身传统范围外，获取新的异质因素，同时发展。从晚清开始，现代生活的认知模式就逐渐在中国出现。"晚清以来中国社会出现了三种突出的'现代'现象：一是服务于公众、代表民众意愿的各类公共机构的出现，如议会、学堂、医院、博物馆、美术馆、印书馆等。二是由知识分子所主持的学会、民间社团大量涌现，这些社团与清代传统的行帮商会、下层秘密社会、乡间自治团体等截然不同。三是个人的自由与解放在宗教观念、政治立场、宗教信仰等问题上有更大的自主性。"[17]

20 世纪初，中国美术界的知识分子面对西方世界种种新的审美趣味和观念，在痛感传统文化的凝滞与陈腐之后，开始了中国美术的现代化探索。中国美术自身的内发性与西方不同，外来的逼迫力很大，中国美术跨入现代的门槛要面对的是自身的传统、西方的传统和西方的现代化三个方面。中国美术的现代性是指现代的审美特征性，它不是一般的时间意义上的现代，而是与传统相对的现代，是工业文明与社会开放所反映的特殊的意识形态。审美观念的变迁与转移是中国美术现代化研究的主线，其轴心是观念内部的结构变化，它直接涉及艺术创作的行为模式、艺术作品的结构功能及整体的文化价值取向等等变化。[18] 中国美术的现代转型发端于城市的现代化，发端于城市商业文化与大众通俗美术的兴起。[19]

"五四"以后受过新式学堂教育的新一代知识分子，他们多数人有着海外求学的经历且与西方文化的联系更为密切，从西方传入的新事物、新观念，正是经由这些有着留学经历的知识分子，借助印刷文化的发展，在中国旧有的文化土壤上演变成为中国的现代文化。20世纪30年代以月份牌、书籍、杂志等上海出版圈及其主导20世纪中国美术圈的机构，包括杂志、博物馆、学校、经销商和拍卖行等，服务于美术家和他们的赞助商，体现了"不同形式下的现代性"。[20]

二、现代城市文化的兴起

20世纪30年代现代性正如它的谐音"摩登"所示，已成了风行的都市生活。在茅盾（1896—1981）那一代的都市作家的作品中就暗示了一种历史的事实，那就是西方现代性的到来。[21]现代化首先出现在都市，现代性想象首先也是都市生活的想象。中国现代小说的都市想象出现在精英小说中，作为晚清通俗小说所肇始的风气转化和提升。[22]

20世纪30年代是中国近代史上一个短暂的黄金时期，此时中国的民族资产阶级经济实力得到了长足的进步。凭借着条约体系中口岸城市的特殊地位以及上海本身优越的地理位置，上海迅速成为中国乃至远东的工业、商贸、金融和经济中心。城市人口的增加，港口、道路、邮电通信等城市基础建设的完善，房地产业的迅猛发展，使得30年代的上海已经当之无愧的跻身于东南亚以至世界大都市的行列。[23]20世纪初的上海显现出了一个国际化大都市的城市风景线，被誉为"东方的巴黎"和"东方明珠"，"这个城市不靠皇帝也不靠官吏，而只靠它的商业力量逐渐发展起来"。[24]上海建立了一大批最初的百货商场，这预示着30年代上海商业布局结构的形成，商业的繁荣，促进了城市市民文化和消费文化的发展。

20世纪20至30年代上海人最感兴趣的话题是西方文化中的现代性含义。

以杂志为主体的书刊报业和电影院、百货大楼、咖啡馆、公园和跑马场、舞厅等，一起构成了20世纪30年代的国际大都会——上海，最具特色的都市文化的城市。商业贸易的发达使得上海的现代化进程迅速，城市商业文化消解了中国社会的全能主义传统，政治、经济和文化权力趋向多元和宽松。新兴的城市环境带来了新的生活方式，对外商业贸易使得轮船、汽车、电灯、电话、电报、电车、电影、舞场、西餐厅、书局、百货公司等来自西方的新事物大量出现。新的生活方式出现，产生了新的消费文化和城市文化。"上海，有的是：一九三三型的女性脸，高脚玻璃杯，香槟酒、胭脂、霓虹灯、高跟皮鞋脚、别克、福特，萨克斯风、苦力、洋车、瘪三、乞丐……再有的是：欧洲移过来的爱多亚路，国泰大戏院、都城十五层楼大厦，一万八千吨排水量的航空母舰、麦令司皇家队伍……"[25] 南京路亮如白昼的夜晚、舞场里狂欢的爵士乐、播音台里播送出的声音、百乐门的舞场、大光明电影院的灯光、双层公共汽车、香烟广告，图书馆、电影院、音乐厅、剧院、博物馆、展览馆、体育场、广场、公园、电视、广播、报纸、杂志等，这不仅展示了上海充满现代化魅力的国际大都市景象，而是代表了西方现代的到来。"由都市发达宣传广告、无线有线广播电视、舞厅剧场表演、球场夜总会娱乐以及种种都市话语所构成和现实的都市文化，既是现代文化手段的一种虚拟，也是一种活生生的实在。"[26]

从开埠至 20 世纪 30 年代，经过长达八十余年的发展，上海的城市发展社会变迁等因素，为近代上海的休闲生活的缘起与演变成一种都市生活的方式，创造了较为充分的条件。休闲的形式、解释和取向是在文化中学会的。传播这一文化的一般手段是通过社会建制、大众传媒、经济市场以及渗透于整个社会制度内的基本常识来行使的。[27] 而 20 世纪的 30 年代，上海和世界上最先进的都市同步了。此时所需要的，正是大众媒介等商业艺术形态对于新的休闲方式的传播与渗透，至此中国的现代设计登上了历史的舞台。

第二节　印刷文化的发展

一、印刷技术的革新

印刷术的发展，为 20 世纪 30 年代的报刊得以繁荣奠定了基础。文化离不开技术的进步，正如加拿大传播学者哈罗德·伊尼斯（Harold A. Innis, 1894—1952）说："有组织力量的成功在一定程度上要依赖技术进步。""对于早期现代国家以及其他先行的现代性制度的兴起来说，印刷是主要的影响因素之一。"[28]

鸦片战争后，西方传教士潮水般地涌入中国。他们以上海为中心，深入全国各地，到处印刷、出版以传教为主的各种报刊和书籍，客观上促进了近代书刊印刷业的发展，加快了西学东渐的过程。

中国近代出版印刷业的崛起和发展，与中国人在民族存亡之际所萌生的救国图强的动机，所引发地向西方学习，加快中国近代化的进程密切相关的。是一个中华民族以我为本，对外来文化、学术有选择吸收、利用的动态过程。鸦片战争的失败，一系列丧权辱国、任人欺凌的不平等条约的签订，犹如一声震耳欲聋的惊雷，震醒了昏睡的、一向以天朝自居的中国，迫使一些具有先知先觉而又忧国忧民的人率先面对现实，酝酿和筹划"救国图存"的措施和行为。"五四运动"被称为新文化运动，从文化角度讲，它主要是在民主与科学的旗帜下，向封建思想文化和旧的传统观念猛烈抨击，进行文学革命的运动。既然是文化运动，自然离不开印刷与出版这个进行文化宣传与论证的有力武器。近代书刊印刷在"五四运动"的推动下，又获得了进一步的发展和提高。在"五四运动"的影响下，一些进步的出版界人士明确地提出了反对封建的贵族的文字，建设自由的平民式的文字，这就使得印刷出版的书刊更加贴近平民阶段，受到广大民众的欢迎，新型教科书和一些新文化启蒙读物也因此获得了较大的发展。

通过报刊和书籍进行新旧文化思想的论争，更是风起云涌，层出不穷，以《新青年》为一方和以《东方杂志》为另一方进行的有代表性的东西方文化大论战，使出版界的注意力开始向文化领域的深层次发展。这种种因素组成的合力，直接推动着近代书刊印刷持续又不间断地向前迈进。

二、现代印刷文化中的"图文关系"

1. 明代印刷文化读者的细分

说到现代印刷文化，不能不上溯到明代。据日本学者大木康的统计，嘉靖中期以后的晚明时期，百年间的书籍出版数量，约为其前（宋代至嘉靖朝前）六百年的二倍。[29] 郑振铎（1898—1958）在《中国古代木刻画史略》中将明代的万历时期看作是版画艺术的"黄金时代"。王伯敏（1924—2014）在《中国版画史》中对此看法略有不同，而将天启七年也算在其中。[30] 钱存训（1910—2015）在《中国纸和印刷文化史》一书，这样评价万历中后期加上明末的泰昌、天启、崇祯三朝：

至15世纪末及16世纪全期，对插图的需求，是由于通俗文学、美术图谱以及供消遣观赏的图画兴起而日见增多，图案设计也随之更加复杂精美。至17世纪初年起止明朝结束的1644年为止，数十年中，木刻版画的出版达到了极盛时期，不但数量空前，而且新的技术层出不穷，艺术上日趋精美，线条细腻，设计构图繁密，而刀法高妙。这一时期可称之为中国版画史上木刻及插图的黄金时代。[31]

明万历前，书籍中的绘刻的版画少见，只是文字的附庸，而到了万历二十五年（1597年）前后，以版画绘刻水平标志出版物品位的观念基本形成。明末以版画为中心的出版物展开文化和商业上的竞争，成为刻书者的共同诉求。刻书家就是主持书籍刊印的人，有的是以本求利的商业书坊主，有的是毫无商业目的，只求保存文化或者附庸风雅的"私家刻书"者。而明万历后江南的这些刻书家大多是官宦子弟，由于科举不利，开始转向带有工商性质的刻书业，在一定程度上成了作坊主和经营主，所刻书籍和版画带有明显的文化商品属性。闵齐伋（1580—？）、凌启康初创以套版印书，本意是在提高市场的竞争力。作为刻书业的策划组织者，他们拥有场所、设备、资金，准备好书稿；聘请书工、刻字工与印刷工；有版画，还要聘请画工与专刻版画的刻工；有的刻书家直接开设书铺，从流通领域获得更多的利润。常熟毛晋（1559—1659）办的雕版工厂规模很大，雇用刻工数百人，印工数十人，又有编校者、誊抄者数十人，"汲古阁后有楼九间，多藏书板，楼下两廊及前后，俱为刻书匠所居"。[32] 明末江南的刻书家作为工商者的身份，他们所刻的书与文化史意义上的"私家刻书"明显的差别是作为商品销售的，刻印书中很大一部分所面对的读者群是读书人，是给他们诵读应考的。凌氏刻佛经，闵氏、毛氏刻兵书，也是当时儒士兼好谈释、论兵的反映，这类书面对的读者也是文人。戏曲是明末文苑流行的话题，尤其是《西厢记》《琵琶记》《牡丹亭》等名剧的刊行，已成为一种风尚，所面对的消费群体大体上也是文人。

晚明另一类用于描绘日常生活的图像的出版物，其中以福建版日用类书最具代表，在晚明缤纷的书籍市场中，可称为"日用类书"者，除了福建商业书坊的出版外，尚有多种。此类书籍保存价格较低，且用纸粗糙，又容易损坏，是晚明印刷文化中新兴的一类出版物，在消费市场中属于"文化商品"。晚明以日常生活为重，"日常生活"被认可的只是内容，甚至是知识系统的核心。以"日常生活"为知识内涵，有别于传统学术，此类知识的结构一如日常生活，较为错散无序，且以平行并列为主，异于儒家位阶性及秩序感强的知识结构。[33] 福建版日用类书与其他种日用类书在内容形式与市场销售上的区隔代表着读者群的不同与社会空间的分化。即当时坊间常见的通俗小说、蒙书、历书、医书及其他名目繁多之百科类书，所面对的读者为初识文墨的下层群众。

《事林广记》为现存早期书籍中收有大量图标、图表、插图的代表。此书原版已不存在，但此书在元、明有刊刻。晚明版本的《事林广记》使用图示与插图的程度，已达到图文并茂，几乎每卷都有图，而且在一页中使用上文下图的形式，编排清晰，而晚明日用类书在此基础上有发挥。最重要的不只是图像增多了，且日趋复杂，而是编排方式不同，在编排上倚重视觉性，许多条目都设计出特别的版式，便于观看与翻查。晚明视觉性思考发达，如此编排正好适合当时的潮流，在绘图本章回小说兴盛的时代，在图像跨越媒介广为流通的时代，不以图像取胜，不求版式引人，在市场上可能难以生存。[34]

此类形态的图书纯为市场需求而生产，不求质量，但求快速价廉、趋向大众销售欣欣向荣，这类书市场区隔非常清楚，与传统书籍纯文字性质也有差别，着重视觉设计，能够满足当时的人们的某种需要，符合当时的人们的视觉思考的潮流。即在传统科举书籍、诗词文集之类书之外，提供粗识文墨且略具余赀人士接触书籍的机会。该类书的编辑策略与弥漫散布的城市气氛有关，为城市繁华后所带来的文化效应。晚明因经济发达等因素，识字人口增加，虽然各种研究所得的数字皆未超过百分之十，但对于当时社会及文化产生巨大的影响，新兴的出版物繁荣与之相关。[35] 此类书知识商业化的性质十分清楚，此类知识并非传统掌控在朝廷与官方手中的科考、治国和学术智识，而是与社会生活紧密结合的常识。这些日用类读书根植于中国传统知识系统所附着的生活形态，正因如此，当时的书商以敏锐的眼光捕捉到晚明书市中的需求，此类书的出版符合新的社会文化和生活需求。

2. 晚清印刷文化图文关系

外国人在中国建立的印刷机构，绝大部分属宗教性质，由基督教、天主教和他们的传教士所创立，除此之外则是欧美和日本商人建立的印刷机构。1860年后，传统与现代的出版技术并举，出现了江南制造局翻译馆印书局、各类坊刻、华美书馆、墨海书馆、土山湾印书馆，英国商人安纳斯脱·美查（Ernest Major, 1841—1908）创办的申报馆、点石斋石印书局、申昌书局和集成图书局，以及日本人在上海开办的乐善堂书局与修文印刷局，形成了中国官方出版、中国民间出版、西方传教士出版和后期外国商人出版的出版格局。

对中国印刷产生影响较大的是英商美查的出版物。起因是他原以贩茶、布匹为业，因经营不当亏本，才考虑改营他业。当时他见《上海新报》畅销，经调查中国香港报业后仿效出版印刷《申报》的前身《申江新报》。后又于1876年后开办点石斋印书局、图书集成局、申昌书局等印刷机构，其中以点石斋印书局最负盛名。点石斋建立后，聘请原土山湾印书馆的技术人员，成为上海规模最大、影响最深远的印刷机构，设有印刷总厂和分厂，还在北京、杭州、重庆，汉口等城市设有批发销售店铺，最终以书刊报并举的运作姿态进入中国报刊业。

"点石斋"是美查 1878 年在申报馆系统内成立的石印书局。1884 年《点石斋画报》在"点石斋"创办发行，是中国发行时间最长、内容最丰富、影响最大的石印画报。他对古籍印刷品的选择以经典和工具书为主，他又于 1884 年创办图书集成铅印书局，采用铅印技术印行版本称为"美查版"的《钦定古今图书集成》，此书的字模采用比较成熟的 3 号扁体铅活字美查体，绘画部分采用石印，市场影响很大。

《点石斋画报》采用当时刚刚传入中国的较为先进的石印技术，这一技术使图像和文字尤其是图像快速、大量而精确的复制成为可能，为图文并举的大众印刷传媒提供了技术支持。石印技术降低了画报的价格，提高了印刷质量和发行数量，《点石斋画报》成了中国近代新闻性、时效性、图文并茂的画报先驱。其内容包括朝廷大事、市井百态，各国风俗、火车轮船及声光电近代科学知识，其版式多为一事一画，上文下图。《点石斋画报》从创刊就呈现了面向大众的刊旨："其事信而有征，其文浅而易晓。故士夫可读也，下而贩夫牧竖，亦可助科头跣足之倾谈，男子可观也，内而蝤首蛾眉自必添妆罢针余之雅谑，可以陶情淑性，可以触目惊心。事必新奇，意归忠厚。"[36] 其以升斗小市民能消费得起的五分钱的价位销售，关注了读者群的广泛性；以贴近中国文化传统的线装书的装帧设计、以易于传播的图说方式（以图为主、以文为辅、图文并茂）以及免费的丰富的增刊策略和《申报》长期的广告宣传，呈现形式通俗、易懂。其服务对象是以市民为主体的晚清时的中国大众，尤其是上海市民。

美查在第 85 号画报的《画报招登告白启》中这样宣传："今又承各巨商切嘱踵行，谓天下容有不能读报之人，天下无有不喜阅画报之人。"[37] 其以图为主、以文为辅，图文并茂的图说形式，拉开了晚清石印画报的序幕。《点石斋画报》将图像体现的时代拉至当下，在技法上仍然保留了传统的人物画方式，但加入了透视与明暗的表现法，改造了传统的观看方式，从侧面表现出了商业绘画与纯美术绘画的差异，也侧面说明民间美术审美出现的新趋势对图书制作的影响。

1884 年《点石斋画报》出现后，诸如时事新闻画、博物馆画、风俗画、讽刺画、吉利画、营业写真画、新美女图、建筑画等名目甚多，目的在于"极尽形态，以昭示于人"，不仅仅是"悦目赏心，矜奇炫异"。19 世纪末 20 世纪初各种通俗画报的大量刊行，形成一股市井文化繁荣的景象，直接冲击以雅自行标榜的正统文人画观念，通俗文化的兴起，导致精英文化的衰退，成为现代社会的一种普遍现象。

三、上海的报刊业、新闻业与文化市场的成长

1. 上海报刊业、新闻业的成熟

1843 年，上海借由《南京条约》的规定正式开埠以后，英美法各国纷纷在上海县城以北建立专门供外国人活动的租界。上海成了一个最具特色的半殖民地，外国人势力在上海的鱼龙混杂、盘根错节虽然造成了上海社会乌烟瘴气、混乱不堪的局面，但从另一个方面来说也给上海的思想发展史带来了相对于封建社会更为活跃的自由主义风气。上海开埠繁荣以后，迎接中国各地前来人口不计其数，上海以一城市而容纳中国各地人群，在文化和社会生活上百花齐放。特殊的城市格局、文化传统的边缘性特点、文化传统中的近代性因素、移民社会的人口特点，造就了上海租界作为文化交流、融合不可多得的优良场所。

上海是近代中国西方文化输入的典型场所。近代中西文化交流由于长期闭关、交通阻隔等因素，而真正到西方作实地考察的人毕竟是少数，一般人了解西方，多是观念中的西方。中西方文化在中国的交流，并没有深入社会实践的层面，并没有深入社会制度、伦理道德、生活方式中。租界的存在，使得来华的西方人将其国的日用器具带到上海，西方人将欧美的物质文明、市政管理、议会制度、生活方式、伦理道德、价值观念、审美情趣等都带到上海，使得中西文化在实践的层面上，共处一地，平静地、从容地接触、交流、融合。[38] 通过租界展示出来的西方文明，租界与华界的巨大差距，极大地刺激着上海人，如细雨润物般的影响上海人对西方文化的态度。由于租界不受清政府直接控制，华人也就能在这里创办民营的报纸、杂志和出版机构等文化事业。这种特殊的环境，使得版权制度、稿费制度、报刊广告、出版法规、都在这里孕育、形成，思想自由、言论自由在这里得到一定程度的保护。这种环境，有利于传统文化人从依附于统治阶级的状态下游离出来，成为依靠自己的知识安身立命的近代知识分子。通过文化事业，通过卖画、卖文、卖知识，他们有较为可靠的经济来源，有成就感，安全感，这使得各地文人竞相流寓上海。[39]

寓居上海的国内外学者，他们通过办报、办杂志，努力扮演精英文化对平民文化引导的角色，这是知识分子一直努力扮演的角色。"上海开埠后，工商业迅猛发展，成为全国的经济中

心、国际贸易大港。由此文化学术地位随之变化，成为国内外学者荟萃之地，从而取代北京，跃居中心地位。国内著名学者几乎都在上海从事过学术研究，并取得可贵的研究成果。"[40]

上海报刊业的发展除了近代上海租界地的存在，给上海的报刊业发展提供了一个相对宽松的环境，主要是上海近代城市的发展，商业的发达，都市的繁荣，城市市民阶层的扩大，给报刊业提供了一个广阔的市场，导致文化的大众化和平民化，大众文化的商业化，刺激了报刊的繁荣发展，报刊的繁荣，也带动了近代上海文化市场的繁荣和发展，促进了市民文化的繁荣和发展。上海报刊发展有一个重要的特征是商业化，且多属民营性质，从极具影响的中文报《申报》创办以来就已经显示近代上海报刊多数属于民间营业性质。胡道静（1913—2003）曾说过："环境的优越：其一是指上海商业的发达，二是租借地的掩护，在相当限度内获得自由言论权……上海报纸的本身不能不商业化。"[41]近代上海文化市场是知识分子得以生存的前提，也是这一群体得以不断扩大的基础。上海文化市场的形成和发展同上海城市规模的不断扩大、商业经济的繁荣以及市民人口的急剧增加有直接的关系。上海人口主要是从农村来的移民增加，这些人大半没有科举功名，大概一半粗略识字。[42]随着城市现代化的发展，这些具有一定阅读能力的城市新居民进入上海，扩大了市民阶层，他们迫切需要大量的知识信息和文化消费，并潜在促进了上海文化市场的繁荣发展。

2. 上海的文化市场的成长

上海的文化市场的发展和繁荣，与西方文化的输入有很大的关系。上海开埠以后，西方传教士在上海设教堂开医院，办学校以及创办一系列的报刊和出版机构，促进了中国文化市场的繁荣。如最早的出版机构英国伦敦宣道会传教士麦都思（Walter Henry Medhurst，1796—1857）于 1843 年 12 月创办的墨海书馆，第二年就开始出版书籍。1857 年近代上海第一份中文杂志《六合丛谈》，由英国伦敦宣道会传教士伟烈亚力（Alexander Wylie，1815—1887）创办，其后各种艺术机构和出版书馆纷纷建立。1850 年在上海开始出现的西人创办的报纸《北华捷报》，其后《上海新报》《申报》《新闻报》等相继创办。近代化报刊业在上海形成。1860 年以后，随着上海在中国地位的上升，上海逐渐成为西学在中国传播的最大中心。[43]在西方传教士所创办的报刊和出版机构中，有大批中国知识分子效力其中。西人在上海文化事业带动了上海文化市场的繁发展繁荣，为广大传统知识分子提供了新的生活空间。据记载，上海开埠后各省塾师们以上海为谋利乐土而趋之若鹜："计上海大小管地不下千余，其师为这些个数浙西各属及苏、太之人居多"，塾师们一改往日传统士人言义不言利的斯文相，"风闻某处有馆缺，不问东家之若何，子弟之若何，即纷纷嘱托，如群蚁之附膻"。[44]上海以文、画为活的文人比比皆是。画家任伯年（1840—1895）在上海卖画，为了赚钱，他一个晚上可以画几张乃至几十张，文化市场的繁荣为文人生存提供了宽广的舞台。[45]

上海文化市场的广阔和近代报刊业的发展，对于全国各地知识分子产生强大的吸引力。曹聚仁（1900—1972）在其《我与我的世界》中就表达了他对上海神往的心情，并对十里洋场是"如雷贯耳"，对于正在读书的他，"虽不能至，心向往之"。[46]欧阳巨源（遽园）《负曝闲谈》第十三回有一段话也表达了一批知识分子聚集上海的心理，"混在杭州城里，一万年也不会有什么机缘，上海是通商口岸，地大物博，况且又有租界，有什么事，可以受外人保护的"。[47]上海租界的繁荣给各类人提供众多的就业机会，当时报纸记载："四方之人犹源源而来者，以上海所谋之事多也。且所谋之事以租界之中为多。"[48]近代上海文化市场的繁荣为各地知识分子提供了广阔的生存空间，也成为知识分子聚集上海的动力。

林语堂（1895—1976）曾说过："杂志是一国文化进步的最佳标志。"[49]1815 年，第一家中文近代报刊《察世俗每月统计传》在马六甲创办了，自此，中国新闻事业迈出近代化发展的步伐。之后，最先觉醒的一批国人在洋人所办的这些早期报纸影响下，认识到报纸杂志在国家管理中的重要作用，开始了探索自办报纸杂志的实践。1874 年，王韬（1828—1894）于香港首办《循环日报》，成为我国第一位成功的办报人。梁启超撰文《报馆有益于国事》，总结了报纸的重要作用："去塞求通，厥道非一，而报馆其导端也。"[50]这一进步思想从此成为影响数代报人的金科玉律。在此坚厚的基础上，1919 年，通过"五四运动"的激发，发起以《新青年》为首的新文化运动，确立了民主科学的办报理念，使新闻工作者的思维得到极大开阔。随后在"九一八"事变后的《申报》改革，也给我国的新闻工作者提供了重要的办报经验。至此，经过百余年的发展，踏着先辈们筑造的坚实阶梯，中国新闻事业促成的文化市场已经初步达到成熟。

四、其他商业美术

随着中国社会政治、文化的变动和新式教育体制的建立，社会文化发展，越来越趋向多元化。信息传播和消费方式的变化极大地推动了城市文化的发展。在 20 世纪后期互联网出现以前，印刷出版是最为快捷广泛的信息传播和消费方式。明清时中国南方以南京和苏州为中心的出版业，受到了徽派木刻雕版印刷影响并加以发展，形成了中国传统印刷出版活动的高潮。到 19 世纪，西方的印刷出版技术传入中国，改变了中国传统的信息传播和消费方式。

新建国际饭店的大堂需要一幅中国神话的装饰壁画，"大舞台"上演连台戏需要画新布景，英美烟草公司大量发行月份牌和成套香烟小画片，出版物要画封面，外国商业资本的侵入，上海刚刚兴起市民文化，漫画首先以尖锐泼辣的新姿态，依靠印刷传媒，迅速打开了局面。同时占领了舞台、广告、室内装饰、时装等生活艺术领域，以新的设计思想深入人心。[51]

西方影响的商业文化成为上海城市文化重要的特色，以获取商业利益为目标、以城市大众为对象的商业美术成为上海城市美术的主流。资本主义自由竞争为商业美术繁荣提供了充足的土壤。随着美国商业美术尤其是好莱坞风格传入中国，上海的商业美术受到美国商业美术尤其是"芝加哥学派"的影响。在当时的历史情境下，商业美术作品具有促进国家经济发展的使命。北京大学《绘学杂志》社的编辑主任胡佩衡（1892—1962）在《美术之势力》一文中，给美术列了四大势力："文化上的势力""道德上的势力""教育上的势力""工业的势力"。[52] 在这样的特殊时代背景下，商业美术的发展受到了举国上下的重视，它不仅是艺术家、美术家所要面临的问题，更引起了有识之士的重视，他们将商业美术的发展视为促进国家经济发展的重要动力，并身体力行地参与到促进商业美术发展的活动中。而五口通商的上海，成了中国近代文化、教育的中心，培养了新的知识分子群体。这一时期的中国艺术正是由一元化朝着多元化转换，"以图叙事"的"点石斋画报"开始转变中国人的阅读习惯，这些为商业美术作品呈现多元化发展起到了铺垫的作用。引进西方先进的印刷技术，也为商业美术的孕育和发展提供了传播的可能。

郎述 1934 年在《美术生活》第三期的《商业美术》一文中指出："近代资本主义自由竞争愈演愈烈更加促进了这种特殊美术之发达。"[53] 黄世华 1936 年在《对于商业美术的意见》一文中，强调商业美术是"一种予以帮助获得利润为主要目的艺术形式"。"它是有着浓厚的商业性质的，立脚在商业经济的着眼点上的，以得到商业竞争的效果为第一原则的。"[54] 其作品应在满足大众生活需要基础上，引起大众的注意，产生好感，使大众观看商业美术作品后，发生实际的购买行为。"商业美术……

利用大众的趋势来创造需求的一种艺术。"[55] 随着通商口岸的增多、现代商业贸易活动的广泛和现代商业城市的蓬勃发展，商业广告画的需求极大增长，一些外销画家开始绘制商业广告绘画，商家采用新兴的印刷技术，大量复制月份牌画和其他商业绘画。

1. 月份牌

月份牌最初是从西方引入，主要出现在英美烟草、药物、化妆品和石油公司。据考察，1875 年 1 月 30 号《申报》第七版上一则琼记洋行刊登的销售月份牌的文字广告应该是最早的月份牌。现有的文献认为，月份牌早期需要购买，后期才免费赠送。其实月份牌并非全部用作商品的广告宣传，其中也有用于基督教会宣传的月份牌。杂志《明灯（上海）》1928 年 138 期和 140 期上都有月份牌广告，分别为"国人对于美女月份牌也许有点倦意了，现在光学会特出一种富于美术思想和宗教思想的月份牌。年前出的是救亡羊图，今年出的是客西马尼花图中的祈祷图，五彩墨色印成，由上海商务馆监制，上海北四川路一四三号广学会发行，每十张售价一元二角，每百张售价十元"。[56]《新华》杂志 1934 年第 31 卷第 49 期上刊登了最新月份牌的广告："上海广协书局新制之月份牌，每月一张还经一节、甚合读经之用、每份大洋五角。"[57] 月份牌以免费的形式赠送的居多，但这种赠送也并非完全无偿，而是根据商品的具体情况来定的，有的需要顾客自付邮费，有的需要购买一定数量的商品等。如 1927 年 1 月 9 日《申报》第 17 版刊登的《中国五星玻璃公司合成玻璃料器号大廉价赠品二十一天》的广告："凡向合成号门市现购满洋一元，除廉价外，赠送美丽月份牌一张，或十六年日历一组，满两元者，月份牌日历各一件，三元以上，以此类推。"[58]

作为商品广告的月份牌随着西方文明融入上海的生活，它充分展示了上海人从鄙夷洋人到崇尚西洋文明及其生活方式的市民文化演变："俏丽大方的女子，健康活泼的儿童，异国风情的家居布置，直接舶来或仿制舶来品的商品……衣食住行（图1），休闲娱乐，婚姻家庭，月份牌细致的创造了一个温馨、西化、新派的世界（图2）。"[59] 月份牌有三种形式。一是类似于海报的悬挂式月份牌；二是类似于每日一页的日历；三是将整年的日历写在一张纸上的年历。第一种悬挂式月份牌是商业美术的角度研究的重点。精美的月份牌画面能够调动人的积极情绪，这会形成由受众对作品的喜欢到受众对商品的喜欢，好的月份牌画面能让大众对商品产生好感和兴趣。大众会将由观看月份牌

图1　恒信洋行月份牌，私人藏

图2　早期月份牌场景，私人藏

画面产生的积极情绪，无意识地转移到商品中，进而形成对商品美感与好感。

　　上海月份牌广告的繁荣，催生了文化界、艺术界独有的文化现象，月份牌画家大量出现，如柯联辉、郑曼陀（1888—1961）等，他们以商业和艺术同构的审美眼光，迎合大众文化消费群体的审美趣味与实用性追求，创造了流行文化的大众世界，将世俗的、平庸的、大众的画风融入高雅文化的艺术行列，在一定程度上改变了以海派为特征的上海都市的文化地图。月份牌的主题从成教化助人伦的历史故事、神话传说，到当代生活中引领时尚潮流的女性形象，这样的题材站在现实生活的高位，以教育和引领的姿态面对普通的大众，大众更是以此为标榜、作为参考，把这些当作生活的榜样。这些画面中的商业绘画对大众所形成的积极的情感，会由大众无意识地投射到与之相关的商品上，也在大众心中形成了积极的、正面的形象。香烟是最早使用月份牌进行宣传的产品，为了打开市场，让大众接受，生产者借助大众乐于接受、喜闻乐见的绘画作品进行"植入式"的商品宣传。月份牌广告虚拟地想象和建构了上海都市文化的整体文化特征，包括追求摩登与时尚的文化品位、美与艺术的精神谱系以及日常物质的时代变迁，俨然是一个上海生活的参与者和建造者。

2. 广告设计

广告所构建的永远是理想而不是现实，是观念而不是生活本身。它制造了上海市民的文化消费、审美观念和生存空间的理想之梦，是对上海 20 世纪 20 至 30 年代消费社会的想象和现代性建构。20 世纪 20 至 30 年代，先进的外国资本主义企业和民族资本主义企业造就了上海工商业在全国及其世界的重要位置。"浓厚的商业氛围，同国际市场接轨的商业运作模式，先进的商业设施，都使上海成为一个典型的商业城市。当先施、惠罗、永安、新新、大新等规模巨大的综合性商场次第开业后，上海成了购物者的天堂。"[60] 经济的快速发展和商业的繁荣，出现了消费者和商业主两大类人群，消费者需要商品的信息，商业主花钱做广告和消费者接受广告以获得信息的互动模式形成，广告作为一种促销方式越来越受到商家的重视，广告业逐渐繁荣。

随着声、光、化、电的发展，广告业日趋发达：灯箱广告、窗饰广告、播音广告等新的广告形式和载体纷纷出现。在无线电广播这一大众媒介还不十分盛行的 20 世纪初，报纸广告和杂志广告由于其发行量大、覆盖面广、便于保存等优势成为上海广告的主要组成部分，也成了最具影响力的广告形式。《申报》《新闻报》是当时历史悠久、发行量大、刊登广告最多的著名商业大报。[61] 作为印刷文化的一个组成部分，报刊上的广告引起人们对消费意识和消费文化的重新阐释。1904 年商务印书馆发刊的《东方杂志》，由于林振彬留学美国，得到了美国全国出口广告公司很多商品的广告，使得广告空间的客体组成和艺术形态的表达方式都体现了一种现代性和世界主义的方向。据《良友》画报主编马国亮回忆，《良友》画报当年是一个销量最大的画报，远销全球，在其上刊登广告，收效更广；而且在月刊上刊登广告，广告效用和影响力远比在日报上刊登广告悠久得多，因此当时愿意在《良友》画报刊登广告的，实在不少。[62]

从查阅的资料统计，香烟、医药、书籍、日化品是报刊广告的主要类型，尤其是医药和书籍广告的繁荣，体现了上海医药行业和出版业的兴盛。在报纸、杂志上刊登新书、新杂志的广告，是 20 世纪 30 年代"杂志年"很独特的文化现象。爱看杂志的人，每天早晨翻报纸找新出杂志的广告。对于上海的作家来说，最重要的休闲除了看电影，就是逛书店。由于北洋军阀统治的影响，上海成了文人荟萃的地方和全国文化的中心。以福州路为中心的文化街处于最繁盛的地区，作为上海的第二条文化街北四川路一带，也是书社林立，并以出版进步书刊闻名。在 1932 年 1 月 28 日日军突然轰炸上海前，这里有新旧书肆三百余家。[63] 出版业的繁荣与竞争，也促进了广告的发展。

从报纸广告使用名称来看，早期广告用"告白""申明"等词来统称广告，当时国人把它看作是一种信息传播的形式，而非只注意到广告的商业功能。有调查数据显示，图像对于视觉的刺激作用远远高于文字阅读插图和说明者是阅读正文者的两倍，人们对图形和文字的注意分别是 78% 和 22%。[64] 广告插图是广告的"吸引力发生器"，使读者对商品的直观印象大大提升。早期广告以实物插图为主，到了 20 世纪 30 年代，浓厚的商业氛围带动了广告的成熟和发展。"商业之广告，乃销售上重要之不二法门也。上海既为全国商业中心，广告之新颖灵巧，亦为首屈一指，无论文字图画……大都精益求精。"[65] 就报纸版面而言，版面的手法也多种多样，为了使广告版面更加突出，线条、色块、图案等分割版面的现代设计元素出现。广告的形式也多样，民众牌香烟广告以连环画广告形式出现，红金龙香烟广告以独幕剧广告形式出现，上海妇女教育馆广告以有偿新闻形式，有以人物为贯穿的"美丽牌"香烟广告系列、以场景贯穿的"能维雅"化妆品系列广告等。20 世纪 30 年代的广告图案非常丰富，除了直接的实物图案和包装图案，还有常见的商标图案，如贵族老人形象的桂格麦片商标、小精灵形象的留兰香糖商标；情景图案，如家庭场景、生产场景、公共场合场景、中国传统典故场景；人物图案包括中西人物、明星名人、摩登与传统女性、老人青年儿童还有照片，这些都是大众熟悉的图案，和人们的生活构成了一种联系。

家庭是日常生活现代性演变的首要空间，置身于都市文化语境，广告通过夫妻角色的定位、父母与孩子的关系的营造及现代家居装饰和用品整体组合，建构了 20 世纪 20 至 40 年代的都市化及现

图 3　白金龙香烟广告

图 4　1932 年刊登在《新闻报》上的桂格麦广告

代性家庭生活空间，如"白金龙香烟"（图3）"清导丸"等广告就营造了身体健康与家庭和谐的现代生活空间。广告营造了以"美"和"时尚"为关键词的性别空间，它以具体可感的图片为读者提供想象的都市空间，如上海先施公司用数位好莱坞女明星为蜜丝佛陀美容品做广告，让美容品和漂亮的明星之间建立一种联系，给消费者提供了"蜜丝佛陀美容品使人永远年轻"的想象。《申报》《新闻报》（图4）、《大美报》等报纸也在杂志上刊登广告，各个杂志社也在报纸上刊登新杂志出版广告，各个书局也在报刊上刊登新书出版广告，从而参与了上海20世纪20至40年代的出版业的建设。1933年是民国政府确立的"国货年"，广告也建构了民族主义想象共同体。

上海都市日常物质生活的现代化以及市民价值理念、精神追求和文化消费的现代性，经由20世纪20至30年代大众文化的中心要素——广告业的控制和主导，"使得众多的新品位、新秉性、新体验和新理想广泛传播开来"。[66] 生活创造了广告，广告或多或少地影响和改变着生活。"我们卖商品我们必须也得卖文字，实际上，我们再深入一层，我们必须卖生活。"[67] 广告除了其商品属性，还能够展现并建构一个时期内的社会生活和一般市民的思想情绪。从广告中折射出上海的都市休闲生活已经从传统社会中有钱有闲阶级的生活向市民大众生活转轨，"成为公众的、群体性行为……成为消费市场和市民文化景观的重要组成部分"。[68] 广告为当时的上海市民开启了了解都市休闲生活的窗口，并在潜移默化的渗透中，推进了市民大众休闲观念、休闲方式和文化心态的发展变迁。这一过程，其实也从侧面折射出近代上海向现代社会转型的历史进程。[69] 广告以多姿多彩的形式装点产品和推销给大众文化市场，同时见证了上海工商业、科技文明等物质现代化和上海市民生活、文化消费等精神现代化的全面发展历程。广告见证了现代上海市民生活逐渐都市化、世界化和现代化的历史进程。

第三节　文化消费市场的活力

一、城市劳工阶层的介入

租界改变了上海城市的命运。因为有了租界，小刀会起义、太平天国运动、中法战争、义和团运动这些战争都没有触及上海的安全。另外南涝北旱的自然灾难，上海成为大量移民首要迁移的目的地。只有当农村人口或者难民认为城市的现代化、工业化、高度商业化的优势能为他们提供生存的物质保障，他们才迫于生计涌入上海。上海开埠繁荣以来，迎接中国各地前来人口不计其数，上海成了当时中国移民流动的最大目的地。上海开埠之初的 1852 年仅有 54 万多人口，但 1935 年的人口已达到 370 多万。[70]

"城市本身表明了人口、生产工具、资本、享乐和需求集中，而在乡村所看到却是完全相反的情况：孤立和分散。"[71]20 世纪 20 至 30 年代的上海被想象成一个充满无限魅力的现代化世界，人口、资本、技术等物质大量流入这个城市。"上海随地都散着金子的，许多人以为。于是许多人都跑到上海来，男的，女的，老的，少的，有的卖了田，卖了牛，有的甚至卖了儿女。"[72] 这些人除了部分是上层社会或者成功人士旅居上海外，其中大部分都是中下阶层的劳动人民，他们不断涌入上海寻找工作或者商机。各种移民的涌入，加上从欧美等国家来上海寻找发财机会的"冒险家"，上海形成了典型的移民社会。

20 世纪 30 年代的上海，无疑是当时中国人口密度最大，人员组成最复杂的城市。作为位于世界前列的国际大都市的上海，大批移民带来了众多的劳动力、丰厚的资财和技术。作为刚刚迈入现代化门槛的城市，上海为这些移民提供了大量的工作机会，造就了上海繁忙而有秩序的都市职业人群。新的城市环境和生活方式使得市民阶层逐渐成为上海的社会主体，并且影响了中国社会的现代化发展。20 至 30 年代上海现代化运动的历史进程，是由上海各阶层几百万市民普通而又极为丰富多彩的社会生活图景编织而成的。[73] 他们的日常生活、消费、娱乐等，演绎着上海都市的现代性实践。

移民大半因为不满迁出地的现实而来到上海，对他们来说过去的生活往往是不如意的，移民靠自己的体力、智力、毅力创造了今天的生活，他们更注重现今和未来，较少有过去陈规定矩的束缚。[74] 远离了传统乡土社会中族规等道德约束，上海市民敢于消费和娱乐的生活观念在近代上海生活中流行起来。从某种意义上讲，上海劳工阶层敢于消费、娱乐的生活观念促进了现代商业、娱乐文化和生活的快速发展，劳工阶层成为大众美术的主要消费群体。新的城市生活空间和市民生活方式构建出追逐商业利益、追求金钱消费的城市大众美术—月份牌、商业广告、书籍封面画等商业美术的繁荣和发展。

民国时期，中国的民族资本主义开始迅速发展，书籍不再是少数人的专享品，而开始为新兴的资产阶级和市民阶层服务，这也是民国书籍繁荣的根本原因。书籍设计开始逐渐走向平民化、大众化和商业化的发展道路。书籍作为一种特殊的商品，具有文化属性的商品，它不仅是承担着传播文化和知识的精神文明产物，也具有进行商业产品流通传播的功能。为了适应时代潮流，第一代书籍设计师们在他们的作品中，努力将商业性和艺术性结合，设计出既符合大众审美需求也符合当时市场经济需求的作品。针对不同阶层市民的需求，设计作品风格多元化。朱自清（1898—1948）在《论雅俗共赏》一文中说道："十九世纪二十世纪之交是个新时代，新时代给我们带来了新文化，产生了我们的知识阶级。这些知识阶级跟从前的读书人不大一样，包括了更多地从民间来的分子，他们逐渐地跟统治者拆伙走向民间。于是乎有了白话正宗的新文学，词曲和小说戏剧都有了正经的地位。还有种种欧化的新艺术……'通俗化'还分别雅俗，还是'雅俗共赏'的路，大众化却要更近一步要达到那没有雅俗之分，只有共赏的局面。"[75] 书籍设计是承载文化信息的载体，当书籍的内容突破传统题材和形式从而转向通俗题材和关注现实生活的通俗文化时，书籍的形式也顺应时代潮流发生改变。受西方现代设计思想的影响，中国的书籍设计师更多关注大众化设计，设计的作品既能保持艺术的高品位高质量，也能被大众所接受所欣赏。作为商品的书籍封面设计，大众的生活需要和审美趣味成为设计的重要策略，劳工阶层成了文化消费的主体。

二、"白色恐怖"下的"杂志年"现象

1. "杂志年"

"杂志年""小品文年"和"翻译年"是 1934、1935 年频频出现在报刊上的热搜词。据各种文献记录，当时知名作家如茅盾、陈望道（1891—1977）、阿英（1900—1977）、曹聚仁等人，都专门写过有关"杂志年"的文章。在这几个热搜词的背后，关联着的是一种重要的出版文化现象，即杂志出版的蓬勃兴起，而尤以小品文杂志和杂志中的小品文蔚为大观，这确是 1934、1935 年实实在在的出版情形。

"杂志年"究竟具体指哪一年，当时就没有定论，后来的文献记录中也一直悬而未决。当时报刊媒体上说得最多的，是指 1934 年。由于 1935 年的杂志发展势头不减，所以又有将 1934、1935 年合称为"杂志年"。"1935 年创办活期订户"，按照公司的判断，过去一年是"杂志年"，今年"当然还是杂志年！"[76]

在上海通志社编辑的《上海研究资料》一书中，更是提前将 1933 年就冠名为"杂志年"了。1934 年由郑振铎、傅东华（1893—1971）主编的《文学》杂志第 3 卷第 2 期的《文坛论坛》中说："今年正月，定期刊物愈出愈多……有人估计目前全中国

约有各种定期刊物三百余种，内中有百分之八十出版在上海"。
这说明，作为当时在全国出版界占据绝对中心地位的上海，早
在 1933 年，就已显现出杂志活跃的状态。这种状态，一直延续
到全面抗战前夕。1936 年《申报年鉴》上的一份材料，可以看
出杂志增长的趋势：

> 1935年6月底，全国各省市杂志出版品种如下：南京：187
> 种、上海：398种、北平：150种、青岛：7种、江苏：127种、
> 浙江：99种、安徽：11种、江西：9种、湖南：63种、山东：
> 33种、湖北：78种、山西：43种、河南：43种、河北：131
> 种、云南：10种、广东：44种、广西：7种、青海：1种、察哈
> 尔：8种、贵州：4种、福建：23种、绥远：9种、甘肃：7种、
> 陕西：7种、四川：17种、威海：2种，共计1518种。[77]

在上海杂志市场呈现井喷之势的同时，上海的新书出版却
显得十分落寞："单行本的市场，却跌落得很厉害。在往年，寒
暑假期间，是书店的'清淡月'，现在呢，除掉杂志而外，是每
个月都成为清淡的了。许多书店，停止了单行本的印行，即使
要出，也是以即成的大作家的作品为限。"[78]"说到杂志的兴起，
我们不能把另一种相反的现象忽略过去。这相反的现象便是：
单行本书籍的极度衰落……即以素称容易推销创作一端论，出
的也非常之少,差不多叫书评家兴'无书可评'之叹。至于翻译、
理论，虽经提倡，而大规模的见诸实行者，竟如凤毛麟角。"[79]
杂志业猛进，新书业突退，这种反差，才让"杂志年"流行为
众人议论的话题。

2."白色恐怖"下的杂志现象

20 世纪 30 年代是一个政治黑暗的时期。国民党南京政府
建立后，规定国民党"得就人民的集会、结社、言论、出版等
自由权，在法律范围内加以限制"。[80] 采取血腥的手段、高压的
政策和特务统治，在"以党治国"的名义下，加强了对社会的
控制。尤其是禁止思想自由，1931 年 10 月，国民党查禁 228
种书刊,颁发《出版法实行细则 25 条》。次年 11 月，又公布《宣
传品审查标准》，规定凡宣传共产主义，流露出对"党国"不满
的宣传品，一律视为"反动"，予以禁止。1934 年颁《图书杂
志审查办法》，设"图书杂志审查委员会"。1935 年蒋介石（1887—
1975）又命令军统局接管各地邮电检查所，由军统局"统一全
国邮电检查事宜"，凡属各种进步书刊，一经查出就地销毁。在
国内战场，蒋介石提出"攘外必先安内"的反民族、反正义政

策，在明在暗开展剿灭共产党的活动。在明，分别在 1931 年和 1933 年发动了第四、第五两次杀伤力极强的围剿；在暗，"国民党中央调查统计局"（简称"中统"）和"军事委员会调查统计局"（简称"军统"）两大鼎鼎有名的特务组织建立，开始在全国"疯狂而残忍地镇压一切革命活动和革命分子"。[81]

从 1929 年至 1935 年，社会科学和文艺书刊被查禁、扣押的达千余种。当时平津学生愤怒地揭露说："著作乃人民之自由，而北平一隅，民国二十三年焚毁书籍竟达千余种以上……此外，刊物之被禁，作家之被逮，更不可胜计。焚书坑儒之现象，不图复见于今日之中国。"[82]进步文化人屡罹祸患：1931 年 2 月，柔石（1902—1931）等五位文化界左翼作家遇害；1933 年 5 月，丁玲（1904—1986）、潘梓年（1893—1972）被捕；1933 年 6 月，"中国民权保障同盟会"副会长兼总干事杨杏佛（1893—1933）被刺；1934 年 1 月主张抗日救国的民族资产阶级代表人物、上海《申报》的总经理史量才（1880—1934）被国民党特务暗杀在沪松公路上；当时有消息说蓝衣社特务已经开出了一个包括鲁迅在内的 56 人的黑名单……一时风声鹤唳，人人自危，因言论而被捕而被杀者不绝于耳。1933 年 5 月 13 日，《申报·自由谈》载文惊呼"整个世界是疯狂了。历史已经回复到了中世纪时代。战争屠杀，恐怖，幽禁，破坏，魔鬼的舞蹈，奴隶的呻吟，整个世界是疯狂！……屠杀代替了自由，'逮捕'与'幽禁'禁锢了'意志'……文明破产了，野蛮复活了，白茫茫的雾弥漫了整个世界。"[83]胡汉民（1879—1936）也在 1934 年 10 月通电指责蒋介石及南京政府："数年以来，中央对于人民言论之压迫摧残，无所不至……出版刊物之检查，密如网罗，时政记载，动辄得咎，报纸之封闭，记者之被囚被杀，尤日有所闻。"[84]同时新闻舆论界和民间的反对声音也随之此起彼伏，反抗运动一浪接一浪。在此环境下，1930 年 12 月，国民党政府还是不顾国民情绪，再次颁布《出版法》，"在全部的 44 条规定中，对报纸、杂志和书籍的出版、登记作出了十分苛刻的限定"。中国新闻舆论界再次向国民党政府发起了大规模争取出版自由的反抗运动。1932 年，商务印书馆、中华书局、世界书局等 49 家出版机构就联名反对《出版法》，要求保障新闻出版自由。最后，由于国内外强大的舆论压力，国民党政府被迫向出版界让步，"同意对以前曾准予发行的书籍酌加删改继续发行"。[85]在政府妥协的前提下，在一股拥护出版自由的风气中，虽然经营杂志的过程还是很艰苦，但是杂志还是迎来了发展良机。以《生活》周刊为例，从"九一八"事变到 1932 年两年间，《生活》周刊在"印数达最高数 15.5 万份时，直接订户达 5 万户。其中外地订户 3 万多户，本地订户

1 万多户"。[86]

中国大众的觉醒与先进刊物和著名作家、记者紧密联系。从辛亥革命起，著名作家一直在运用写作的力量通过报刊媒体影响公众的思想。经过"五四运动"洗礼，"科学"观念深入人心，我国现代学科体系处于成长期，学术界派系繁多，各个学派、社团为了扩大自己的影响，都需要建立自己的言论阵地，出版杂志方便而且实用。政治的原因致使民国这一时期杂志刊期出版时间经常不固定，而且大部分杂志都很短命，往往刚出版了两三期即告停刊。其根本原因是国民党新军阀政权的建立与其推行的文化专制政策，使大批期刊遭到扼杀，时局很不稳定。1934 年发行量为 15.5 万份的《生活周刊》因为刊登了一篇据说是鼓励福建叛乱的反叛行为的文章而被查封。总编辑邹韬奋（1895—1944）去了英国，杂志更名为《新生活周刊》后继续出版，但不久又因刊登一篇涉及日本天皇的文章被停刊，而出版人杜重远（1897—1943）被判十四个月监禁。

中国左翼作家联盟出版的机关刊和其他左翼刊物，在这场文化围中，惨遭劫难。1929 年 1 月起，《创造月刊》《思想》《新兴文化》《新思潮》《太阳月刊》《时代文艺》《我们》《引擎》《现代小说》等，被禁罪名为"共产党反对刊物""主张唯物史观，鼓吹阶级斗争"之类。从 1930 年 3 月"左联"成立到 1937 年卢沟桥事变前，更多的"左联"刊物遭难，据不完整资料，先后约有 40 种"左联"、文总、社联及各路进步刊物被禁。[87] 其中有的"左联"刊物只出版了创刊号就被查封，有的出版了几期就被迫停刊，有的出版被禁后更换刊名继续出版。如 1930 年 3 月创刊的《艺术月刊》、1930 年 4 月的《文艺讲座》、1930 年 6 月的《沙仑月刊》、1931 年 3 月文学生活社编辑出版的《文学生活》、1934 年 9 月文学新地社编辑出版的《文学新地》等刊物，因发表"左联"作家作品，创刊号出版后就被查封，仅出版一期。至于"左联"的机关刊更是一出版就被查封，如 1930 年 9 月中国左翼作家联盟机关刊《世界文化》、1935 年 2 月《文学新辑》、1932 年 4《文学》等。有的期刊被查封之后被迫改名，如 1930 年 1 月出版的《萌芽月刊》1 卷 3 期成了左翼作家联盟初创期的机关刊，5 月第 1 卷第 5 期被禁，第 6 期改为《新地月刊》，此刊仅出一期又被禁；左翼作家联盟的机关刊《前哨》1 卷 2 期就被迫改为《文学导报》；1932 年中国左翼文化同盟机关刊《文化月报》出版第 1 期后即被查封，第 2 期以《世界文化》之名出版；1935 年 5 月中国左翼作家联盟东京分盟机关刊《杂文》在日本东京创刊，1935 年 9 月第三期在上海被国民党当局查禁，12 月第 4 期改名为《质文》继续出版，共出 8 期。有的期刊出版几期就被迫停刊，如中国左翼作家联盟机关刊《十字街头》第三期出版后就被迫停刊；《大众文艺》出版第 12 期后就被国民党中央党部以"左联外围刊物"罪查禁。

"左联"一成立，立即遭到了国名党政府的破坏和镇压，如取缔"左联"组织、通缉"左联"盟员、颁布各种法令条例、封闭书店、查禁各种杂志和书籍、秘密杀戮革命文艺工作者等手段。但在这样"白色恐怖"的空气里，"左联"仍然顽强战斗，除上海总盟外，还先后建立了北平"左联"、东京分联等组织。

1933 年至 1934 年间，国民党对左翼书刊时而查禁时而部分解禁，并开始了严格的书刊审查，对嫌疑文章的大抽大砍比比皆是。令文化人士稍稍庆幸的是，只要在刊物中变换使用各种新笔名，把文章的语句加工得更加隐晦，审查毕竟也是有办法蒙混过关的。应对文化"围剿"，"反围剿"更有力的策略便生长出来了，那就是办新刊物。于是，1934 年至 1935 年，新刊物纷纷出炉，竟成就了"杂志年"之美名，留给后人出版业"繁盛"的美好印象。[88]

共产党主持创办《向导》《布尔什维克》等杂志积极宣传"全民族统一战线"，与国民党宣传机构进行激烈论战，也起到了促进杂志业发展的作用。国共两党合作建立统一民主共和国的愿望彻底破碎后，知识分子从而开始思考站队问题，资本主义和社会主义两种思路在思想文化界产生了激烈的碰撞。因此，动荡的国内局势加以各种思想言论的极其丰富，坚持与读者紧密联系的杂志就得以形成强劲的发展浪潮。此浪潮深入社会每一个兹待苏醒的角落，承担着宣传新知、唤醒民众的历史重任，在当时社会产生了深刻的影响，如林语堂所说的，"毋庸置疑，伴随着中国觉醒的历史的，是几家杂志和几位杰出报人的历史"。[89]

为了避免遭到残害，知识分子不得不在各种刊物上更换笔名。其中鲁迅最有代表性，一生笔名有 179 个。他在《自由谈》发表的近 150 篇杂文，全都穿上了马甲，换了 42 个笔名，可见文化论战情形的险恶。[90]这一场"杂志年"浪潮本来就是在与国民党当局的不断斗争中发展起来的，只是全靠众多不屈不挠的文化战士怀着为民为国请命的崇高精神，不顾性命冲锋陷阵，杂志才得以艰难生存。在 20 世纪 30 年代，杂志检查和禁令成为威胁并影响杂志生存的重要因素。"杂志年"浪潮在 1935 年达到顶峰之后，便猛然步向暗淡，渐渐淹没于历史长河。

三、"杂志年"中的经营、销售方式

1. "杂志年"出版公司的读者策略和国际视野

林语堂认为，当时杂志繁荣的原因：一是人民总体教育水平的提高；二是大部分杂志由官方资助（由学术团体支持的技术杂志往往亏本）；三是部分杂志是商业性质的，其生存取决于读者的数量。[91] 杂志本身的可读性和新颖性特质，决定了它不可抑制的读者缘和发展前景。

以《生活》周刊为例，邹韬奋一直以服务读者为信条，破天荒开办了《读者信箱》栏目，使《生活》周刊的编辑人员可以及时了解到读者的需求，及时与读者交流，有效地在互动中培养了热心追随的读者群，有部分读者如艾寒松（1905—1975）、陶亢德（1908—1983）、杜重远等还从热心读者变成了《生活》周刊的撰稿人。《文艺新闻》大量刊发国内外左翼文艺动态，深受市民和进步青年欢迎，一时销量猛增，声名鹊起。它很快成为地下"左联"秘密联系群众、广大群众寻觅革命文化团体的一个枢纽。在上海福州路山东路口高大样楼后面又脏又窄的小弄堂里一个小楼上，文艺新闻的公开地址，出现了日日夜夜涌到这里来的热心的青年读者，他们义务参与投送稿件，帮助采访、发行等工作。报社于1931年8月20日即"九一八"事变的前夜，成立"《文艺新闻》读者联欢会"的组织，参加的读者，大部分是上海的职业青年。他们对国家所遭逢的厄难怀着极大的义愤，饥渴地追求着文化和抗日救国的道理。

杂志封面采用中英文刊名等信息，也是杂志公司面向国外读者的策略。如《良友》封面构成要素，刊名、日期、期号、印行地址均在显要位置同时使用中、英文。一方面，体现了它的受众对象、出版发行以海外侨胞为主的影响趋势，这在赵家璧（1908—1997）与鲁迅的对话中便可找到佐证。当鲁迅问及"良友"的营业情况时，赵家璧告诉他："这是广东商人开的，《良友》画报等各种画册，主要读者是海外侨胞，所以业务很发达。"[92] 刊物的商业利益与受众的群体要求催生了《良友》两种语言的表达方式。另一方面，体现了其国际化的文化视野和现代性的思想架构。封面采用中英文标注，在中英文两种完全不同的话语体制里，实现思维、惯习、语境的交往与融通，置入跨国界、跨文化传播的现代性路径。

在国外成立文学分部和办刊物也是"白色恐怖"下杂志出版不得已采取的跨国出版现象，如"左联"在东京成立的东京"左联"支部。1930年3月左翼作家联盟在上海诞生的消息传到东

京，在这里留学的青年作家叶以群（1911—1966）、森堡（任钧，1909—2003）等深受鼓舞希望在东京也成立一个"左联"支部，以便在海外开展左翼文学活动，加强同日本左翼作家的友谊与团结，有利于促进中日两国的解放事业。叶以群回国利用回家度假的机会找到了冯雪峰（1903—1976），商谈东京建立"左联"并得到授权。叶回到东京立即与任钧、楼适夷（1905—2001）、张光人（胡风，1902—1985）、谢冰莹（1906—2000）等组织了"中国左翼作家联盟东京特别支部"。东京"左联"的第一批成员都热爱苏联和日本的左翼文学，关心世界无产阶级文艺动态和国内左翼文学运动的发展，他们通过采访日本的左翼作家和戏剧工作者，并在上海的《文艺新闻》《读书月刊》上发表了一系列的报告文学及传记，如《文艺新闻》上发表的《日本文艺家访问：村山知义》（东京通讯处），《秋天雨雀访问》（森宝、华蒂等）他们希望中国"左联"的同志们多了解日本左翼文坛的情况，从中吸取成功的经验，总结失败的教训，推进中国的"左联"发展。

1932年由东京"左联"领导成立"新兴文化研究会"，由胡风、方瀚（天一）等成员组成，该会出版《文化斗争》《文化之光》两种刊物。后来因为两份杂志纠纷被警察盯上，最后胡风和"社会科学研究所"等十多人被警察压着退学被驱逐出境，东京"左联"的生命中断了。1933年9月中国"左联"盟员林焕平（1911—2000）等几人来到东京，联系上"左联"东京成员孟式钧，1933年12月"左联"东京分盟成立了，新恢复的"左联"为了在"白色恐怖"的日本生存，吸收了日本左翼团体的策略—办同人杂志，以文学掩护革命活动。他们1934年3月6日成立了"东流文学社"，8月《东流》创刊，所有从事小说散文创作翻译的同志都集中在这里活动。东流社还出版了"东流文艺丛书"。

1934—1935年，相聚来到东京留学的左翼作家、文学青年日益增多，如任白戈（1906—1986）、魏猛克（1911—1984）、黄新波（1916—1980）等，他们都加入了东京左盟，成为一支海外左翼文坛的生力军。对国内国外社会政治黑暗有切肤之痛的他们，决定办一个以杂文为主兼及评论和文学翻译的月刊，用来评论人间百态、翻译介绍世界各国进步文学尤其是俄苏文学，由于他们都喜欢鲁迅的杂文，因而杂志取名《杂文》。1935年5月《杂文》创刊号出版，第3号《杂文》一出版就被查封，和郭沫若商量后杂志改名为《质文》为第4号，1936年10月第2卷第2期出版后停刊，因此杂志名一般用《杂文·质文》表示。中国"左联"的两位领导人鲁迅和茅盾积极支持《杂文·质文》，魏猛克曾写信给鲁迅说，由于国内文网严酷，左翼作家的作品越来越难发表，现在国外有这么一个刊物，且能流传到国内读者手里，对作家们是很有利的。鲁迅对此表示很高兴，说要尽力支持刊物，鲁迅给魏猛克回信时寄出了被禁的新作二篇：《什么是"讽刺"？》和《从帮忙到扯淡》。这两篇文章都是被国民党政府的书报审查机关禁止刊出的。魏猛克收到后，即交编辑部于 9 月 20 日第三期同时发表。[93]1936 年 6 月 18 日苏联作家高尔基（Alexei Maximovich Peshkov，1868—1936）去世，10 月 19 日鲁迅逝世，《杂文·质文》出版了"纪念高尔基"和"悼念鲁迅先生"两个专辑。东京"左联"还在 1935 年 7 月创办了《诗歌》杂志，第 4 期出版后就停刊了。[94]

在这样"白色恐怖"的空气里，"左联"仍然顽强战斗，除上海总盟外，还先后建立了北平"左联"、东京分联等组织。同时"左联"也与国际无产阶级文艺运动建立起了联系，如 1930年 11 月，萧三（1896—1983）代表"左联"参加了苏联哈尔科夫召开的第二次国际革命作家代表会，中国"左联"加入国际革命作家联盟，成为中国支部。"左联"在革命党政府残酷压迫下顽强斗争了 6 个年头，粉碎了国民党当局的文化围剿。

2."杂志年"的营销方式

在日益增长的杂志出版情况下，杂志成了一种销售的商品；同时对于读者来说，到哪里能买到最新的杂志？杂志的营销方式成了出版公司要考虑的策略。除了在书店里销售杂志，"杂志年"最为醒目的标志，便是出现了专门销售杂志的杂志专卖店。

在杂志众声喧哗的"狂欢"中，先有上海杂志公司在 1934年 5 月 1 日的正式开张，因为做得好生意，赚得好人气，眼热之下，便有人跟进，不久就有了群众杂志公司、中华杂志公司、乐群杂志公司在上海的先后挂牌。其他城市如杭州的中国杂志公司，苏州的时代杂志服务社，都是"杂志年"里新出现的面孔。一些书局书店本来就卖书兼售杂志，这时则更行扩张，专门开设杂志经售部或杂志推广所的部门，如生活书店、开明书店、正中书局等，都是各杂志公司的有力竞争者。[95]

杂志为了打开局面，也刊登广告，上海杂志公司在《东流》3 月第 1 卷第 3、4 期第 116 至 118 页上刊登的最抢眼的广告"随时代订、随时退订、随时改订"七大便利的活期订阅。第 1 卷第 5 期末页同一广告，保证"不夸大、不欺骗、说到做到"。另外，邮局和银行免费代定《东流》[96]等国外出版的杂志，对增加杂志在内地的销售，扩大全国杂志市场，也大有助益。[97]

由东京质文社发行、在上海印刷并由中国图书杂志公司经售的另一本杂志《杂文·质文》，这是"中国左翼作家联盟东京特别支部"编印的"左联"刊物。第2卷第2期《杂文·质文》是"纪念鲁迅专号"，刊登了一则中国图书杂志公司的担保订阅部的两份启事（图5）：

为谋内地函购读者妥便计，特设函购服务部：搜罗全国出版图书杂志新旧刊物，图画、书籍、字典、辞源均照实价发售。如为本公司之基本读者，再可享七折至九折优待，详阅第三条。如遇上海各出版处举行廉价及新书预约旧书拍卖时，均可代为选办不取任何手续费。内地函购读者及图书馆文化机关欲免零星汇款麻烦，可一次汇存货款自五元起，由本公司代存上海宁波路大来银行，兹后陆续购书随时提取书款，其存款之利息归读者所得。虽为数微少，但得此亦可补邮票之所费。本公司为联络各地读者起见，特扩大征求基本读者十万人，凡在征求期内向本公司一次购书籍满洋三元者，即为本公司基本读者赠送优待券一张，以后凭券购书得享七折至九折利益，订阅杂志九折至九五折之利益。

为求基本订阅读者安全计，特设担保订阅部：为全国图书馆文化机构及个人读者负无限责任服务，凡订阅任何图书杂志一概不取手续费，寄递力求迅速。绝无漏寄迟到等情，如遇有特价时间，亦可优待照章办理，且凡向本公司订阅各种杂志者，随时有特别利益可得。内地读者每欲预定杂志常感无从选择，拟定之书是否合乎所欲，无法证明往往徒费金钱，本公司有鉴于此，特订先行试阅办法，凡凭本公司所发之试阅券或来函申明先购试阅一期者，当照定价八折优待以便选择订阅。读者订阅各种读书杂志刊物常感中途停止出版而恐定洋虚掷，故每致不愿长期订阅，但凡委托本公司代定者，均由本公司负责永久担保，特约上海大来银行保管，凡遇中途停刊即凭原订单退换余款或转定他种刊物。[98]

由此可见当时杂志营销的三个现象：第一，《杂文·质文》杂志上有专门开辟的广告栏目，刊登别的杂志出版信息（图6），这说明作为商业产品的杂志，为了销售的需要，各大杂志会在别的杂志上刊登本杂志信息，甚至到境外的杂志上刊登杂志广告，杂志广告包括杂志名称，出版时间和订阅价格等信息，这样有助于国内国外读者有效了解杂志出版的信息和动态。为了扩大潜在读者群，杂志出版者利用杂志、报刊等大众媒体尽可能扩大杂志信息传播途径。第二，这些杂志广告下面附着一行文字：中国图书杂志公司无限责任担保定阅读书。读者购买杂

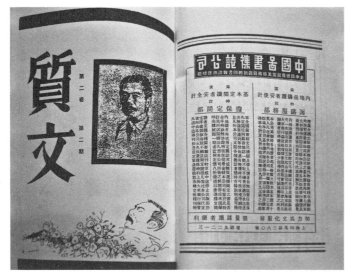

志，中国图书杂志公司为什么要无限担保呢？这是国民党南京
政府的建立与其推行的文化专制政策，导致杂志刊期出版时间
经常不固定、杂志期刊刚出版了或者两三期即告停刊，图书公
司为了保证读者的利益而又不影响杂志销售而采取的担保销售
策略。第三，杂志作为一种文化消费品，读者即是消费者，维
护消费者的权力和消费者的利益，这也是维护杂志的利益。图
书公司杂志营销策略很多，比如函购折扣、存钱抵扣、成为基
本读者赠送打折券、担保启示试阅券优惠活动、永久担保中途
停刊的杂志退款和转定其他刊物等措施，最主要是解除因停刊
可能会带给读者的后顾之忧。"努力为文化服务，尽量谋读者便
利"，这和杂志期刊开辟读者专栏的目的一样，因为杂志作为一
种文化消费商品，很大程度上取决于它的读者群。值得注意的是，
如此悉心周到的读者服务事项，是在"杂志年"成名数年之后
的1936年10月，可知中外读者依然期待着这样的精神食粮能
源源不断地产生出来，并得到出版发行体制的保障。

　　在《杂文·质文》第2卷第2期扉页下方刊出魏猛克画的
漫画肖像《鲁迅死后》（图7），图的右方有两只老鼠，这暗示了"白
色恐怖"下的杂志出版现象。署名M即是魏猛克。[99]编辑室按
语这一页有这样一段话："在这一期封面的插图里，鲁迅先生的
身旁出现了一双耗子，这意思很简单，就是请诸君注意，现在
耗子们又要乘机溜出来了，鲁迅先生已经死掉。"（图8）魏猛
克用线描加上象征派的手法，对图像的寓意，反复强化，喻示
鲁迅不论生前还是死后都处于险恶的周遭环境之中，所以他的
同道和后继者，总要继续战斗。编辑按、鲁迅被禁的文章在《杂

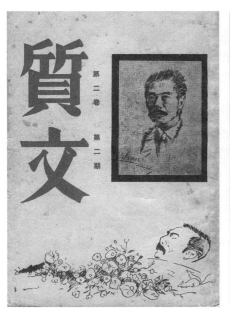 

图 7　魏猛克，《鲁迅死后》，漫画，《质文》第 2 卷第 2 期"纪念鲁迅专号"封面，东京质文社，1936 年 11 月 10 日

图 8　1936 年 11 月 10 日《质文》第 2 卷第 2 期"纪念鲁迅专号"上编辑室按语

文·质文》出版和担保启示，恰恰说明了在"白色恐怖"的文化围剿中，包括《杂文·质文》在内的左翼杂志办刊环境艰难，而杂志的繁荣正是这些文化斗士与国民党抗争的结果，尽管鲁迅先生死了，这个的斗争还将继续。担保启示是在文化围剿中杂志公司对于杂志营销不得不采取的措施。

第四节　小结

　　"现代转身"是中国大众生活现代化的形象比喻。广告、月份牌等商业形式的图像，经由大众印刷和出版媒介的承载和传播，和大众的生活建立起了联系：立体地改变都市生活的色彩和节奏，影响大众的消费取向和审美情趣，建构中国现代与大众话语权，展现公共空间的理想园地，成为影响大众现代生活模式建构的重要指导。文化的转型带来封面图像的变化，启蒙教育使得封面从传统的题签式向封面图像方面发展，并向大众的欣赏范式靠拢；新文化运动因大批新文化阵营的设计者加入书籍封面画的设计，设计的方法与设计理念得到了改善，设计的手法增加，使得书籍封面图像向知识精英推崇的形态调整，书籍封面的图像更加丰富；而都市文化使得书籍封面图像向都市文化新兴的市民阶层。20 世纪 20 至 30 年代，书籍和杂志的出版达到了民国历史的高峰，而随着读者对象的细化，各种风格的书籍封面得到了充分的体现。在当时的文化背景下，不同党派以杂志的封面设计作为思想观念和艺术形态的思想表达，在中国社会文化建设和都市文化发展中起到了推波助澜和提高人们生活品质的作用。其中鲁迅领导的大众文化艺术运动，直接把读者对象，推广到广大的劳苦大众，深刻地改变了都市消费文化的内涵。"杂志年"的封面设计从西方艺术里引入图像，同时加入设计师自身的设计思想，探索中国的内在思想和文化，融合中西两种不同的文化和设计风格，创作出现了一批具有时代气息和民族特征的优秀杂志封面设计作品。

注释

1. Kuo, Jason C., ed. Visual Culture and Shanghai School Painting, New York: New Academia Publishing 2001，第 1005 页。

2. "杂志年"详细的论述见本章。

3. 李岩炜．张爱玲的上海舞台 [M]. 上海：文汇出版社，2003：111.

4. 《良友》（第二期），1925-3-25.

5. 忻平．梦想中国：30 年代中国人的现实观和未来观 [J]. 历史教学问题，2001（6）：8—13.

6. 一九三三年的上海杂志界 [M] // 上海通志社编．上海研究资料（近代中国史料丛刊，三编第四十二辑）．台北：文海出版社，1984：397.

7. 张鸿声．上海文艺地图 [M]. 北京：中国地图出版社，2012.

8. 唐隽．我们的路线 [J]. 美术生活，1934，1（1）.

9. 孙福熙．望梅止渴 [J]. 艺风，1933，1（1）：11.

10. 陆丹林．艺术展览读后感 [J]. 艺风，1934，2（9）：43.

11. 李国庆．民国时期书籍装帧艺术研究 [D] 武汉：湖北工业大学，2008.

12. 孔令伟．现代知识分子与中国现代艺术运动：1912—1949[J]. 美术学报，2011（4）：49—56.

13. 对于知识分子起源问题，学界仍有诸多争论。有学者认为早在 1844 年，波兰人便开始使用 intelligencija 指代社会中具有批判意识的特定人群；也有学者认为"知识分子"最早由俄国文批家别林斯基于 19 世纪 40 年代提出。参见王增进．关于"知识分子"词源的若干问题 [J]. 经济与社会发展，2003（1）. 美国学者雅各比在《最后的知识分子》一书中首先提出了"公共知识分子"这一概念。相较丁之前的知识分子概念，雅各比更加倡导知识分子应具备较强的社会责任感与为大众引路的意识。公共知识分子可以被表述为"以独立的身份，借助知识和精神的力量，对社会表现出强烈的公共关怀，体现出一种公共良知、有社会参与意识的一群文化人"。参见许纪霖．公共性与公共知识分子 [M]. 南京：江苏人民出版社，2003：29.

14. Hu Shih.The Cultural Conflict in China（中国今日的文化冲突）[J].China Christian Year Book, 1929. Shanghai. 胡适的现代化概念，基本等同于西方化。尽管在文章中胡适还提到了中国的文化复兴问题，但对此仅抱有美好的祝愿："这些东西将会在科学与工业进步所产生的健康、富裕和闲暇的新的乐土上开花结果。"

15. 参见梁启超的"新民"理论，其新意有二："淬厉其本有而新之"和"采补其本无而新之"。本：民族固有的文化根底；新，合乎现代精神的种种思想意识。其基础仍然是中体西用论。相关论文有《中国积弱溯源论》《过渡时代论》《新民说》等。

16. 1919 年前后，陈独秀（1879—1942）、胡适等人彻底否定中体西用论，主张全盘西化。陈独秀说"欧化"，胡适说"西化"，同样是指科学化、民主化。参见陈独秀．宪法与

孔教 [J]. 新青年，1916，2（3）；陈独秀 . 答佩剑青年 [J]. 新青年，1916，2（1）.

17. 孔令伟 . 现代知识分子与中国现代艺术运动：1912—1949[J]. 美术学报，2011（4）：49—56.

18. 郑工 . 演进与运动：中国美术的现代化（1875-1976）[M]. 桂林：广西美术出版社，2002：399.

19. 陈瑞林 . 城市文化与大众美术——1840—1937 年中国美术的现代转型 [J]. 清华大学学报（哲学社会科学版），2009，24（4）：124—136.

20. Association for Asian Studies annual meeting, Boston, "Session. 158: Modernity and Patronage in Visual Culture of Qing China", March, 1999.

21. 茅盾在《子夜》的前两章铺叙了现代性带来的物质象征：三辆一九三〇式的雪铁龙汽车、电灯和电扇、无线电和收音机、洋房和沙发、雪茄、香水、高跟鞋、美容厅、回力球馆、法兰绒套装、一九三〇年巴黎夏装、日本和瑞士表、银烟灰缸、啤酒和苏打水，以及各种娱乐形式：狐步舞、探戈舞、轮盘赌、咸肉庄、跑马场、罗曼蒂克的必诺浴、舞女和影星。

22. 李欧梵 . 未完成的现代性 [M]. 北京：北京大学出版社，2005：2.

23. 翟左 . 扬大众传媒与上海"小资"形象建构 [D]. 上海：复旦大学，2004.

24. 张忠民 . 上海城市发展与城市综合竞争力 [M]. 上海：上海社会科学院出版社，2005：111.

25. 俊逸 . 都市风景线 [N]. 新上海，1933-11-15.

26. 上海百年文化史（第二卷）[M]. 上海：上海科学技术文献出版社，2002：1701.

27. （美）约翰·凯利 . 自由—休闲社会学新论 [M]. 赵冉 . 译 . 昆明：云南人民出版社，2002：272.

28. 转引自（英）安东尼·吉登斯 . 现代性与自我认同 [M]. 上海：上海三联书店，1998：27.

29. 参见杨绳信 . 中国版刻综录 [M]. 西安：陕西人民出版社，1987.

30. 王伯敏 . 中国版画史 [M]. 上海：上海人民美术出版社，1961：62.

31. 钱存训 . 中国纸和印刷文化史 [M]. 桂林：广西师范大学出版社，2004：247.

32. （清）钱泳 . 履园丛话 . 卷二十二"汲古阁"[M] 北京：中华书局，1979：579—580.

33. Sakai Tadao. "Confucianism and Popular Educational Works". in William de Bary,ed. Self and Society in Ming Thought, N.ew York: Columbia University Press, 1970. pp.338-341.

34. 马孟晶 . 耳目之玩：从《西厢记》版画插图论晚明出版文化对视觉性的关注 [J]. 美术史研究集刊，2002（13）：202.

35. Ko,Dorothy.Teachers of the Inner Chambers: Women and Culture in Seventeenth-century China.Stanford: Stanford University Press, 1994, pp.34-41。

36. 申报馆主 . 第六号画报出售 [N]. 申报，1884-6-26.

37. 点石斋主人 . 画报招登告白启 [N]. 点石斋画报，1886-7.

38. 上海市档案馆编 . 租界里的上海 [M]. 上海：上海社会科学院出版社，2003：45.

39. 上海市档案馆编 . 租界里的上海 [M]. 上海：上海社会科学院出版社，2003：52.

40. 陈伯海主编 . 上海文化通史 [M]. 上海：上海文艺出版社，2001：1014.

41. 胡道静 . 上海的日报：中国近代报刊发展概况 [M]. 北京：新华出版社，1986：280.

42. 熊月之主编 . 上海通史晚·清文化 [M]. 上海：上海人民出版社，1999：495.

43. 熊月之 . 西学东渐与晚清社会 [M]. 上海：上海人民出版社，1994：12.

44. 师说 [J]. 申报，1872-8-17.

45. 丁羲元 . 任伯年年谱 [M] 天津：天津人民美术出版社，2018.

46. 曹聚仁 . 我与我的世界 [M]. 北京：人民文学出版社，1983：349.

47. 蘧园 . 负曝闲谈 [M]. 长春：吉林文史出版社，1987：80.

48. 《申报》，1896-7-14.

49. 林语堂 . 中国新闻舆论史 [M]. 刘小磊 . 译 . 上海：世纪出版集团，2008.

50. 吴廷俊 . 中国新闻史新修 [M]. 上海：复旦大学出版社，2008.

51. 郁风 . 漫画：中国现代美术的先锋 [M]∥历史上的漫画 [M]. 济南：山东画报出版社，2002：109.

52. 胡佩衡 . 美术之势力 .[J] 绘学杂志，1920（1）.

53. 郎述 . 商业美术 [J]. 美术生活，1934（3）：23.

54. 黄世华 . 对于商业美术的意见 [J]. 中国美术会季刊，1936，1（3）：92.

55. 周励深 . 商业美术 [J]. 立言画刊，1941（143）：25.

56. 精装月份牌畅销 [J]. 明灯（上海），1928（138）：31.

57. 最新月份牌 [J]. 兴华，1934，31（49）：23.

58. 中国五星玻璃公司合成玻璃料器号大廉价赠品二十一天，[N]. 申报，1927-1-9.

59. 素素 . 浮世绘影：老月份牌中的上海生活 [M]. 北京：生活·读书·新知三联书店，2000.

60. 王儒年 .《申报》广告与上海市民的消费主义意识形态 [D]. 上海：上海师范大学，2004.

61. 学术界一般认为《申报》是当时发行量最大、广告最多的第一大报，但细究史料，20 世纪初期《新闻报》就超越了《申报》成为近代上海第一报。参见徐铸成（1907—1991）. 报海旧闻 [M]. 上海：上海人民美术出版社，1981：8.

62. 马国亮（1908—2001）. 良友忆旧——一家画报与一个时代 [C]. 上海：上海三联书店，2002:118.

63. 上海研究中心编 . 上海 700 年 [M]. 上海：上海人民出版社，1991：334.

64. 李宝元 . 广告学教程 [M]. 北京：人民邮电出版社，2002：258.

65. 沈伯经 . 上海市指南 [M]. 上海：中华书局，1934：36.

66. （英）迈克·费瑟斯通 . 消费文化与后现代主义 [M]. 刘精明译 . 南京：译林出版社，2000：165.

67. 马长财 . 营销与广告秘诀 [M]. 北京：中国广播电视出版社，1996：327.

68. 张炼红 ."海派京剧"与近代中国城市文化娱乐空间的建构 [J]. 中国戏曲学院学报，2005（8）：19.

69. 齐秋生 . 走向现代的都市女性形象——从《良友》画报看 20 世纪 30 年代的上海都市女性 [D]. 广州：暨南大学，2004.

70. 邹依仁 . 旧上海人口变迁的研究 [M]. 上海：上海人民出版社，1980：90.

71. 中共中央马克思恩格斯列宁斯大林著作编译局 . 马克思恩格斯选集（第一卷）[M]. 北京：人民出版社，1972：56.

72. 马国亮 . 如此上海 [J]. 良友，1933，2（74）.

73. 忻平 . 从上海发现历史——现代化进程中的上海人及其社会生活（1927—1937）[M]. 上海：上海人民出版社，1996：101.

74. 张忠民 . 近代上海城市发展与城市综合竞争 [M]. 上海：上海社会科学院出版社，2005：111.

75. 朱自清 . 论雅俗共赏 [J]. 观察，1947，3（11）.

76. 《东流》，1935，3（3、4）：116—118.

77. 宋应离 . 中国期刊发展史 [M]. 开封：河南大学出版社，2000.

78. 万象座谈：杂志年 [J]. 万象，1934（2）.

79. 文坛展望 [J]. 现代，1934，5（2）.

80. 王双梅 . 历史的洪流——抗战时期中共与民主运动 [M]. 桂林：广西师范大学出版社，1994：13.

81. 王文泉，赵呈元 . 中国现代史 [M]. 徐州：中国矿业学院出版社，1988.

82. 平津 10 校学生自治会为抗日救国争自由宣言 [J]. 全民月刊，1936（1、2）.

83. 静子 . 疯狂了的世界 [N]《申报·自由谈》，1933-5-13.

84. 胡汉民等质询中央对齐电意见致中央执行委员会之有电 [J]. 三民主义月刊，1933,4（4）.

85. 黄镇伟. 中国编辑出版史 [M]. 苏州：苏州大学出版社，2003.

86. 赵文.《生活》周刊与城市平民文化 [M]. 上海：上海三联书店，2010.

87. 姚辛. 左联史 [M]. 北京：光明日报出版社，2006：217.

88. 谢婷婷. 从《太白》停刊说起 [J]. 南方文坛，2011（5）.

89. 林语堂. 中国新闻舆论史 [M]. 刘小磊. 译. 上海：世纪出版集团，2008.

90. 鲁迅在《申报·自由谈》撰文用的笔名 [M] ∥ 上海鲁迅纪念馆. 申报·自由谈 1932.12-1935.10，1981：171.

91. Lin Yutang, A History of the Press and Public Opinion in China. Shanghai: Kelly and Walsh, Limited, 1936, pp.151-165.

92. 吴果中. 民国《良友》画报封面与女性身体空间的现代性建构 [J] 湖南师范大学社会科学学报，2009（5）.

93. 参见张书彬.《鲁迅日记》中魏猛克索引（48 次）及回信 [M]∥ 魏猛克作品集（1911—1984），长沙：湖南人民出版社，2013：405—406.

94. 参见姚辛. 左联史 [M]. 北京：光明日报出版社，2006：60.

95. 李衡之. 各书局印象记 (续) 二十三上海杂志公司 [N]. 申报，1935-7-13.

96. 1933 年 9 月中国左联盟员林焕平等几人来到东京，联系上"左联"东京成员孟式钧，1933 年 12 月"左联"东京分盟成立了，此后东京"左联"的事，由林焕平和周扬单线联系。新恢复的"左联"为了在"白色恐怖"的日本生存，吸收了日本左翼团体的策略—办同人杂志，以文学掩护革命活动。他们 1934 年 3 月 6 日成立了"东流文学社"，8 月《东流》创刊，所有从事小说散文创作翻译的同志都集中在这里活动。东流社还出版了"东流文艺丛书"。

97. 长征. 短论杂志年 [J]. 幽燕，1934，3（9）.

98. 担保订阅启示 [J]. 质文，1936-2(2).

99. 参考洪再新. 魏猛克与现代中国艺术潮流 [M] ∥ 魏猛克. 魏猛克作品集. 长沙：湖南人民出版社，2013：5.

第二章

视觉启蒙：
报章时代与现代都市消费文化

　　图像在改变近现代中国人意识形态的过程中所扮演的真正
角色，就像印刷术的普及对中国社会变革所起的作用，是难以
准确估计的，其意义也许超出了我们用语言所能形容的范围。
在深入探讨 20 世纪 30 年代出现的"杂志年"现象时，认识图
像对其形成所产生的作用和意义，是非常重要的铺垫。

　　在西方基督教文化中，利用图像来引导、控制社会信仰是
其一以贯之的传统。在 18 世纪法国大革命前后，艺术与世俗社
会、艺术与理想社会、艺术与社会变革的关系，由于功能转换，
变得越来越紧密，以突破宗教信仰的制约。

　　在中国的文化传统中，文字一直是当权者统一意识形态的
工具，而图像的功能一直滞后于文字。到了近代，在西方启蒙
主义影响下，知识分子认识到了图像对于塑造人们的意识形态
和世界观上具有巨大的潜力。1918 年 1 月 15 日，吕澂（1896—
1989）和陈独秀在《新青年》上发表了关于革新中国画的力作：
《美术革命》和《美术革命——答吕澂》；上海中华美专编辑的《中
华美术报》上出现康有为（1858—1927）的一篇文章《万木草
堂藏画目》，这同样是以变革中国画为主旨的文章；1920 年徐
悲鸿（1895—1953）在《绘画杂志》上发表了《中国画改良论》，
除此之外，高剑父（1879—1951）、刘海粟（1896—1994）等人
也积极参与了这次讨论，留下了许多重要的历史文献，他们为
中国美术变革思潮营造了一股声势和奠定了一个基本的框架。
在这次运动中，有消极的一面也有积极的一面，艺术失去了来

自艺术史内部的固有价值评判标准，政治运动从此和艺术结下了不解之缘，其密切程度超过了以往任何时代。对于陈独秀来说，他呼吁的以写实主义为核心的美术革命思想，他关心的可能不是画理、画法本身，他更关心的是图像的社会功能。写实的图像能够信息传达直白、准确，能够清晰地表达思想，起到唤醒民众的作用，正是在美术革命背后的社会革命思想的感召下，无数的艺术家开始以自己的作品为武器，投入整个社会运动的洪流中。用写实主义唤醒民众，这是近代启蒙主义者共同的选择，在此，图像的社会功能出现了一次重大的转折，这是对艺术所要担负的社会功能进行的重新思考。当康有为满怀振兴工商实业的理想来谈论中国画的改良出路时，美术的功能也被看得越来越复杂和越来越重要。

在近现代中国文化史上，美术的社会功能不断得到"开发"，视觉艺术本身被追加越来越多的社会意义，在时代精神和时代艺术的呼声中，图像逐渐成了"传达信息"的工具。但是以"美术革命"为标识的现代艺术运动从一开始就存在着不同的发展方向，它实际上是由几种不同的声音、几种不同的力量和几条不同的学术脉络混杂而成。一种与"为美术而美术"创作无关的图像—引导消费、引导观念和时尚的图像—广告图像，我们在报刊、插图中看到了这种图像所发挥的巨大作用。

和宋元以降采用绘画形式做广告宣传的努力，包括明清时期版刻印刷文化中的大量商业宣传活动比较，1862年，中国的第一则香皂广告刊登在《上海新报》上，是大众媒体上出现的第一张实物照片的广告。它的出现标志着一个新型的与"纯艺术"创作无关的图像体系的诞生。[1] 此类图像变成了引导消费和引导时尚的重要工具，把信息传递视为第一要素。虽然这些商业图像也在寻找各种艺术化的方式，以期打动和迎合消费者和观者的心理，但总体来说，与其称它们为艺术，还不如称它们为特殊化了的信息传递工具。这种可以成批复制的商业艺术，由商业动机所引起的流行艺术，才真正构成了对艺术的威胁。1872年3月27日《申报》创刊号上一口气刊登了20则广告，图文并茂，以此为起点，近代商业艺术形象通过报纸、杂志迅速建立起一套全新的图像启蒙体系。

正是这一套全新的图像启蒙体系，便形成了本文着力解决的"杂志年"所依托的大众媒体及其商业生态的历史语境。

第一节 时代风尚与艺术形态中的设计功能

一、满足文化消费市场的需求

1. 作为商品的书籍

城市商业文化的发展使文野雅俗的区分日渐模糊，文野雅俗的流动使精英美术与大众通俗美术之间的疆界被打破。在民间肖像画、外销画、月份牌画等商业美术品当中，书籍封面设计成为值得注意的商业文化现象。文化是改变书籍封面图像的重要外力，每次的转型都促使设计师自觉地寻找和书籍主旨相统一的图像语言。在这样的实践中，推动书籍封面图像不断地发展、整合与更新。

（1）利用优秀的美术作品推广和销售新书

封面对于刊物具有无可替代的文化效用，封面犹如解读刊物的一面镜子，宣告杂志的个性特征、对读者的承诺，同时也宣告了它的目标读者；封面对于读者和广告主而言，又是一种促销工具，帮助杂志出版达到把杂志卖给读者和把读者卖给广告主。因此大众媒介最乐于思考封面的艺术创造，以实现杂志出版的经济效益和社会效益。

书籍的作者，在新书出版之际，会为自己的书籍选择合适的美术作品作为书衣画，这样有利于新书的销售。如鲁迅托许钦文（1897—1984）让陶元庆给他的翻译作品《苦闷的象征》做封面。在《苦闷的象征》刚翻译完，鲁迅向许钦文探问陶元庆的情况，许钦文这样描述：

> （鲁迅）听了我的介绍之后，就向我说"那末，托你代请他画个书面画，给《苦闷的象征》做封面。"我回到会馆里同元庆一说，他就高兴地接受了任务。不久画成，由我转交给鲁迅。鲁迅先生看得很满意，就要我代邀元庆随便去谈谈。[2]

鲁迅还将陶元庆的创作《大红袍》用于许钦文小说集《故乡》的封面，是希望这幅优秀的美术作品能更加有力地推广许钦文的小说集，得到大众的认可。鲁迅对许钦文认真地说：

> 我正想和你谈谈，璇卿的那幅《大红袍》，我已亲眼见过，有力量，对照强烈，仍然调和，鲜明。握剑的姿态很醒目！……我已想过，《大红袍》，璇卿这幅难得的画，应该好好地保存。钦文，我打算把你写的小说结集起来，编成一本书，定名《故乡》，就把《大红袍》用作故乡的封面。[3]

陶元庆为许钦文的小说《故乡》所作的封面作品《大红袍》，据说《故乡》因这幅气势宏伟、色彩纯美的封面，吸引了许多读者的注意，一时成为炙手可热的畅销书。将优秀的美术作品运用于不同的传播媒介，能够强化受众对商品信息的识别与认知。优秀的美术作品在赢得大众喜爱的同时，能够将这种积极的情绪转移到对相关商品的认知上。

（2）书籍上商业美术作品的特点

书籍封面媒介的存在方式与书籍本身紧密相连。书籍封面本身具有保护书籍不受损害的作用。书籍上的商业美术作品是书籍在与大众接触时，对书籍内容的第一印象，所以商家重视书籍封面上的商业美术。如钱君匋说："一本书的封面设计得好坏，直接影响到读者的阅读情绪。好的设计可以引人入胜，爱不忍释。封面设计或者纯粹成为一本书的精美的装饰，或者高度概括书的内容并化为形象。"书籍封面上的美术作品呈现出制作精美，激发大众的审美趣味，引导大众对书籍内容认知。丰子恺在《君匋书籍装帧艺术选》的前言中指出：

盖书籍的装帧，不仅求其形式美观而已，又要求能够表达书籍的内容意义，是内容意义的象征。这仿佛是书的序文，不过序文是用语言文字来表达，装帧是用形状色彩来表达的。这又仿佛是歌剧的序曲，听了序曲，便知道歌剧的内容的大要，所以优良的书籍装帧可以增加读者的读书兴趣，可以帮助读者对书籍的理解。[4]

此时的书籍封面美术作品具有两个特点：一是具有商业性的装饰绘画与文化性的阐释书籍内容的绘画并存。为了迎合大众的喜爱，依附于具有商业性的市民消遣小说的书与画的封面也具有了商业性绘画的特征。书籍封面画的商业性主要是迎合大众审美需要为基础的装饰性图画。在商业运作模式之下的出版业，尤其供市民消遣的小说和杂志，为了增加书籍的销量，发行商用受到市民阶层追捧的商业美术图画作为书籍的封面，使得书籍销量增大。备受市民追捧的商业美术图画主要表现为：用中国传统绘画作为书籍封面图画，大多以山水、花鸟为主，这与明清时期在中国绘画历程中的主要题材相关，这种绘画题材是大众所熟悉的，更容易被大众接受。将流行的月份牌作为书籍封面图像，由此借用月份牌的"受众喜欢"的销售来迎合大众的审美，带动书籍的销售。这些封面图像的创作者大多数是商业美术家，出身于商业美术培训机构。据杨文君在《杭穉英研究》一文中考证，杭穉英（1901—1947，亦作杭稚英）在

1924 年担任《社会之花》的绘图主任，为该刊物共绘制了 24 期的封面画。1929 年时，他为鸳鸯蝴蝶派的另一期刊《紫罗兰》绘制了第四卷全部期号的封面 24 幅。[5]

另一方面，由于近代文学自身的发展，以及文人艺术家的参与为书籍封面的图画作品注入了文化性的内涵。文学、艺术的发展在吸收国外思想流派的过程中，所谓的现代主义、浪漫主义、唯美主义、象征主义等都被引入国内，形成不同的文学流派和艺术流派。这使得文学家努力寻找适合的艺术形式作为封面图像的创作。早期因为没有专门从事书籍装帧设计的艺术家，文学创作者因自己的文艺主张而寻找合适的封面图像创造者。鲁迅、闻一多等重要的文人对书籍封面图像创作的参与，使得书籍封面图像呈现出文化性和多样性的特点。鲁迅主张拿来主义，不墨守成规，对书籍封面图像创作持包容态度。闻一多认为"美的封面"对书籍的受众也是极有吸引力的。因为书籍封面创作属于肇始阶段，封面图像的设计者是由接受过专业训练的艺术教育家和具有较高艺术和文学、理论修养的文人共同来完成的。文人包括书籍的作者、编辑、出版人，如鲁迅、闻一多、钱君匋等；而从事封面设计的艺术家来自不同的艺术领域，如油画家、漫画家、版画家、工艺美术家等，如陈之佛、丰子恺、陶元庆、叶灵凤（1905—1975）、江小鹣（1884—1939）等。这些艺术家和文人在书籍封面上的艺术实践为书籍装帧的肇始阶段增添了不同的面貌和风格特点，体现了封面图像的文化性内涵。

2. 文学创作市场化

随着近代报刊业的发展，文化市场的发育成熟，以及近代传播媒介的民间商业化发展而逐渐得以改变。尤其在科考废止以后，一批传统知识分子被迫疏离于国家体制之外，于是开始投身于近代新闻出版行业，充当编辑、记者和撰稿人，谋求自己的生存空间。而文学创作和文学作品商业化成为他们谋生的手段之一。近代稿费制度的确立，对为知识分子集聚上海提供了生存的前提，成为他们自由流动的物质保障，同时也逐渐改变了传统文人的价值观念。明清时期江南地区商品经济的发达，文化市场的发展，推动了商业性书坊的繁荣，加以印刷业的发展，极大地降低了出版成本，加快了书籍报刊的生产过程，使得文化市场的流通和消费规模得以扩大。另外上海自开埠以来，随着近代报刊业的发展，吸引了一大批知识分子聚集上海，稿费制度提上议事日程。而在近代稿费制度出现之前，报馆实行的免费刊载文章，成为古代自费刻书和润笔制度向近代稿费制度过渡的中间环节。[6]近代稿费制度的出现和确立，一般来说是从近代报刊产生以后，开始逐步实行的。《申报》自创刊以来，为了扩大影响，同《上海新报》竞争，聘请了众多华人主笔。

其实给《申报》写稿一般没有稿费，而且，"最初在申报上发表诗文，不但没有稿酬，并且照广告条例向作者收费"。[7]为了商业经营竞争的需要，报纸开始免费刊行文人的作品。申报上有明确的征稿稿费广告是 1884 年 6 月点石斋主人为《点石斋画报》征稿刊登《请各处名手专画新闻启》。启事称：

　　本斋印售画报月凡数次，业已盛行。惟各外埠所有奇奇怪怪之事，除已登申报外，能绘入画图者，尚复指不胜屈。固本斋特请海内大画家，如遇本处有可惊可喜之事，以洁白纸新鲜浓墨绘成画幅，另纸书明事之原委，函寄本斋。如果惟妙惟肖，足以列入画报者，每幅酬笔资洋两元，其原稿无论用与不用，概不寄还。……其画收到后当付收条一张，一俟印入画报，即凭本斋原条取洋。如不入报，收条作为废纸，以免两误。[8]

登广告征求画稿，公开声明愿意付给稿酬，并对稿酬如何计算和支付给予详细说明。这是申报馆首次也是目前所见最早的报刊征稿付酬资料，它的出现无疑成为近代报刊建立稿酬制度开始的标志。[9]至 20 世纪初，稿费制度的实行多为文人所认同，而渐于成熟。近代稿费制度的确立和逐渐成熟，也刺激了文人的文学创作，使文学创作完全市场化、商品化。稿费制度的确立，为一大批传统知识分子提供了广阔的生存空间，改变了一般知识分子的生存方式，激发了文人从事近代报刊业的热情，文人与近代报刊业联系进一步密切起来。创办报刊和从事写作成为一般知识分子生存的重要途径。

周瘦鹃（1895—1968）是江苏苏州人，六岁丧父，母亲靠做女红抚养他。他就读于上海西门民立中学，毕业后留校任教。他在旧书摊上购得《浙江潮》杂志残本，将它演变为五幕剧，取名《爱之花》投寄商务印书馆的《小说月报》，得稿酬 16 元，这提高了他的写作兴趣，从此离开他的教书生涯，走进上海的"报刊世界"。[10]他在《笔墨生涯 50 年》中说，他得到第一笔稿酬 16 银圆时，喜出望外，好像买彩票中了头奖一样。他那五十年的笔墨生涯，就在那一年扎下了根，从此开始了卖文为生的生活，为他在上海的生存开辟了一个谋生之路，进而在上海稳步生存下来。范烟桥（1894—1967）也谈过稿费制度对文人的影响："旧时文人即使过去不搞这一行，但科举废止了，他们的文学造诣可以在小说上得到发展，特别是稿费制度的建立，刺激了他们的写作欲望。"[11] 稿费制度在某种意义上促进了传统文人的价值观念的转变，扩大了他们的生存空间，也在一定程度上改变了他们的生活方式。

上海文化市场的形成和发展，近代稿费制度的形成和确立，有利于知识分子从依附于传统阶级的状态下游离出来，转变为依靠自己文化资本安身立命的近代知识分子，也为科举废除后传统知识分子提供了出路。稿费制度的确立，为知识分子开辟了新的职业之路，为近代报刊人群经济上的独立提供了保障，各地文化人士竞相来到上海，扩大知识分子的队伍，也扩大了报刊群体的规模，上海成为近代知识分子集中程度最高和流动性最大的城市。传统的知识分子自身在转型社会中失去了国家体制内联系，成为自由阶层，为了谋求生存空间，他们脱离了以往所在的文化环境，进入一个全新的世界城市，他们借助于近代稿费制度卖文为生，依托于各文化机构，成为独立的经济人，建立新的社群和身份认同，形成一个宽泛的文人群体。

3. 市民化的文化消费

"上海之成为上海，是基于两种人身上：一种，是摩登的女子；一种，是多财的商人。"[12] 这是资本文明催生的社会现象，也酝酿了上海消费文化的特殊空间。当资本主义精神渗透到上海本土文化母体中的时候，形而上的文化消费也带上了经济的、资本的色彩，信仰的虚无主义造成了文化精神的荒漠，这样的异质文化和中国传统的文化完全不同，从而形成了不一样的宇宙观、世界观和行为体现。对中产阶级文化趣味的追逐，成为上海文化消费的主要趋势。

随着印刷机以及制版技术的现代化，印刷媒介的大规模生产和流通成为可能，印刷产品的大量复制使人类的文化消费进入机械复制时代，由此带来了知识传播和文化消费环境的巨大变化。都市文化是一种高雅文化和低俗文化全面融合的文化。都市文化又是"阶级文化，正因为此，它们反映了消费这些文化的社会群体的价值、态度和资源"。[13] 都市文化艺术生产要顺利进行，就要考虑不同消费群的社会属性和各阶层的文化口味和大众文化样式，同时要考虑大众的消费能力。《点石斋画报》是由《申报》主人美查创办的点石斋石印局印制，使用石印的方法把中国的线条印在连史纸上。主笔人是吴友如，内容以当时社会上所发生的新闻为主。《点石斋画报》是《申报》的副刊，它的消费群体是文化程度偏低的平民百姓。大众因文化程度和识字率问题，读报有一定的困难，但他们却能够并喜欢看绘画作品。为了让大众消费得起画报，《点石斋画报》做到了物美价廉，受到了大众普遍欢迎。"《点石斋画报》采用石版印刷，每号只售洋五分，约 77 文铜钱，相当于当时 4.8 斤米或一斤高粱酒的价钱。价廉物美的《点石斋画报》成功地打开了中国画报的大众市场，成为升斗小民亦能消费得起的日常读物。"[14]《点石斋画报》的价格不仅低于同类画报的价格，与日常用品相比，也只是一斤酒的价格。《点石斋画报》第一号刊"三五日间，全行售罄，可见物美价廉，购阅者必多也"。[15]一期画报出版，三五天就销售一空，可见大众的喜爱和在大众的购买能力之内。《飞影阁画报》的受众群体也是社会中下层阶层，"每册计价洋五分"。[16]这样的价格也适合普通大众的购买能力。

二、服务都市娱乐消费文化

近代上海是一个移民社会，人们脱离了土地，从五湖四海汇聚到这里，为了生存必须建立新的关系网；上海又是一个工商社会，商品、资金的流通首先要和人沟通，所以上海是一种以建立感情、沟通商情为主的功利型交往。[17]既然"商业精神成为整个社会服膺并奉为圭臬的社会主导价值观"[18]，社会交际性的休闲成为公共休闲空间之一。还处于传统向现代转型的进程中的 20 世纪 30 年代的上海，但工业、都市化已经发展到一定的程度，发达的商业、世俗化的市民生活等都发展到了一定的程度。在这样的社会中，娱乐消费在都市文化中具有了重要的地位。

20 世纪 20 至 30 年代是上海开埠以后经济发展最繁荣的阶段。[19]一般认为，现代城市娱乐体系从物质设施角度讲主要由文化艺术类、体育类、休闲类、科学技术类和新闻媒体传播类等五部分相关内容构成。[20]在上海都市文化繁荣的背景下，去舞厅跳舞，去茶楼喝茶，去饭馆吃饭，去麻将馆搓麻将等均成为上海 20 世纪 30 年代流行文化的组成部分。人们去最时尚的休闲场所，享受最西化的娱乐方式，在公共空间里实施奢靡性消费或炫耀式消费，以显示自己的阶层及身份认同。

从公益性设施角度看，20 世纪 30 年代上海的公园、体育场、博物馆、图书馆等文化娱乐设施，不仅每一个类别数量众多，自成一体，而且设施的规模和质量都领先全国，乃至在远东地区都是名列前茅。这种发展结果简单来讲是由两方面原因促成的，一是租界地区市政管理部门在公共娱乐场所建设方面直接借鉴西方发达国家的城市管理经验，其理念在国内具有一定的超前性。自上海开埠以后，工部局在租界地区发展的不同时期都会安排一定数量的资金用于建设公园、图书馆等公益性娱乐场所，因而在租界地区构成了比较完备的公益性娱乐设施体系。二是 1927 年上海特别市政府成立后，加大了对华界地区公益性娱乐设施的建设力度，从而使得原本比较落后的状况有了相当大的改观，尤其是随着 20 世纪 30 年代 "大上海" 建设计划的具体实施，在体育馆、游泳馆、图书馆和博物馆等公益性娱乐设施类别上，华界地区甚至已经超过租界地区原有的标准，处于全国领先水平。[21] 不论是租界地区还是华界地区，许多建于 20 世纪 30 年代前后的公益性娱乐设施，在中华人民共和国成立后相当长的时间内仍然在上海市民的公共娱乐生活中起着重要作用。

从传媒类设施看，20 世纪初，上海文化娱乐传播媒介主要以印刷媒介为主。进入 20 世纪 20 至 30 年代，随着电影、广播等电子传播媒介的兴起，形成印刷媒介和电子媒介并行传播的兴旺时期。20 世纪 30 年代上海经济繁荣、人口众多、交通便利，为现代大众传媒的发展和兴盛提供了时间要素和空间基础。300余万上海市民在文化娱乐媒介业发展高峰时，曾经面对 54 家广播电台每天播出 5695 分钟的娱乐节目，[22] 以及近千种报纸杂志和数万种书籍所构成的立体娱乐文化媒介网络。20 世纪 30 年代上海城市娱乐生活高度繁荣离不开文化娱乐媒介的推波助澜，而城市娱乐业的高速发展又推动了上海都市消费文化的发展。

第二节　"杂志年"——现代封面设计的视觉启蒙

在古籍向现代书刊过渡的过程中，对传统书刊进行了创新是由西方传教士完成的。早期的出版物分为两个系列，一是针对中国读者出版的介绍性刊物；一是针对英文学习制作的工具类书籍。工具书铅印出版，横排左起，采用中英文对照排列。面对普通读者的介绍性普通刊物，采用雕版印刷，版式上采用中国传统的中文版式。1815 年出版的第一份中文杂志《察世俗每月统计传》、1823 年出版的《特选撮要每月统计传》、1833 年出版的中国境内第一种刊物《东西洋考每月统计传》为早期较为重要的三种刊物，他们提供的不同于中国本土的书刊面貌，开启了中国刊物的现代面貌。

中国书籍封面的现代化设计从清末就开始，民国初已取得一定的成果，"五四运动"后是民国书籍封面设计的鼎盛时期，至 20 世纪 30 年代后，书籍装帧设计达到繁荣和活跃的高峰。这一时期的书刊设计可谓百花齐放，荟萃了中外不同视觉元素和设计风格。随着第一代留学欧美和日本的美术家的归国，他们受到西方和日本先进设计思想的影响，并将此种设计思想带入中国设计界，这也是现代主义传入中国之后的第一代设计者的努力。这一时期欧洲的新艺术运动、装饰运动以及包豪斯现代设计运动等纷纷登上了中国的设计舞台，并以不同的艺术理念和形态在艺术设计领域产生影响，部分设计封面的设计者开始态度鲜明地选择模仿特定的艺术风格。[23] 对于西方艺术形式和设计风格，新一代的设计者们在自己的作品中进行尝试，寻找一种新的表现方法为新的社会文化服务。在这一代设计者的努力下，中国的书籍装帧逐渐摆脱了几千年来的传统样式，现代书籍装帧设计随之进入了新的时代。

中国的书刊设计在西方书刊的影响下，一方面向西方书刊学习和模仿，一方面又在影响中形成了自己的面目。从 19 世纪末到 20 世纪 30 年代后期，在技术的外推力和表达的内推力下，在对各种设计元素的筛选、重聚、再造与展现下，中国的书刊设计发生了巨大的变化。"中华民国"第一个十年（1927—1937年）可以称作是书刊设计的繁荣时期。

一、文化风气对封面设计的影响

20世纪20至30年代，中国的文化发生了激烈的转型，东西两种文化在这个社会发生了剧烈的碰撞和交融。"五四"之后，民主、科学、解放等关键词为核心的文化思想，深刻地影响了中国的政治、哲学、文学、艺术等方面。经过"五四"新文化运动后，中国人在观念上发生了巨大的变化，随着中西文化和艺术交流的深入，中西文化、传统与现代在这一时期形成了交融与对抗的局面。这是一个正受着外来文化刺激与外来审美影响的年代，这对宣扬思想传播载体媒介的书籍，特别是报纸杂志，无论是呈现形式还是装帧设计等方面都产生了巨大的影响。作为书籍创造者的知识分子对待封面图画也主张向外来的文化艺术学习，用以改变中国旧有的书籍样式，并以这些形式唤醒国民和影响大众。通过国内知识分子对国外艺术的介绍和随着留学生的学成归来，将国外的现代设计思想带回中国，同时也将国外的封面画样式带回中国，对这一时期的封面画设计产生了积极的影响。

1. 文化启蒙运动对封面设计的影响
19 世纪末 20 世纪初，随着文化启蒙运动的开展和深入，启蒙与普及出版成为这一时期的出版方向，各种白话文风起云涌,康有为受到上海书商的启发,形成小说易于市场接受的观念,把小说编入现代国家的论述结构之中，使小说成为联系民众与启蒙民众的工具。[24]20世纪初，小说创作和小说出版出现了从未有过的盛况，从而导致了通俗出版物的繁荣。通俗物出版的繁荣，意味着书刊在内容组织结构和出版周期上产生了新的变化，报纸杂志的时代到来。

出版周期的调整加快了文人写作的节奏，使短篇和随笔成为这个时代文学写作的特色。除了翻译以外，20世纪的原创文学作品都以节本方式出版，而且大多数都发表在期刊之上，"定期刊物变得如此具有群众性，以至于作者大多选择向杂志和报纸副刊投稿，而不愿写书"。[25]文人终成一书的精心著作方式让位给职业作者，这一时期的文学作者首先选择报纸副刊刊载自己的作品，再杂志，最后才是书籍。这一现实启发了出版机构，使近代文学出现了书刊并举的出版现象。

不同类型的书面向不同的读者，这是出版者要事先考虑的因素。通俗出版面向大众，本来是指沿岸较早开放地区的下层百姓，但由于新学人士的极力提倡，连士子们也"易其浸淫'四书''五经'者，变而为购阅新小说"。[26]这些读者看通俗小说只是看看故事情节，打发休闲的时间，"从前看《小说月报》者大抵是老秀才，新旧幕友，及自附'风雅'之商人，思想是什么东西，他们不会想到；他们看《说报》，一则可以消闲，二则可以学点滥调"。[27]当读者不再去思考出版的思想之时，当文学和商业结合，又与市民猎奇、窥私心理相结合，通俗出版由启蒙的宏大主题滑向贴近社会现实的琐碎叙事，"小说"具有的宏大使命感实际已经消失。

为了适应大众审美意识，这一时期的通俗书刊在视觉图像上显示出通俗化审美趋势。在书刊封面设计，大量的仕女被装饰于封面，这也说明通俗刊物为了迎合大众审美的取向而采取的一种策略。我们知道，仕女图是因为晚清西方商业机构进入中国，为了使商品能让中国消费者接受而进行的适合本土的画面调整，为的是更好地在中国宣传商品，月份牌的繁荣就是最好的例子。还有一种是仕女图与商业结合产生的一种新的女性形象，即时装仕女图。仕女图与书刊相结合，如《小说丛报》《小说新报》（图1）、《礼拜六》等杂志的封面都采用了仕女图作为装饰。通俗读物的封面也跟着时代不断地在调整，为了应付市场，有的刊物采取缩短出版周期，频繁更换封面。

2. 新文化运动对封面设计的影响

对于通俗文化使命丧失的现状，知识分子试图从市民文化内部和外部进行革新，寻找解决的方法。新文化运动是知识精英从外部拉开文化序幕的方式，以借鉴和革新作为文化推进的方式。1915年，提倡科学、民主的《科学》《新青年》作为新文化运动的代表创刊。陈独秀创办的《新青年》（图2）是20世纪20年代中国一份很有影响力的杂志，是新文化运动的发源地之一。它提倡民主与科学，传播马克思主义思想，批判旧的传统文化，成为"五四运动"的先导。随着外来文化的传入，书籍装帧文化和书籍装帧设计也传入中国。期刊数量"暴增"，1919年至1920年，仅两年时间就新增近百种，1921年至1927年，仅各党派所办的期刊就多达500种，[28] 形成的封面设计需求量也随之增加。

作为精英文化的新文化书籍装帧设计，表现出精英出版力图涤荡书刊旧形态的努力，变革材质到版面全方位进行。此时装帧方面"注重封面的设计，一反以前死板的形式—中间是书名，右边是丛书名称或者作者姓名，左边是出版的书店；用穿线订，翻开来比较服帖；采用毛边，让读者一面看一面裁，叮嘱细心看，不致草草翻过"。[29] 封面作为一个设计元素，需要有对图片、文字大小位置的考虑。此时有绘画功底的画家加入了书籍装帧的行列，扩大和提高了图片的来源和质量，封面的形式逐渐丰富起来。新文化书刊封面的图像策略是对现实人物描绘方法的规避，而采用异域或者面目模糊的人物，用来宣告新文化的介入。如《小说月报》清新的"诞生"图像、《创造季刊》与"人的创造"的图像、《小说月报》取意于《圣经》的《出乐园》的图像、穿着罗马服的少女、长着翅膀的仙女等图像（图3）。在书籍繁

图1 《小说新报》第12期书影，私人藏

图2 《新青年》第9卷第1号书影，1922年，私人藏

荣的现象下，封面设计的需求也随之增加，画家、作家以及其他身份的绘画者都加入了设计的领域，图像也导向了容易绘制的图案画的创作。

20世纪20年代，在都市化进程加快的同时，上海成为与北平并重的另一个文化重镇。鲁迅从北平南下，在厦门大学、中山大学停留半年后定居上海，成为文化史上文化南移的标志。[30] 此时的上海，会聚了各类知识分子和文化精英，有鲁迅、朱自清、徐志摩（1897—1931）等不堪忍受北洋政府政治与思想压迫的知识分子，也有瞿秋白（1899—1935）、潘汉年（1906—1977）等因国共合作失败后从政治中返回的知识分子，还有巴金（1904—2005，留法）、庞薰琹（留法）、邵美琪（留美）、陈之佛（留日）等学成归国的知识分子。他们被边缘化的现实与个人抱负之间的落差、现实层面谋生的需求，使书刊成了宣泄困惑与焦躁情绪，表露才华的载体，集体发言，指点江山，于是这一时期刊物呈现出井喷式的创设与多主题的表达。像在讨论普罗（英文 proletariat，音译普罗列塔尼亚，简称普罗，意为无产阶级）文化的热潮中，图像成了语言斗争的延伸或者另一种表现，由此带来了书刊图像所有的更强烈的意义建构。普罗主义艺术与革命语境下的图像，既不能用图像主义的新旧来描述，也不能用技法的中式或西式来表达，而必须通过题材的更新，将图像引向大众，引向革命。而这种图像，在中国恰恰是比较缺乏的，于是普罗文化推崇者从日本普罗艺术中学到了革命图式并将之推广。[31] 杂志封面上的图像由仙女换成了工人，或是充满张力的作品。如郑慎斋设计的《拓荒者》（图4）、《青年界》

图3 《小说月报》第18卷第16号书影，陈之佛，1927年，上海图书馆

图4 《拓荒者》第3期书影，郑慎斋，版画，1930年，上海图书馆

封面，图像使用了能表现奋斗、挣扎、搏斗的男子形象。叶灵凤设计的《现代小说》封面设计，选用了俄国人的《红色天使》一图，象征红色天使将革命的火焰带到了世界。

新文化运动的精英出版着眼的读者首先是学生，如提倡科学、民主的《科学》《新青年》，定位就是青年励志的期刊。许钦文回忆在校时阅读《新青年》时，杂志被翻得封面都掉下来了，还是在学生手里传来传去。"新文学之说既倡，著书多用语体而学校生徒之能读书者大增，书报之销行益广，此其中固有他种原因，然文字艰深之隔既除，而学术之研究遂易，则事实昭然，不可掩也。"[32] 新文化要建立不同于原有的通俗出版的视觉形态，在观念上有一种求新立异的需求，在图像的使用上更强调图像背后的意义。新文化运动起就对西方图像作了引入和借鉴。《小说月报》开启了西方艺术引进的新潮，如德加（Edgar Degas，1834—1917）、马奈（Édouard Manet，1832—883）、高更（Paul Gauguin，1848—1903）等西方画家的作品陆续被引入。鲁迅也有系统地介绍西方的艺术。此时的书刊封面的设计队伍，也有纯正西画功底的艺术家加入，出现了有寓意的图案画，如《小说月报》以一幅婴儿在摇篮酣睡的作品作为 1921 年改革后的新封面，寓意杂志的新生；1922 年的以一个年轻人在林间播撒种子的《播种》图像和 1923 年的以男子劳作的《耕种》图像作为封面，喻义《小说月刊》背负的文化使命。新文化书刊注意的是图像的深度与象征，如陶元庆、陈之佛、鲁迅、闻一多等人的封面设计，通过对版面的控制来有效地传达信息并且完成自我塑造，这样的书籍封面设计突破了时间的限制而具有了穿越时空的艺术魅力。

3. 都市文化对封面设计的影响

1927 年 7 月 7 日，上海特别市成立，上海被称之为"东亚第一特别市"，中国的军事、经济、交通等"无不以上海特别市为根据"。"上海的显赫不仅仅在于国际金融和贸易，在艺术和文化领域，上海也远居其他一切亚洲城市之上。"[33]20 世纪 20 至 30 年代的上海，资本家、知识分子、基层官员、医生，还有相当一部分有稳定收入的工人成了新的市民阶层，成了消费的主体，都市文化的文化氛围形成了。都市文化的形成表现在书籍上，图像的意义和维度发生变化。书籍直接利用图像来推动阅读的快感，这样图片就不仅仅是版面的修饰，也是内容与构成的主要部分。摄影术直接将视角切入到当下的场域之中，图像成了刊物的主要结构方式。比如《女神画报》栏目即设置图片和文字两大类，图片向电影资料靠拢。《美术杂志》分为图画、摄影与文学，图像的比例超过了文字。"一九三四年的时候，所有的杂志多半是电影和一些无意识的漫画……到去年（1934）底，又产生出这最近的许多一般刊物，这些刊物的诞生，是跟我们国家的建设和人民心理的进步成正比例的……"[34] 图片对于读者来说，增加了不识字群体的读者，这对于期刊来说非常重要，受众面加大从某种意义上是表明潜在购买读者加大，另外减少了对文字过度费心，加快了阅读节奏和时间。

同时由于摄影术的出现和发展，摄影照片的现场还原性使读者产生亲临其境的感觉，图像不仅成了刊物的组成部分，以画报出版的出版集团开始出现。1934年新年伊始，良友公司宣称出版《良友》画报、《电影画报》《伊人画报》《小世界》《音乐杂志》和《美术杂志》六大杂志；为了市场竞争，"时代"创办者邵美琪出版了《时代画报》《时代漫画》《万象》《时代电影》《声色画报》等大型画报，被当代称为中国第一部时尚杂志的《今代妇女》就是其中的一部；文化美术公司旗下也出版了《民众生活》《文华艺术月刊》《电影月刊》等；曾任《良友》主编的梁得所离开良友公司后自创出版公司，对应良友的六大刊物相应推出了一系列画刊:《大众》画报、《文化》月刊、《小说》半月刊、《时事旬报》与《科学图解》。从这里我们可以看出图像作为刊物的内容的画报时代到来，同时也看到了为了争取更多的潜在的读者，图书出版公司所采用的各种营销手段和方法，以应对图书市场的竞争。

在图像出版繁荣期，人像摄影照片作为主要图像大量被应用到图书封面设计中,用以表现都市理想生活,如《良友》(图5)、《今代妇女》(图6)、《文华》《玲珑》《美术生活》等，封面图像包括各种名媛、电影明星的照片，具体地表达了都市时代的特征，全面展示了上海20世纪30年代都市文化令人炫目的视觉画面。《良友》封面，"一直以年轻闺秀或著名女演员、电影女明星、女体育家等的肖像作为封面的"。[35] 这些杂志封面上呈现的中上层标准化样式:高贵、时尚，它们那样贴近，可以触摸，可以通过奋斗来获得。都市文化书刊面对的读者也是大众，是沉浸在商业文化、物质享受与新式娱乐消遣的都市大众。都市人群的自我身份意识已经不仅仅是由职业来限定了，也不仅仅由经济的差异而认定，它存在于自我意识之中。当一名工厂工人工作之余拿起一本《良友》，她或者他就想象或者认定自己就是精英了，认定自己可以过上中上层的生活了。享乐主义的刺激以及物质的表现越为充分的时候，都市的幻境就越真实，正是在这种自我意识中，显示了大众向中上流社会身份的自由滑动，都市出版物的潜在读者面越来越宽，反过来又促进了都市出版物的繁荣，促成了20世纪30年代的"杂志年"出版现象。

由于商业的发展，都市化的进度加快，西方的艺术进入中国的速度加快了，在对西方艺术的借鉴周期和程度上也得到可加强。各种艺术如印象派、野兽派、未来派、构成主义都进入了中国，书籍封面图像出现了新的风格，如庞薰琹设计的《现代》封面，明显带有未来主义倾向；陈之佛设计的《文学》第一卷第一期的封面，表现了火车、奔马以及轨道等，这些图形使人想起工业设计；叶灵凤设计的《戈壁》封面，带有超现实主义风格，值得注意。

随着美术教育体制的慢慢发展，受到一定西方艺术教育的艺术家越来越多，这些艺术家中的一部分人也投身于设计师的行列，各种类型的文化对于书刊封面图像、文字设计的影响，也不仅仅是如上面的分类明确。另外由于西方元素成为视觉共享的元素，设计师也随着时代的变化在调整自己的风格，封面设计上趋于图案化、装饰化的风格，也将最初封面设计中的视觉边界模糊了。由于市场的需要和竞争等商业因素，各出版机构之间的界限也越来越模糊，设计师随杂志类别的变化调整设计思路，风格的多变与适众成了必然。封面设计虽然有自我发展的规律，但文化的转型和西方艺术的引入却是一个强大的外推力。正是在书籍装帧设计本身的表述和外推力的强烈影响下，使旧有的书籍装帧设计观念受到猛烈撞击，从而产生新的设计语言。文化的转型推动着设计师寻找新的视觉设计语言，而设计语言的差异又会通过文化的渗透来消弭，同时又由于设计师

图5　《良友》画报第1期书影，1926年，摄影，上海图书馆

图6　《今代妇女》第15期书影，1930年，私人藏

的自我诉求而产生新的差异，正是在这样的过程中，使杂志封面设计从传统过渡到现代样式，并不断地发展和整合、更新。

二、设计师的主体差异对封面设计的影响

新文化运动导致了新文学和新美术的发展，这为中国现代书籍装帧的发展开辟了道路。新文学团体的出现，书籍的种类逐渐增多。随着文化和技术的传播，文学家、美术家和出版家开始重视书籍艺术，纷纷参与到书籍装帧设计中，如鲁迅、丰子恺、陶元庆、钱君匋等艺术家都参与到书籍装帧设计中。当时的各大出版机构，如良友出版局、商务出版局、中华书局、商务印书馆、未名书社等出版机构和书局，都有专门负责书籍装帧的美术编辑人才。如书籍装帧艺术家陶元庆曾在北新书局任职美术编辑；钱君匋在开明书店任职；陈抱一（1883—1945）在世界书局任职；叶灵凤在创造社任职；还有很多文学家和艺术家都在商务印书馆任美术编辑。在书籍装帧设计领域中活跃着许多既能进行文学创作，又能进行书籍装帧设计的艺术家，绝大多数并非职业设计师，这也是此时期的一个特殊现象。他们"对于文化艺术大多有一套整体的理念，对艺术有着一贯的美学主张"。[36] 他们参与到书籍装帧的设计中，将文化与艺术融合在一起，使这一时期的书籍装帧呈现出欣欣向荣的景象。

林风眠、刘既漂、庞薰琹、雷圭元等人留学欧洲之际，欧洲正经历着新艺术运动、装饰运动和包豪斯提倡的现代主义设计运动，这对艺术家的创作和理念产生了直接的影响。当他们留学归国后进行创作时，便将欧洲接触和学习到的各种艺术观念体现到他们的艺术创作和封面画设计中。而另一群留学日本的知识分子和艺术家，如鲁迅、李叔同（1880—1942）、陈之佛、丰子恺等人将在日本接触的日本风格和图案画融入封面设计中，开启了中国封面设计的新天地。

1. 商业美术体系中的设计师

晚清民初，和文学领域一样，美术领域同样呈现出商业化迅速发展的趋势。民间画室和工艺美术师开始参与到商业美术活动中来，他们绘制照相布景、舞台背景、广告画、橱窗布景、书刊插图、书籍装帧和月份牌。由于商业绘画与印刷技术的天然合作关系，早期书刊设计师基本由第一批商业广告的设计人员兼任。如谢之光（1900—1976）、杭穉英、朱凤竹等。这些设计师有的是通过职业教育[37]培养出来的画家，如杭穉英，13岁考入商务印书馆图画部做练习生，18岁后脱离商务印书馆成立

自己的画室，从事月份牌及其他广告设计；有的是西方出版媒介培养出来的画家，如周慕桥（1860—1923），而谢之光 14 岁曾跟随周慕桥学画，又向张聿光（1885—1968）学习西画，后从美术专科学校毕业后进入南洋兄弟烟草公司从事广告工作；有的是在西方宗教机构受到绘画教育的画家，如土山湾"加西法画室"培养的画家徐咏青（1880—1953）、周湘（1871—1933）；"图画专门学校""背景画传习班""中西图画函授学堂"培养出来的画家，如丁悚（1891—1972）等。从这些早期的设计师所受的艺术教育来看，都是接受了正规学校教育或各种职业培训和社会教育，他们的知识结构受西画熏陶的较多。

晚清的书籍设计，在西风东渐的影响下，对西方图像的借鉴与整合，成为设计师设计的重要手段。虽然早期的设计师一直对西方图像与技法借鉴保持着持续的态势，但真正受到西方美术浸染的只有徐咏青、李叔同、周湘等少数人，多数设计师西画技法的得来还是归于间接习得的性质。[38] 书籍装帧设计实际上是设计师对中国传统元素、西方传统元素与西方现代元素的筛选、组合与再现。而早期的设计师由于本身的知识结构与资源获得的有限，所以早期的设计风格和技法显得不伦不类，有的完全是照搬传统中国画技法，有的受西画的影响，有的随意拼凑引用，使书籍设计风格混乱。

2. 文学体系中的设计师

随着书籍的种类逐渐增多，文人开始注重书籍装帧艺术，他们也加入书籍装帧设计的行列，主要有鲁迅、闻一多、叶灵凤等。文学体系里早期进入书刊实践的鲁迅，在书籍装帧实践上做了许多创新。作为一个文学家，他参与到书籍装帧设计的每一个环节，从对书籍开本的考量、插图的重视、版式设计的创新、对目录位置提出的意见，对于印刷技术，鲁迅也非常了解，对纸张的选用、印刷质量的要求、装订方式上，鲁迅是"毛边本"的提倡者。鲁迅对书籍设计整体性理念的加强，这些都确定了他在书籍装帧领域的先锋作用。

鲁迅的书籍装帧作品以兼具民族性和现代性为主要特色。一方面，在"五四运动"带来的西方先进文化和思想的社会背景下，鲁迅的文艺创作如《呐喊》（图7）、《彷徨》（图8）等本身就包含着民族存亡时刻的悲凉感，也包含着从旧时代跨入现代社会的救赎感。新文化运动革新了文学内容，对书籍装帧也提出了新的要求。另一方面在东学西渐、民族存亡的大背景下，西方的现代艺术也随着文化的交流传入中国，鲁迅通过翻译西方美术理论和引进大量西方绘画来进行现代艺术的传播。

图 7 《呐喊》书影，鲁
迅，1923 年，私人藏

图 8 《彷徨》书影，
陶元庆，1926，私人藏

图 9 《桃色的云》书
影，鲁迅，1922 年，
私人藏

在向西方现代艺术学习的同时，鲁迅没有一味地尊崇西方艺术，而是主张向西方艺术学习的同时，保存并发扬中国传统艺术的精华，从而创造自己的民族风格。如采用古代纹样的《桃色的云》（图 9）的封面设计，"这本书是鲁迅翻译爱罗先珂（Vasili Eroshenko, 1890—1952）的童话集。封面白底色，书的上半部分由汉画人禽兽及流云组成的带状装饰，印红色。红色的像朝霞、像流云、像舞台上挂的幕布，不仅点名'桃色的云'这个主题，而且暗示读者，这是一本极富想象的童话剧，这个纹饰的选择是有其寓意的。封面下边用宋体铅字排的书名和作者名"。[39]

中国共产党于 1930 年在上海建立中国左翼作家联盟。为此，鲁迅亲自设计其机关刊物《萌芽月刊》（图 10）。通过对字体的编排和创意，让书刊封面整体看起来大气醒目。又如"左联"影响最为深远的刊物之一《北斗》（图 11），刊物的封面设计突破了传统，在"北斗"两字的字体设计上，极具装饰效果，视觉效果强烈，让人一目了然，和配有深夜星空的图案遥相呼应。

鲁迅对设计元素的运用有自己的表达方式，按照不同性质的作品，封面设计方法不一样。他的封面设计表达方式可以大致分为几种，如对文学译著，封面采用一张西方的装饰图作为封面的底图，构图多为居中排列，书名与作者用黑红色，对比明确也精致，如《域外小说》（图 12）、《引玉集》（图 13）；文艺理论书的封面，受西方艺术风格的影响明显，多采用构成主义、未来主义的风格，进行版面的切分和层次肌理的关系，如《文艺研究》（图 14）第一期的封面，书名用美术字，以简单线条勾画出拱门后的街道景观的样式，运用了反白的手法。鲁迅自己的杂文封面上则没有图案，纯以文字的变化来体现。

中国早期著名诗人、学者闻一多是最早发表对封面评价的设计师。1920年他在《清华周刊》上发表《出版物的封面》一文，文中对一些"五四运动"中的主流期刊进行了大胆评论，如他觉得《青年进步》杂志很大方，形容《教育杂志》眉清目秀，其余如第十卷《东方杂志》设计不俗，《小说月报》和《妇女杂志》融入中国画的设计也很协调等等。[40] 当时书籍设计界普遍对书籍封面设计不重视，闻一多注意到了这一点，他认为："出版物的封面图案的价值在于可以引起买书者注意；可以使存书者因爱惜封面而加分地保存本书；可以使读者心怡齐平，容易消化并吸收本书的内容以及传播美育。"[41] 闻一多对封面的要求："须符合艺术的法义，如条理、比例、调和，须与本书内容有连属或象征的意义，不宜过于繁缛；而封面的字须用篆体、籀、大草外的美术的书法，最忌名人题字，也可集碑帖……"[42]

1921年他和同学一起设计了毕业纪念集《清华年刊》，其中十三幅专栏题插图中，他设计了十二幅。插图《梦笔生花》是一个中西设计观念相融合后的作品。作品讲述的是在一个夜深人静的夜晚，一个姿态优美的男青年在烛光的照射下，倚在书案上进入梦乡，他梦见自己头上生长出了花，作品隐喻才华横溢。画面图和底的关系对比强烈，构图完整，男子的造型准确，画面的烛光、头上长出的花和四角的装饰具有强烈的装饰风格，反映了"西学东渐"对于中国书籍设计艺术的影响，同时也融入了中国传统线描的画法。作品充分体现了闻一多良好的艺术功底和深厚的中国传统文化修养，同时也明显显示出受到比亚

图10 《萌芽月刊》第1卷第3期书影，鲁迅，1930年，上海图书馆

图11 《北斗》书影，鲁迅，1931年，上海图书馆

图12 《域外小说》书影，鲁迅，1909年，私人藏

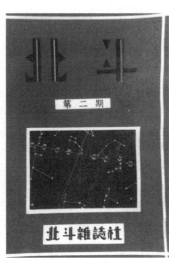

图13 《引玉集》书影，
鲁迅，1933年，上海图
书馆

图14 《文艺研究》书
影，鲁迅，1930年，
上海图书馆

莱兹插画风格的影响，作品不仅看起来意境幽远，同时也充满了异域风情。纪念集从封面、扉页、插画再到文字版式，都经过闻一多的精心设计。

1925年从美国留学归来后，闻一多应现代社之约为小说《玉君》设计封面，封面选取小说中主人公幻觉中出现的景象，绘武士和少女并排坐在两匹并行的骆驼之上，两人两骆驼施以白色，下端用黑色勾画了一些马匹和展示作为背景。封底是大红色，书名用篆体写成一方阴文印在左下角，颜色对比强烈，整幅封面图案的设计和小说内容非常贴合。1925年他加入新月社，设计封面作品，如《猛虎集》《巴黎的鳞爪》（图15）、《夜》《死水》等。

闻一多的书籍装帧活动主要在他归国后的五六年，在他短短的一生中，书籍装帧只占据一小部分，但是他的作品和他关于"美的封面"的理解在今天还是具有借鉴价值。

叶灵凤，作家、翻译家、编辑、设计师。1925年入创造社，为创造社设计作品有《洪水》《创造月刊》等。叶灵凤的设计，一方面受到日本图案的影响，色彩上采用红、绿、黄、黑等透明的原色，如《灵凤小品集》等，另外也受西方艺术的影响，多采用西方造型元素和技巧，尤其是英国比亚兹莱（Aubrey Beardsley，1872—1898）的影响较大，如《梦里的微笑》等。

3. 美术体系中的设计师
这一时期参与书籍装帧设计的画家有陶元庆、陈之佛、丰

子恺、孙福熙（1898—1962）、司徒乔（1902—1958）、庞薰
琹、张光宇（1900—1965）等。鲁迅对陶元庆的艺术很赏识，
在他们默契的配合下，创造出一幅幅足以铭刻在中国书籍装帧
史上的杰作。陶元庆第一次和鲁迅合作是为鲁迅翻译的日本作
家厨川白村（1800—1923）的《苦闷的象征》设计封面，它描
绘的是在圆形中一个披着长发、用脚趾夹着镗钯的柄、拼命挣
扎的半裸的女性，正在用嘴舔着染了血的武器。人物扭曲着，
充满着恐怖与悲哀的气氛。作品以一种狂躁不安的身体的扭曲
来表达突破限制受阻的徒劳与无奈，以和书名《苦闷的象征》
形成一种情绪的关联，画面以明亮又凄美的颜色对比来呼应主
题。陶元庆采取了类似未来主义的手法，整幅画显示出被压抑
在咫尺方圆内痛苦的挣扎，一种悲哀凄凉感渗透出来。鲁迅在
此书的引言里称赞陶元庆的这一幅作品使他的这本书披上了一
层"凄艳的新装"[43]；钱稻孙（1887—1966）见到这张作品时，
感叹自己孤陋寡闻竟没有见过这么美的图案。陶元庆封面图像
作品分为两类，一类是纯绘画作品被用于封面的图像，如《大
红袍》被用于许钦文的著作《故乡》（图16）的封面图像。陶
元庆在介绍这张作品的素材时就说过借用古装戏中形象。"那
半仰着脸的姿态，当初得自绍兴戏的《女吊》，那本是个'恐
怖美'的表现，去其病态因素，基本上保持原有的神情：悲苦、
愤怒、坚强。藏蓝杉、红袍和高底靴是古装戏中常见的。握剑
的姿势采自京剧的武生，加以变化，统一表现就是了。"[44] 一
类是为书刊的设计之作，如《彷徨》《坟》（图17）的封面设计。《彷
徨》大胆采用橙色的底色，在黑色的太阳底下，用具有装饰感
的简洁手法表现农民似坐又似站的人物形象，半倚着座位，充

图 15 《巴黎鳞爪》书
影，闻一多，1925 年，
私人藏

图 16 《故乡》书影，
陶元庆，1926 年，私
人藏

图 17 《坟》书影，陶
元庆，1926 年，私人藏

分表现了鲁迅想要在作品中表现农民在烈日下劳作的疲劳形象，也深刻剖析了农民性格中的奴性和彷徨的心理，画面也让人感受到紧张和无助的气氛。书名和作者名用具有金石气的铅字排在上方。他将自然绘画与装饰性的传统图案进行融合，同时也将西方现代绘画的表现方法与本民族的传统表现方式进行糅合，创造出一种新的抽象的有意境的作品。鲁迅在陶元庆去世后写道："能教图案画的，中国现在恐怕没有一个，自陶元庆死后，杭州美术学院就只好请日本人了。"[45]

陈之佛，我国早期著名的美术教育家、工艺美术家、工笔花鸟画家。1912年考入浙江工业学校，成为当时第一批学习图案的本科生之一。1918年又考入日本东京美术学校，学习工艺图案，成为我国第一位到日本学习图案的留学生。1923年创立我国第一个现代意义上的设计所"尚美图案馆"，其后又出任多所艺术学校的教授，出版多部在设计、工艺领域开天辟地的著作。作家赵景深（1902—1985）在《我与文坛》中回忆20世纪20至30年代著名的设计师，其中就有陈之佛。[46]

《东方杂志》1904年创刊，是中国近代历史悠久的综合性杂志。在"五四运动"的影响下，出版社对杂志的艺术风格和视觉形象的定位做了重新调整。特别是1925年由陈之佛担任美术主编后，由于设计风格的现代化、民族化、装饰化，吸引了更多年轻的受众群体。改革后的封面运用中西传统元素，并将世界各民族的装饰元素巧妙地转化为中国式的布局和感觉，比如中国传统书法、汉代石刻图案、吉祥图案、古埃及、古波斯、古印度、古希腊等国的民族图案和图饰等，但他选择的素材绝不局限一个国度，他的设计路线是比较了中西艺术的共性与差异后，选择艺术多元化来传承中国传统艺术。

陈之佛设计的1929年第二十七卷《东方杂志》的封面，整体设计充满了异域风情，画面将文艺复兴时期复古的装饰艺术同中国带有民间装饰意味的卷云纹相互结合，严谨而不失浪漫，复古又不失现代感，统一中带有丰富的变化，很好地把中西装饰元素通过现代化的手法表现出来，让杂志的思想内容和艺术风格相互映衬交融。用刚柔并济，中西融合的西洋化装饰手法使得杂志更加深入人心，得到更多年轻的受众群体拥护，让杂志体现其艺术魅力的同时，又能很好地同市场受众相结合，成为当时最具影响力的杂志之一。《东方杂志》中运用中国传统元素的例子相当多，比如第二十二卷第五号（图18）的封面设计，运用汉代石刻中典型的车马出行图案，以剪影的方式涂以厚重的褐色，排版采用竖排，刊名用瘦金体书写，封面的整体设计与该期民族复兴的主体极为符合。又如第二十七卷第一号的封面以字体设计为中心，采用篆书写成"东方杂志"四字，排成一个正方形印章图式，下用隶书小字书写"中国美术号"，内绘中国传统吉祥图案，古朴典雅之感扑面而来。在东方杂志设计的封面中，应用异域文化图案的经典例子也不少，比如第二十五卷第九期（图19），采用波斯的边框纹饰，中间圆形部分绘制的少女与鹿的主题，又恰是东亚各国绘画中最常见的母题之一。陈之佛连续六年为《东方杂志》设计封面，这段时间不仅在外观上奠定了《东方杂志》封面艺术特色，更重要的是由于封面风格的定位，《东方杂志》摆脱了晚清以来旧报刊的束缚，而有了自己的独特风貌，可以这样说，陈之佛强调的民族风格设计，在一定意义上辅助《东方杂志》进入了一个巅峰发展期。

　　1927年左右，陈之佛为商务艺术馆的《小说月报》进行了两卷共二十四期的封面设计。陈之佛牢牢把握《小说月刊》后一时期的"新文学"杂志的定位，在设计风格上着力突出浪漫、清新的感觉，一改以往呆板单调之貌。多采用活泼健康的女性形象，配以美丽的景致，或展现他们动人的舞姿，或刻画他们采花、漫步、瞭望的一举一动、一颦一笑。艺术手法上更是多变，有水彩、水粉、线描、镶嵌等呈现不重复的艺术意境，甚至每一期的刊名字体也随之不停更换。《小说月报》第十八卷第五号（图20）的封面设计中，背景是一簇簇用黑线勾勒出的线球，置于纯黑色、圆形的色块上。前景是一双膝跪地低头梳发的裸体少女，少女采用线描的方式，刊名用篆书写成。整个画面充满了少女情怀，丝毫不因裸体的形象而有淫秽之感，反而

图18 《东方杂志》第22卷第5号书影，陈之佛，1925年，上海图书馆

图19 《东方杂志》第25卷第9号书影，陈之佛，1925年，上海图书馆

图20 《小说月报》第18卷第5号书影，陈之佛，1927年，上海图书馆

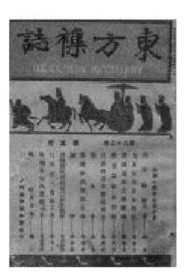

多了一层纯洁之美。《小说月报》十八卷第一号（图21）的封面，表现的是一个身穿黑底白花旗袍、看不到正脸的少女背影，站在碧蓝色的海岸边，远处有绿树土山，而少女的脚下开遍了美丽的花朵。这一封面借鉴的是西方野兽派的色彩运用和绘画技法，凸显年轻现代气息，整幅画面用黑线封闭，更像一幅完整的绘画小品。《东方杂志》《小说月报》的封面设计奠定了陈之佛在装帧史上的地位，它们提供了美术字体与图案之间的结构方式，堪称刊物样式的模板。除了在期刊封面设计实践之外，陈之佛还有大量的图书封面设计，这些作品大都是为天马书店的图书所设计。陈之佛对图书的封面设计风格较之杂志更多元化，具体会根据每本书不同的内容而各有不同的风格。

丰子恺是一位全方位发展的艺术家，他的漫画风格独特，他的书籍装帧作品，可谓新文学艺术书刊设计的开拓者。他最先学习的是日本绘画，最后才溯源到中国画。在日本留学期间，偶然接触到竹久梦二（1884—1934）的画册，竹久梦二绘画中最大的特点是他画中的诗意，这种诗意来自毛笔作画的方式和文学性的表达，这成了丰子恺的艺术理念。丰子恺书籍装帧艺术主要是在开明书店担任美术编辑的时候，他的书籍装帧设计脱胎于他的漫画，具有漫画形式，且风格依旧是淳朴的、诗情画意的。

丰子恺的书籍装帧风格，可以从画面的几个风格来区分。第一是漫画味的。最为明显的是《子恺漫画》采用他自己的一江春水向东流的这幅作品，而这与竹久梦二《春雨》的构图与物象基本相似，只是经过丰子恺巧妙的转换，对笔下的人物把握，使得两张画的意境截然不同。《春雨》的封面和竹久梦二《呵护》题材和构图几乎如出一辙。只是这两幅作品丰子恺不是一味模仿，在借鉴、吸收、融合之后，他有了自己的创新。第二是童趣。或许因为知道丰子恺热爱儿童，出版社似乎很喜欢将儿童读物交给他设计，他为自己的漫画集《儿童漫画》设计的封面画，一群儿童张大了嘴巴，迫不及待地想吃正在往下掉的香蕉和苹果，使人忍俊不禁。《儿童故事》（图22）第11期的封面，画了把大象的鼻子当作秋千的三个小朋友，想象力十足的同时也带给人童年欢乐时光的美好回忆。第三是诗意。作画意在笔先，只要意到，笔不妨不到，有时笔到了反而累赘。[47] 在《漫画浅说》里这样说："漫画之道，是用省笔法来迅速地描写灵感，仿佛莫泊桑的短篇小说，捉住对象的要点，描出对象大轮廓，或仅示对象的一部分而任读者悟得其他部分。这概括而迅速的省笔法，能使创作时的灵感直接地表自然的表现，而产生神来妙笔……凭观者的想象其未画的部分，故含蓄丰富，而画意更觉深邃。"

图21 《小说月报》第
18卷1号书影，陈之佛，
1927年，上海图书馆

图22 《儿童故事》第
11期书影，丰子恺，
私人藏

这种意到笔不到的美学思想，其实和书籍封面设计的要求非常相近，空间只有巴掌般大，却要以最简练的方式囊括全书的内容，多了反而累赘。《西湖漫拾》的封面最能展示丰子恺"意在笔先"的理念，封面上的画看似寥寥几笔的简练墨线，已经勾勒出西湖有山有水、山水交融的美景。

丰子恺的书籍装帧艺术，给人一种恬静、和平、敦厚、纯真的意境，一种诗画的美感。"如同一片片落英，含蓄着人间的情味。"[48]

孙福熙是现代散文家、画家，早期受到鲁迅影响较大，图像的意象也较阔大。如《思想、山水、人物》的封面设计上，图像表现的是在辽阔的原野之上，流云在天空涌动，一只雄鹰冲出云围，凌空而去。满版铺以绿色，书名和著译者署名在下方。他从事书籍装帧设计的时间不长，封面设计多以水墨表现，后也用图案画装饰，色彩简洁明快。代表性作品有《小草》《山野拾掇》《小约翰》《冲出云围的月亮》等的封面设计。

庞薰琹设计的封面不多，他的设计作品显示出绘画及图案的深厚素养，画面透露出的现代气息和古典的抒情味是他对刊物特征的理解和恰当的诠释，如《现代》第四卷第一期的封面、《诗篇》第三期封面、《漫画生活》第一卷第四期的封面。

张光宇是一位漫画家，在多个领域都有尝试。张光宇将工艺美术的观念用到绘画之中，认为绘画除了有叙事性，还有图案化、装饰性的特点。不仅落实在构图上，而且还落实在色彩上与每根线条中。代表作品《半月》（1920年第20期）、《上海漫画》《诗刊》《十日谈》《万象》等封面。

司徒乔的封面设计作品多用素描方式表达，构图饱满，笔道有力。代表作有《莽原》《新俄文学曙光期》《饥饿》《贡献》等封面设计。

许敦谷（1892—1983）是 20 世纪 20 年代活跃的画家之一，1913 年入东京绘画研究所学习，1916 年考入东京美术主科学校，1920 年回国后入商务印书馆，为《小说月报》《儿童世界》《小朋友》《儿童文学》等书籍作封面。

4. 装帧体系中的设计师

随着出版业的发展，专业的美术编辑队伍也慢慢壮大，有钱君匋、郑慎斋、郑川谷（1910—1938）等。钱君匋是编辑体系最著名的书籍装帧设计师。他精通诗词、篆刻、书籍装帧，尤其在书画、篆刻和封面设计三个方面的成绩最为突出。钱君匋在陶元庆的引导下认识了鲁迅，并受到他的鼓励。钱君匋因受到了陶元庆的影响，接触到日本图案设计，早期设计形式和色彩受日本设计的影响较多，比如为《小说月报》（图 23）设计的封面中将植物简化变形，成片排列后形成底纹，这种极具装饰性的手法与日本设计师杉普非水的一些封面设计手法是一致的。在接触了一段时间的日本设计之后，钱君匋发现日本装饰中的图案本源是我国敦煌石窟艺术。后来他在和陶元庆、鲁迅等多次交流沟通下，除了研究石窟艺术，还研究汉代石刻、武梁祠等摩崖石刻和先秦的青铜器等，这种研习为他的书籍封面注入了不少具有鲜明民族风格的元素。

1927 年，钱君匋受章锡琛（1889—1969）之邀担任开明书店的音乐美术编辑和所有出版物的装帧设计。在钱君匋加入之前，《新女性》杂志虽然受到读者欢迎，但封面设计上实在缺乏生气，与杂志倡导的主题格格不入。钱君匋的设计方案是：每个季节换一次封面的方案，春季是黄色调，夏季是蓝色调，秋季是咖啡色，冬季是灰色。钱君匋为每个季节都设计了符合当季特色的封面图案，每个季节都展露了这一个季节的活力（图 24、图 25）。因《新女性》的设计获得了成功，一些老牌的杂志社都纷纷找钱君匋为他们设计封面，一些著名的作家，比如鲁迅、茅盾、郭沫若、夏衍（1900—1995）、丰子恺、丁玲、冰心（1900—1999）、叶灵凤等，都来委托钱君匋设计，因此他博得了"钱封面"的美誉。

钱君匋一生设计了数目庞大的封面作品，大约有 1700 多种。它所设计的许多封面，都可以看到各种西方主义与流派的创作手法的影响，比如《时代妇女》，有风格派的表现手法；

《欧洲大战与文学》，这是受未来主义风格影响的表现手法。但是钱君匋不断地吸收西方艺术的精华，并没有生搬硬套那些主义，而是融入本民族的文化，形成自己的风格。钱君匋另一类以美术字设计为主的封面也别具特点。他因为学过书法篆刻，所以他能很好地将篆刻和封面艺术结合在一块。比如《文学周刊》的封面，是一部单靠文字来设计的封面，以刊名"文学周刊"四个红色大字为底，横排在封面上，黑色的"苏俄小说专号"六个字放在封面正中位置。封面中这几个美术字结构均衡、质朴、美观，显示了设计者深厚的书法功底。《艺术论》封面由两种字体组成，中文字"艺术论"三个字，方正匀称，庄重大方，英文字体弧线优美，粗细结合，肥瘦相宜。整个封面凸显了钱君匋的美术字设计上的篆刻风格。

郑慎斋在很多出版机构任职，如泰东读书局、北新书局、现代书局等。郑慎斋的封面设计作品比较现代，喜欢以纵向线条进行版面分割，具有装饰效果。他选用的图像较为抽象，节奏明快，色彩有力。作品有《最后的幸福》《少年歌德》《新流月报》等封面。

郑川谷1924年春到上海世界书局当学徒，学习石版画。1931年8月参加鲁迅主办的木刻讲习会。后考入杭州西湖国立艺术院就读，1933年毕业到上海生活书店，从事书籍装帧设计工作。郑川谷受日本画家蕗谷虹儿（1898—1979）作品影响很大，人物画秀丽可爱，线条简洁，人物精致。郑川谷的作品多见于生活书店的书刊如《文学》第一卷第二号、第七卷第一号，《世界文库》，《赛金花》，《译文》（译文两字由郑川谷写，封面插图由鲁迅提供），《表》（鲁迅设计，郑川谷制作），《文学》等封面。

图23 《小说月报》书影，钱君匋，上海图书馆

图24 《新女性》第3卷11月号书影，钱君匋，1927年，上海图书馆

图25 《新女性》第3卷7月号书影，钱君匋，1927年，上海图书馆

三、西方艺术和设计风格对封面设计的影响

新文化运动后，西方的艺术成为参照系来矫正与比量中国艺术，一时间，西方神话的图像演绎、长着翅膀的仙女、裸体的儿童、仁慈的圣母等以各种技法被演绎着占据了书刊的封面和内页。随着技法的普及，西方艺术的元素成了艺术家共享的元素，艺术家们认识到从西方引入的图像和中国的书籍不能完全契合，不管这种图像技法如何纯正，也改变不了图片本质上的低庸。如何通过中西各种元素的组合，创造出具有时代性和民族性的书籍装帧作品，成了这一时期设计师思考的问题。

1. 西方艺术和设计风格对封面设计的影响

在新兴文化兴起之后，向日本美术的借鉴成了学习西方艺术的方向。20世纪初期到20年代早期，留日归国的知识分子增多，日本的艺术风格通过直接和间接的方式传入中国。日本的设计界正蔓延着新装饰艺术，杉浦非水（1876—1965）、伊木忠爱等对于花卉自然又概括的写生风格影响了陶元庆和钱君匋。钱君匋在回忆中道："我最初学习图案，试作封面，因为所有的参考书都是从日本进口的，不知不觉受了日本影响。"[49] 日本漫画家蕗谷虹儿所画的女性，优雅细腻。鲁迅编辑了蕗谷虹儿的画集并作了系统介绍，叶灵凤引进了蕗谷虹儿的插图等，一时间蕗谷虹儿的风格被中国艺术家和设计师大量引入作品中，如叶鼎洛（1897—1958）为自己的作品《脱离》《白痴》等设计的封面，蕗氏风格明显，郑川谷为《文学》所作的封面表现出温婉的东方女性形象。1929年4月鲁迅为朝花社丛刊之一编辑的《比亚兹莱画选》、邵洵美（1906—1968）主持的书店1929年6月出版《琵亚词侣（比亚兹莱）诗画集》等，比亚兹莱的画一到中国就被模仿。如张令涛（1903—1988）为《妇女杂志》第17卷7号至12号的扉页就是模仿比亚莱兹的风格，讲究线条的婉转与细节的精致；万籁鸣（1900—1997）、万古蟾（1900—1995）在《小说月报》扉页上的一组身材修长、面目清秀的少女；闻一多的《梦笔生辉》明显对比亚莱兹风格的模仿与借鉴。在封面设计上模仿和借鉴比亚莱兹风格的作品也不少，闻一多设计的《巴黎鳞爪》封面、刘既漂设计的《黑假面人》封面、陈之佛的1927《小说月报》的封面、叶灵凤设计的《创造》封面等。20世纪20年代末到30年代初，蕗谷虹儿以及借道日本传入的比亚兹莱的画风成了中国画家创作吸收的经典，一时间人物画展示出新的气象。

鲁迅对这种日本风格引入规模如此之大这样说道："中国的

新的文艺的一时的转变和流行，有时那主权简直大半操于外国书籍贩卖者之手的。来一批书，便给一点影响。"[50] 从鲁迅的话里，也可以看出日本和西方的艺术风格的引入某种程度上靠书商而不是由艺术家主导的，这种引入方式导致引入时间上有滞后现象，比如欧洲在 20 世纪初就流行比亚莱兹画风，而中国的引入却在 20 年之后。20 世纪 20 年代之前，中国艺术家主要通过留学日本或者阅读刊物来了解欧洲现代艺术发展情况，时间上滞后。20 年代末到 30 年代，上海都市地位确定，中西艺术交流的机会增多，对西方艺术的了解在时间上的差距缩小了。如 1924 年在法国举行了中国绘画展览、1925 年中国参加巴黎博览会、1929 年 4 月教育部在上海举办的第一届全国美展，同时也展出了日本画家的作品；20 世纪 30 年代之后，德国画展、苏联画展等国外画展的举行，中国艺术家对西方艺术思潮的了解程度较之之前大大提高。除了艺术交流之外，别发洋行、伊文思书馆、中国图书公司、美华书馆、美生书馆与商务印书馆的西书柜，都有大量进口的西方艺术书刊在销。如漫画家丁聪（1916—2009）所说："由于漫画形式属于舶来品，所以就参考外国漫画家的作品。在三十年代的上海，进口欧美画刊种类很多，各国漫画家不同风格的作品也都看得到。"[51]

20 世纪 20 年代到 30 年代是中国学生赴欧学习的高峰期，随着艺术家林风眠、庞薰琹、刘海粟等人学成归国，留学生不仅带回了法国的现代艺术，也带来了欧洲的现代设计思想。如 1929 年，陈之佛撰文介绍包豪斯，并且开始了现代主义风格的设计实践，西方的抽象主义绘画语言陆续进入封面设计的图像中。

构成主义随苏联艺术引进，构成主义的形式和艺术理念使用不仅仅在封面的图片上，也出现在封面的版式分割上，构成主义成了封面结构的重要方法。如陈之佛设计的《文学》（图 26）第二卷第一号的封面，就使用了构成主义方法：以琴键式的矩形分布在版面的下方，左方以三条矩形构成，与右角的两个矩形相呼应。而右侧以圆形、曲线交织成一个抽象的图形。简洁的构图以及对比鲜明的色彩具有很强的动感。钱君匋谈到西方艺术风格和形式对他的设计理念产生影响时这样说："我在（20 世纪）30 年代也曾经积极吸收西方美术风格，用立体主义手法画成《夜曲》的封面，用未来派手法画成《济南惨案》的封面。设计过用报纸剪贴了随后加上各种形象，富于达达艺术意味的书面，如《欧洲大战与文学》。"[52] 钱君匋设计的一系列的《现代》（图 27）封面，是他进行构成主义尝试的系列作品，如 1932 年第一卷第一期以横竖不等的矩形分割版面，与由锯齿、圆形等构成的图形相呼应也相互抑制；1933 年第四卷版面使用曲线和横线，利用空间的叠压形成多层次的变化；1935 年第六卷第六期使用倾斜的十字形分割版面，各个空间之间以曲线和两种颜色表现规则的圆角矩形，好像是排列在一起的书籍，以靠近版面中心的四个区域写上刊名、出版期号，具有现代感。郑慎斋设计的《青年界》（图 28）封面，试图将结构性浓郁的图形与传统纹样相结合，设计中采用了正三角形，刊名与刊号置于上方，同时又用一个大三角将版面进行对称平分。为了减弱三角形带来的突兀感，在三角里填充了花卉纹样，而三角上方的"1"字，延伸和阻止了三角向上的趋势，整个封面设计大胆而有新意。

2. 中西结合的封面设计

闻一多是企图通过自己的设计改善中国传统在西方艺术风格的强势之下的处境。闻一多较早提出中西融合的观点，现世的艺术"不是西方现在的艺术，更不是中国的偏枯腐朽的艺术僵尸，乃是融合两排精神的结晶体"。[53] 中西元素相互交融体现在《清华年刊》的插图《梦笔生花》中。插图明显受到比亚莱兹的新艺术风格影响，图的关系强烈，人物造型准确又融入了中国传统线描风格，具有强烈的装饰风格。将中西两种元素组合的作品还有《死水》的封面设计，封面底色是没有装饰的黑色，在封面右端位置镶嵌了一条金色纸签，题写"死水"两字，右下方同样的长方形金框，印"闻一多"三字，表达出典雅和深沉宁静的风格。书中设计的环衬，使用线条描绘出高举旌旗、手持长矛的战士，跨着战马在飞矢中顽强行进的雄武战列。封

图 26 《文学》第 2 卷第 1 号书影，陈之佛，1933 年，笔者拍摄

图 27 《现代》第 1 期书影，钱君匋，1932 年，私人藏

图 28 《青年界》书影，郑慎斋，1931 年，上海图书馆

面与环衬构成的动静对比，显示了《死水》的基调和诗风。[54]
为《猛虎集》设计的封面中，以中国的书法书写书名和作者名，
而封面上的图案用书法的笔法画上一道道的笔触来象征虎皮纹，
构成封面的视觉元素都来自中国传统，但将笔触抽象化的处理
手法则借鉴了西方的艺术技巧和风格。《落叶》的封面从技法和
意象上都是取自纯粹的中国画表现方法，但从画面的局部来看
则带有西方的透视以及设计中的构成概念。《巴黎鳞爪》封面
设计中，整幅作品以一种神秘、躁动的气氛表现了光怪陆离的
巴黎生活，西式风格非常明显，但画面又有中式的稳定画面并
获得绝对视觉中心的题签。中西融合成为了一种艺术理念，即
元素可以偏向于中式，也可以偏向于西式，但产生的效果却是
全新的、现代的，呈现出崭新的面貌。这种中西融合的艺术理
念的产生，表现了闻一多面向西方的开放式到民族本位的思考，
在引进西方图像的同时，以全新的视角对待中国艺术，将现世
的艺术从中国传统的艺术中脱离出来，也从西方的语境中脱离
出来，这种尝试使他的设计走向自由，即将所有设计元素展现
在一个空间里，经过选择、组合、锻造、重新融合，形成全新
的视觉形式，从而强化设计的民族性。

在民国时期书刊设计界很有影响的鲁迅先生一方面提倡向
西方优秀的文化以及艺术设计学习，一方面强调民族性，注重
民族传统的发扬。鲁迅在《论"旧形式"的采用》一文中提出"新
形式的探索不能和旧形式的采用机械地分开"。也就是我们在接
纳西方艺术风格和设计风格的同时，不能将我们几千年遗留下
来的优秀民族文化抛弃，要做到中西艺术结合。鲁迅认为盲目
跟从西方和否定西方艺术都是不可取的，民族性的立意具有丰
富的内涵。首先摒弃狭隘的民族性，我们向我们自己的传统学
习，也要以纳新为名向西方的传统学习，要向传统学习不是要
回到旧日的桎梏里，新的艺术，既然是向自己的传统反叛，也
是对西方传统的扬弃，既有别于自身旧有的面目，还应该有别
于西方新的艺术。那么这种艺术的形式即是一种"新的形""新
的色"，是"中国向来的魂灵"[55]。鲁迅采取的方法"是以为倘
参考汉代的石刻画像，明清的书籍插图，并且留心民间所赏玩
的所谓的'年画'，和欧洲的新法融合起来，也许能够创出一种
更好的版画"。[56] 他认为陶元庆的绘画"中西艺术表现的方法结
合得很自然"[57] "（陶元庆）以来写出他自己的世界，而其中仍
有中国向来的灵魂—要字面免得流于玄虚，则就是：民族性。"[58]
其二，中西艺术在世界艺术之林的地位是相当的，自然就无高
下之别。鲁迅指出："有些地方色彩的，倒容易成为世界的，即
为别国所注意。"[59] 他认为书籍设计最关键的是立足本土文化，

不要盲目跟风，要对西方文化和设计思想做理性的分析和比较，在吸收国外先进设计思想和观念的同时，更要从中国自己的艺术精神和文化内涵出发，把具有中国传统文化的设计理念运用到书籍设计领域。他积极引进西方大量优秀的书籍插图和优秀设计师的各具特色的艺术创作手法，但他提供的是资料，不崇尚生搬硬套。他对陶元庆作品的赞赏，也是鲁迅对中国艺术的重新定位，"元庆并非'之乎者也'，因为用的是新的形和新的色；而又不是'Yes or No'，因为他究竟是中国人。所以用密达尺来量，是不对的，但也不能用什么汉朝的虑虒尺或者清朝的营造尺，因为他又已经是现今的人。我想，必须用存在于观今想要参与世界上的事业的中国人的心里尺来量，这才懂得他的艺术"。[60] 这种超越民族狭隘性而获得的艺术建构，即是作品超越时空行而获得的永恒性。

陈之佛是从图案设计的本位出发探索书籍装帧的。他一方面对西方书刊装饰进行介绍，一方面对中国传统的纹样进行梳理。从工艺美术的受众角度，他强调了民族与传统对于设计的重要意义，并做了各种图案的实践，让中国式的大框架容纳西方的装饰元素。陈之佛书籍装帧作品具有强烈装饰意味的风格，从大量古希腊、古埃及、古印度等不同的装饰艺术中提取灵感，并与中国民间装饰风格相结合，洋为中用，立足本土的设计，创造出一种特殊的装饰艺术语言（图 29）。其作品既有鲜明的异域风情，又有浓郁的本土气息。

张光宇是一位对民间图式最熟悉的设计师。"他非常了解西方艺术的长处，同时又能尽量发挥东方艺术固有的优点。"[61] 他能领悟中国艺术程序化的特点，在技法上，在技法上将漫画性的笔触进行抽象化处理，技法服从形式，形式上的西化与精神上的本土化结合。张光宇的漫画书衣设计，注重从民间艺术中汲取营养，画风以浓重的装饰效果和西方设计风格较好的结合在一起，如《万象》画报的封面设计。

丰子恺是在新文化兴起后进入书籍装帧领域，他的作品自然也受到了西方艺术的影响。装饰主义、透视的技法还有西方裸体男女、长着翅膀的小天使，这些都进入他的书籍装设计中。不去强调中西艺术的区别，而是以中国式的笔法与情趣，来笼罩西洋式的构图与形体，这是丰子恺的艺术处理。丰子恺认为："对于我们的书籍装帧，还有一个要求，必须具有中国书籍的特色。我们当然可以采取外国装帧技术的优点，然而必须保有中国特性，使人一望而知为中国书。这样书籍便容易博得中国广大群众的爱好。"[62]

在鲁迅的实践和影响下，涌现了一大批如陶元庆、丰子恺、陈之佛、关良（1900—1986）、钱君匋等优秀的书籍设计师，为中国的书籍设计领域留下了一大批能彰显民族艺术设计风格的优秀的书籍装帧作品，从而大大推动了书籍设计的艺术价值，开启了一道通向现代书籍设计的大门。

四、美术字体设计和东方现代主义风尚

民国时期，新文化运动迎来了西方先进的科学、思想、文化，西方的大量书籍进入中国，国外的艺术思潮和艺术风格得以在中国广泛传播与发展。此时书刊中的文字主要是汉字，在书籍、广告、画报、宣传画等为媒体的文字设计中，出现了"美术字"，"美术字是运用装饰手法美化文字的一种书写艺术"[63]。在《中国工艺美术大辞典》中，美术字广义是指一切具有装饰与美化作用的文字图形；指那些比日常书写和印刷标准字体经过更多美化加工的字体。[64]民国时期，美术字也被称为"图案文字"或"图案学"，这种字叫法主要沿袭日本，"美术字"至20世纪30年代初才在我国出版的书籍和杂志封面中开始作为书名和刊名使用。

1. 引入"图案"的美术字

"图案"是20世纪初从日本引入的概念。在日文词典里，图案包含三层意思：一是将形和色进行美的配合，应用在装饰和其他方面，并以图画形式表现出来；二是图的纹样；三是为了生产制作美术工艺品及一般产品所表达设计方案的图，称之为图案。[65]美术字最早也属于图案的范畴，有关美术字的解释和分析文字造型时也是以图案理论为依据的。日本在20世纪初是中国留学生追寻现代艺术的一个途径，丰子恺、陈之佛、李叔同等都留学日本，日本图案理论在他们的设计中都有体现，特别是在书籍名和杂志刊名的设计中，设计出有强烈装饰意味的图案字。当时著名的图案设计者陈之佛是日本东京美术学校工艺图案科的留学生，师从岛田佳矣（1870—1962），可以算是中国第一位留学日本专习"图案"的学生，回国之后他筹资成立尚美图案馆，旨意是将日本的图案设计介绍到中国，并对中国的图案进行了系统的研究，出版了《图案设计ABC》《表号图案》等书籍，为中国的图案设计奠定了基础。陈之佛自己也投身于设计的行列中，在书籍设计中更多采用装饰语言，而避免对客观事物进行具象的临摹和刻画，象征意味明显。如他设计的《图案》集封面，"图案"两个字的设计受到了强烈的装饰意味的影响，采用完全对称的手法，刊名与封面的装饰纹样协调，书籍的封面设计整体极具装饰性，同时也体现了书籍所要表达

的内容。在《现代表现派之美工艺》中陈之佛提道:"至于装饰,则完全是考案者的分内之事。装饰和形当然非使看者或使用者产生美丽曼雅的快感不可,如果无意义的发挥个性与装饰之内,则不如使由装饰上而感知考察者的人格,故作者应表现之内的活动,使色和形都涌出其潜在的生命,如此则真美毕露,而有永远的生命,决不致使看者或者使用者只感到刹那间的虚饰之美。"[66]

如陈之佛给黎锦明(1905—1999)的中篇小说《战烟》(图30)所做的刊名设计:战烟两字的笔画粗细不等,有的笔画设计成刺刀,有的设计成步枪,与封面右边的图案相映衬,也体现了书籍要表达的内容。陈之佛注重将东西方的艺术美相互融合,借鉴西方主要艺术流派,以抽象的装饰图案为造型元素,强调版式的动态感和力量感,色彩浓烈朴实,注重文字的编排,这些都体现了现代感的设计。陈之佛为郁达夫(1886—1945)的著作《忏悔集》设计的封面,封面的图案用中国古代器物做装饰纹样,同时用线绘制楼阁、风景以及倒影等,文字设计采用的挺拔的细线,完全按照图案设计的风格进行设计,文字设计和图案相互融合、相互呼应。张光宇设计的《万象》封面,"万象"两字竖画较粗横画较细,横竖画用变化的点、撇、捺、勾巧妙地连接起来,整个设计既有中国古代篆刻字的装饰风格,又好像具有榫卯结构的明式家具,这样的设计使得文字不仅具有装饰图案的美感,又富有现代感,易于识别。"万象"两个字的设计与下面代表中国传统文化艺术的剪纸图案很协调,不仅当时,即使在当代，也不失为一件经典的文字设计之作。

2. 运用新艺术运动风格和装饰艺术运动风格的美术字

20世纪30年代，中国政治体制的变革，形成了多元文化格局，人们进入现代的生活方式。人们的思想得到了彻底的解放，对西方的各种文化艺术精神以及设计风格都有了包容的态度，使得西方的美学、设计思潮、艺术思潮，以及艺术创作的风格在中国广泛传播和发展。"五四"新文化运动批判陈旧的思想文化与制度，主张学习西方的优秀文化和艺术风格，这在思想上促进了当时的艺术家积极学习西方现代艺术和艺术设计理论，同时大量的留学学者学成归来，也将西方的设计风格带回到中国，将西方的艺术风格应用到设计中是当时的一种潮流。西方的艺术风格渗透到不仅渗透在书刊的封面设计的图像里，也渗透到中国书刊的文字设计里。

1885年"新艺术"运动在法国兴起，一直延续到1910年左右，影响遍及整个欧洲，是一个影响广泛的国际设计运动。新艺术运动抛弃了历史的装饰和设计风格，反对矫饰的维多利亚风格，从自然形态中寻找灵感，强烈的自然主义倾向是它的主要特征，大量运用夸张的线条和黑白对比关系是新艺术设计风格鲜明的形式特点。"新艺术"运动的代表艺术家比亚莱兹以唯美繁复的"恶之花"插画艺术而影响广泛，1923年田汉（1898—1968）翻译的《莎乐美》内附比亚莱兹16幅插图画，中国掀起比亚莱兹热。强烈的黑白两色对比、唯美颓废的装饰风格在20世纪20年代中国流行起来。"装饰艺术"运动采取折中的方法，用装饰同工业化产品相结合，解决工业化批量生产所造成的粗制问题，弥补批量生产所造成的产品无法取代手工制作的精致。"装饰艺术"运动首先影响的是中国的建筑设计风格，特别是上海这样的国际大都市，尔后这个设计思潮开始影响中国的书籍装帧设计。中国的设计师尝试将这两种风格运用在美术字设计上，即将自然的曲线应用到字体设计中，形成了有装饰效果的美术字。如鲁迅设计的1926年《而已集》（图31）的封面，"而已集"三个字的设计既完成了表意的任务又极具装饰性，在当时的书刊字体设计中显得很特别：设计以点线的装饰，圆转的线条和黑白对比关系。"鲁迅而已集"五个字取上方对齐而下方长短不一的形式，宽窄一致但长短不一，"鲁"字被拉长，"而已"两字叠放成一个字的样子，但长短也不及最长的"集"字占的空间。独特的文字排列组合、笔画的夸张线条和黑白对比关系，很明显是对新艺术运动的回应。《小彼得》的封面设计，"小彼得"三字的笔画模拟了植物的形态，将曲线自如的运用到笔画上，与下面的曲线组成的图案非常和谐，又具有装饰性。文字的设计倾向恰当地表现了文章的思想和古典唯美的风格。无论是文字的设计还是文字下面的图形，都具有新艺术的风格特征。《银色列车》（图32）四个字的设计也极具装饰性，字的笔画由圆头等粗的直线和曲线组成，部分点、横、竖笔画用小圆点代替，使整个设计轻松活泼。

3. 俄国构成主义等现代艺术风格影响的美术字

俄国的构成主义和荷兰的风格派运动是20世纪初在世界范围内具有影响力的现代设计运动。俄国的构成主义设计运动，是俄国十月革命胜利前后在俄国一小批先进知识分子当中产生的前卫艺术运动和设计运动。[67]构成主义风格上具有功能性、简单化、减少主义和几何形式化的特点。荷兰的风格派形成于1917年，风格派是荷兰的一些画家、设计师、建筑师组织的一个松散的集体，强调抽象和简化。德国魏玛市的公立包豪斯学校的成立，标志着现代设计的诞生。包豪斯具有高度的理性化、功能化、几何性的设计理念，在当时的中国设计界很受重视：他们认为设计不只是为少数人服务的艺术，设计的对象应由少数人转向整个社会，他们迫切需要一种新的形式来配合新的社会使命。面对这种设计方式和风格，20世纪30年代的书刊设计者积极应用在书籍封面设计中，如钱君匋为《欧洲大战与文学》杂志所做的封面设计，采用英文报纸做的拼贴，再将各种图形穿插其中，促使中国的字体设计朝向现代化的方向发展。构成主义以工业生产为中心思想，衍生出一种追求抽象造型与几何图案的美学观念，这种思潮运用在文字设计中即产生了笔画几何化的具有现代艺术风格的美术字。同样是钱君匋设计的《时代妇女》封面，整个封面用线分割成几个大块，同样文字设计也将笔画处理成线和面的构成形式，整幅作品的文字设计和图片设计非常协调，极具构成主义风格。刘既漂为《疯少年》（图33）所设计的书名是极具现代风格的。疯少年三个字笔画完全抽象为方形、圆形、三角形等几何形，并以点块的形式出现，与上方的图案的块状形成呼应。刘既漂为书籍装帧设计引入了一股现代设计之风。叶灵凤为《戈壁》设计的封面，书刊名在黑体美术字的基础上进行设计，横竖画粗细匀称，将点画抽象概括为圆形，整个文字浑厚有力，庄重而不失活泼。值得注意的是，文字设计的风格与下面具有构成主义风格的图像相呼应。鲁迅在《〈新俄画选〉小引》中谈到构成主义时这样说："构成主义上并无永久不变的法则，依着其的环境而将各个新课题，重新加以解决，便是它的本领……于是构成派画家遂往往不描

绘物形，但作几何学底图案，比立体派更进一层。"[68] 陈之佛为《文学》杂志设计的封面，将西方的立体主义、俄国的构成主义融入其中，并以抽象概括的几何图形作为造型元素，色彩浓烈，构图严谨。《申时电讯社创立十周纪念特刊》的封面设计中，"时"字的部分笔画变成了圆点和圆圈，而数字"10"没有任何笔锋和装饰角，颇具现代感，抽象的几何图案又具有构成主义的风格。

现代主义追求的高度理性和功能性，反映在字体设计上：笔画粗细一致，没有笔锋或者明显的装饰角和衬线。如 1932 年创刊的《现代》杂志封面字体设计，"现代"两字的横画和竖画粗细基本一样，没有书法字体的笔锋和宋体的装饰角和衬线，没有任何装饰，整个字体笔画粗壮、结构方正，给人庄重大方的感觉，识别性强。封面吸收了纵横的版面编排设计，极具现代感。《良友》杂志是民国时期新型的画报，1926 年由伍联德（1900—1972）创办于上海，画刊的名字自始至终都没有被改变过，"良友"二字设计者以理性的方式来处理字体的结构，笔画在转角和收笔上做了变形处理，简约的外形使整个文字设计清新自然。而出版机构的字体用了三角形结构，感觉十分奇特。钱君匋设计的《时代前》封面，展示了构成主义风格中抽象几何图形的应用，体现了他对现代主义风格的敏锐把握能力。横竖笔画对比强烈，横画很细，竖画较粗，个别笔画简化成三角形，整个文字浑厚却很生动。刊名下面的图形利用线将画面分成多个对称的几何图形，文字设计与封面图形浑然一体，极具现代感。

立体主义的艺术风格反映在字体设计上，这是一种比较具体的设计手法，使文字从二维空间中显出来，突出文字的立体感，表达现代性的主题。如《艺文印刷月刊》的刊名文字设计，首先将"艺文印刷月刊"的笔画视为几何体，然后按照透视关系画出了笔画的类似于投影一样的侧面，使整个刊名从二维的

图 31 《而已集》书影，鲁迅，1927 年，私人藏

图 32 《银色列车》书影，1935 年，上海图书馆

图 33 《疯少年》书影，刘既漂，私人藏

空间中凸显出来，有效地传达了一种现代感。下面的英文译名所采用的也是衬线字体，同样画出了和中文刊名相对应的透视关系的投影侧面。鲁迅为自己翻译的艺术理论著作《艺术论》所设计的封面，书名的笔画上加了衬线，突出了书刊文字的立体感。

民国时期文字设计的现代艺术风格倾向，其实质是在现代主义设计风格的影响下，对中国自己独有的汉字进行新的平面设计风格的探索，通过将几何图形构成与汉字构造的结合，现代美术字在设计手法上进行了广泛的研究与实验。新文化运动给人们带来了新的思想文化观念，打开了人们的视野，为设计的发展开辟了新的方向，外来的、先进的艺术形式和风格都在文字设计中体现出来，书刊文字设计呈现出朝气蓬勃、多元的面貌。艺术设计存在于特定的历史背景之下，任何一个历史时期都有其自身的局限性，民国时期书刊文字设计正处在探索时期，处于字体设计现代化的初期，当时也没有一套字体设计的理论体系来指导文字设计的发展，也由于技术条件的限制，设计手法只是采取手绘的美术字探索形式，这是我国美术字发展史上第一次理论和实践上的高潮。这种探索与实验由于其广泛的现代风格倾向与难以计数的庞大数量，成为今天中国文字设计极具价值的设计资源。[69]

第三节　左翼文学艺术在"杂志年"的异军突起

艺术大众化肇始于"五四"时期文学流派与文学论争，到20世纪30年代"大众文艺"运动兴起，上海文化界掀起了大众化的文艺浪潮。作为文艺的重要部分，近代美术思潮的走向一直和同时期的文艺思潮息息相关。20世纪30年代左翼美术的兴起，进一步深化和推动了美术大众化的思潮。

一、鲁迅和中国现代艺术运动

1. 大众美术的兴起

20世纪普遍流行的大众美术运动现象也是世界性的现代美术现象。大众美术是为了解构传统而采取向下扩展的方式，中国的大众美术最初与商业社会的市民趣味相关，后来在科学民主的旗帜下，成为一种新的社会意识形态的产物。大众美术是无产阶级革命美术的一个具体的口号，它最早出现于"五四"以后的新美术运动中，"走向十字街头的美术""普罗美术"等口号与"大众美术"口号的意思相近。

大众化是指直面人生、袒露真实的大众化的创作态度，这是彻底的社会现实主义，带有强烈的思想批判倾向和艺术的表现激情。早期的林风眠就是大众化艺术运动的组织者。1926年回国之初，林风眠就任国立北京艺术专科学校校长，抱着"实现社会艺术化的理想"，举办"艺术大会"，推行艺术运动。大会期间，提出这样的口号：打倒模仿的传统艺术！提倡创造的代表时代的艺术！打倒贵族的少数独享的艺术！提倡全民的各阶级共享的艺术！打倒非人间的离开民众的艺术！提倡民间的表现十字街头的艺术！[70]写实和现实在概念上的差异主要表现在创作态度而不是创作技法上，在那个时代，具有批判性质的现实主义美术，无论其大众化的创作倾向（为人生而艺术）还是其激进的艺术思想，都不脱离写实主义的基本轨道，理论界将现实主义替代写实主义的概念，始自20世纪30年代初，恰恰是在面向社会大众的左翼美术运动兴起之后。

在文艺大众化的讨论中，采用什么样的艺术的形式成了谈论的焦点。以魏猛克发表在1934年3月22至24日《申报·本埠增刊》的《打渔杀家》这种新连环图画和3月24日在《自由谈》上发表《旧皮囊不能装新酒》一文引发的一场关于"采用旧形式"的大讨论。在《旧皮囊不能装新酒》中，魏猛克提出"我以为我们对于'连环图画'的旧形式，仍须有条件的接受过来，尽可能地掺进新的思想去"。[71]与之相反的意见一方于4月24日发表《新形式的探求与旧形式的采用》进行反驳，认为这些话"非常之类乎'投降'，认为要艺术大众化，只有一条路，就是新形式的探求……只有在新形式的探求努力之中，才可以谈有条件地采用旧形式"。鲁迅写了《论"旧形式的采用"》一文回应了对方的批评。

新的艺术，没有一种是无根无蒂，突然发生的，总承受着先前的遗产，有几位青年以为采用便是投降，那是他们将"采用"与"模仿"混为一谈了。中国及日本画入欧洲，被人采取，便发生了"印象派"，有谁说印象派是中国画的俘虏呢？专学欧洲已有定评的新艺术，那倒不过是模仿。"达达派"是装鬼脸，未来派也只是想以"奇"惊人，虽然新，但我们只要看Mayakovsky的失败（他也画过许多画），便是前车之鉴。既是采用，当然要有条件，例如为流行计，特别取了低级趣味之点，那不消说是不对的，这就是采取了坏处。必须令人能懂，而又有益，也还是艺术，才对。[72]

"1930年左翼美术运动兴起，美术的大众化成为革命的美术所必需的途径。"[73] 工具和武器都是一种中介物的说法，在使用时都要考虑使用者的要求和具体接受状态，所以早期新艺术运动关于形式语言和流派的讨论都不是重要的问题，重要的是通过旧形式换上新内容，在思想上唤起无产阶级斗争和民族解放的意识。"我们的美术运动，绝不是美术上的流派斗争，而是对压迫阶级的阶级意识的反攻，所以我们的艺术更不得不是阶级斗争的一种武器了。"[74] 因为考虑使用对象的缘故，传统的民族美术形式和民间美术形式被大量地加以利用，所以木刻（图34）、漫画（图35）、连环画、书籍插图、宣传画等形式，成为新兴美术的最有力的工具，或者说武器。鲁迅晚年极力介绍的西洋版画和艺术家，包括德国的珂勒惠支（Käthe Kollwitz，1867—1945）、梅菲尔德（Carl Josef Meffert，1903—1988）等，这些艺术家基本上属于20世纪第一次世界大战后兴起的"表现主义"，从这些作品里可以看到普罗革命的一面。

鲁迅对木刻创作的要求不仅是题材得当，还注重写实的表现技法。"木刻的根底也是素描，所以倘若线条和明暗没有十分把握，木刻也刻不好"，"要技艺进步，看本国人的作品是不行的，因为他们自己还很有缺点；务必看外国名家之作"。[75]1928年，鲁迅翻译了日本人板垣鹰穗（1894—1966）的《近代美术史潮论》；1929年鲁迅翻译了俄国人普列汉诺夫（Georgi Valentinovich Plekhanov，1856—1918）的《艺术论》和卢那卡尔斯基（Anatoly Vasilyevich Lunacharsky，1875—1933）的《文艺与批评》；1929年至1930年，鲁迅开始陆续介绍、出版国外的版画作品。1930年至1936年，鲁迅通过办展、作序、通信、演讲等多种方式扶持青年作者和新木刻运动，特别是1931年8月，鲁迅在上海举办"木刻讲习会"，被视为中国新兴版画运动的开端。鲁迅青睐木刻，是因为他认为木刻"正合于现代中国的一种艺术"。[76] 木刻本来就是中国大众的艺术形式，创作方法上又直接取法欧洲，使其获得反映现实生活的写实性技巧，获得情绪表达上的艺术感染力。木刻语言概括精炼，且取材方便，制作简单，易于推广。魏猛克强调木刻、漫画、漆画、连环图画等艺术表现介质，以更好地服务于广大民众的精神需求。指出木刻比绘画的"表现力更强"，"虽然是黑白的两色，却比复杂的彩画明快，给人的印象，也特别深些"。[77]

鲁迅文艺创作的目的都是为了启蒙民众的思想，他将为大众而艺术的大众范围扩大到最底层的劳苦大众，试图通过艺术来唤醒社会大众的救国意识，希望通过艺术来改造社会，传播新思想。他提倡和推崇木刻艺术，源于他认为木刻艺术形式最能让大众接受，也最适合宣传。如黄新波的作品题材来自人民

大众的生活，具有强烈的现实主义批判性和对人生的哲学思考。如黄新波为叶紫（1910—1939）的小说集《丰收》（图36）作了木刻封面画和插图12幅，封面通过木刻的黑白关系对比，表现的是一个老农手持木棍、手扶额头，眺望远方的画面，和小说想要描绘破产中的农民的悲催生活和对现实的不满的内容相统一。他还为萧军（1907—1988）的小说《八月的乡村》和萧红（1911—1942）的小说《生死场》等作了木刻封面画。黄新波设计的《摇篮曲》，以传统绘画题材，以木刻版画的形式创作了一个男孩在树下吹奏唢呐的剪影，配以蓝色的天空，整幅作品轻松活泼而富有情趣。作品题材来源于农村孩子的平时生活场景，朴素而温情。这些作品表现主题较多样，目光向下反映下层大众的生活。

　　鲁迅提倡的新木刻运动，其造型语言与学院派的不一样，它始于欧洲，以写实为基础，吸收表现主义、象征主义手法，可谓西体中用。鲁迅认为，美术者，乃是思想的利器，人格的表现，应直入心思以出新，"我们所需要的美术品，是标记中国民族智能最高点的标本，不是水平线以下的思想的平均分数"。[78]对国内美术家，鲁迅特别赞赏陶元庆和司徒乔，认为陶元庆在绘画语言上有新的突破，画出了新的形和新的色，而司徒乔在表现题材上得到了鲁迅的重视。当时受鲁迅青睐的青年木刻家有李桦（1907—1994）、陈铁耕（1908—1970）、罗清帧（1905—1942）、郑野夫（1909—1973）、黄新波等，他们的作品就是这一时期新木刻运动的代表作。

图34 《创作的准备》书影，版画，1936年，笔者拍摄

图35 《冷热集》书影，漫画，1936年，笔者拍摄

图36 《丰收》书影，黄新波，版画，笔者拍摄

2. 鲁迅和左翼美术

20世纪20年代至30年代是一个大变革时代，也是中国青年知识分子积极探索的时代。1927年大革命失败、国共分裂，国民党政府对进步文化运动进行了残酷的镇压和迫害，最突出的是20世纪20年代末到30年代初的"文化大围剿"。正是在这样的压迫下，出现了中国共产党领导的、以鲁迅为旗手的左翼文化运动。1930年3月中国左翼作家联盟成立，简称"左联"，相继有"剧联""社联"等进步文化社团成立。1930年8月左翼美术家联盟成立，左翼美术运动独特和鲜明的标记是它巨大的载体—鲁迅倡导的新兴木刻运动。

左翼美术运动是在中国共产党的领导下进行的，以上海中华艺术大学的"时代美术社"为基础，联合杭州艺专"一八艺社"、上海美专、上海新华艺专、上海艺术大学、白鹅画会的部分成员组建的，接受马克思主义和苏联的文艺理论，也受鲁迅的指导，特别是随之而起的新兴木刻运动。左翼美术运动直接强调美术的工具性，强调美术为无产阶级政治服务，强调为社会而艺术，强调现实主义创作。左翼美术运动最初的几年，大众的概念基本指社会底层阶级，而1936年以后，民族生存危机迫在眉睫，民族革命斗争的大众文艺贯穿着反帝的民族独立意识，"大众"就包含更广泛的阶层，包含社会中上层人民大众。

从左翼美术组织层面来看，最初的组织者和领导者并不是鲁迅，而是创造社的成员。1930年初由夏衍、许幸之（1904—1991）等创立了左翼美联的前身时代美术社，鲁迅只是受邀发表过关于美术的讲演，并没有参加美联成立大会。由于许幸之、田汉等创联社的人更热心于戏剧，他们把更多的精力投入戏剧电影界，更有1930年冬或者1931年春，由于生活所迫许幸之去苏州教书了，张眺（1901—1934）去了苏区从事具体的革命组织工作。他们离开了上海，美联组织的领导层面比较薄弱导致组织比较松散，这是美联作为一个组织的困境。1932年初美联恢复，到1934年夏木刻研究会被迫解散，这期间是沪上左翼美术最活跃时期。也正是在这段活跃期时期鲁迅成了左翼美术运动的实际领导人。1934年国民党在对中共苏区实行军事围剿的同时，也在围剿区加紧文化围剿，上海的左翼文艺面临极大的困难，左翼组织连遭破坏，书店、刊物遭查封，进步青年遭逮捕，一时沪上左翼美术运动陷入萧条。至1935年，沪上木刻社团的活动基本销声匿迹，上海左翼美术运动进入低潮期。

鲁迅不是画家但爱好美术，他自幼就对绘本、插图感兴趣，且具有极高的艺术理论修养。鲁迅在日本仙台留学期间，看到了日本自近代强国政治以来产生了许多"战时美术"作品，看到的关于日俄战争的幻灯片曾使之深受刺激，从而决定弃医从文，那时他对于"战争美术"[79]已经有了深刻的体认——美术作为宣传斗争工具的作用和威力。早在1928年至1930年初，"鲁迅建立起了自己的黑白锐利之美的木刻美学观"。[80]

左翼美术运动的口号是"普罗美术"，其具体的创作实践受鲁迅的指导，而以木刻作为表现手法。鲁迅的现实主义美术观具有理想主义成分，他强调艺术表现生活的深度和力度，但不一定写实而是写真，如他在《拟播布美术意见书》一文中谈何谓美术时，以受和作分开而论述。受是指对对象的领会感受，作，再现，成为新品，即成为和对象不一样的作品。"然所见天物，未必圆满，华或槁谢，林或荒秽，再现之际，当加改造。俾其得宜，是曰美化。"并指出"似""精""罕""艳"皆未必是美术。[81]

民国美术的特殊现象是20世纪30年代的左翼美术运动的兴起，民族的、民间的、大众的艺术渐次发展为中国现代艺术主流，并在新中国成立之后继续向前发展，从世界艺术史的范围来看，这也是与巴黎—纽约主导的欧美现代艺术史并生的一种现代艺术现象。[82]鲁迅是新兴木刻运动的先驱和引领人，鲁迅的木刻美学观在中国革命的背景下，通过左翼青年画家的实践而真正发挥作用。他依据当时的出版技术和条件提倡木刻，因为木刻可以大量复制，具有容易普及适宜于社会动员的特点。正因为这样的特点和优势，木刻从而取代漫画成为宣传招贴画的主要载体。

二、"左联"的大众文学与杂志封面设计

（一）"左联"和大众文学

第一次国内革命战争失败，国民党反动派一方面对革命基地进行军事围剿，另一方面对国统区实行文化围剿。在这样的形势下，迫使上海的左翼作家们联合起来，共同与国民党反动派进行斗争。"左联"成立大会于1930年3月2日在上海中华艺术大学举行，鲁迅在会上发表题为《对于左联作家联盟的意见》的演说，第一次提出"左联"文艺要为"工农大众"服务的方向，即无产阶级文学的口号，并且指出"左联"文艺家一定要和实际的社会斗争接触。"左联的成立，是我国现代文学史上的一件大事，标志了革命文学跨入一个新的发展阶段，也标志了党对革命文学文艺领导的加强。"[83]"左联"十年是光辉的10年，大批革命作家走出"亭子间"投入火热斗争，写出了表现人民的痛苦和抗争的作品，不少作家为人民和革命文学事业流血牺牲。[84]

左翼文艺是为工农大众服务的，文艺大众化的问题必然提到首要的地位。"左联"成立后，就设有"文艺大众化研究会"。1931年，"左联"执委会在题为《中国无产阶级革命文学的新任务》的决议中，明确规定"文学的大众化"是建设无产阶级革命文学的"第一个重大的问题"。大众化问题是左翼文艺理论的焦点之一，冯雪峰（洛扬）认为："'文艺大众化'不是一句空话，也不是一个笼统的问题。'文学大众化'，是目前中国普罗革命文学运动的非常紧迫的任务。"并说："'文学大众化'，一方面要提高大众的文学修养，一方面要我们在作品上除去那些没有使大众理解的必要的非大众性的东西，同时渗进新的大众的要求，使作品和群众的要求接近。"[85] 为了使革命文艺能够为大众所接受，许多人都主张采用大众所熟悉的旧形式。瞿秋白则认为，在旧形式中应加入新成分。他说："革命的大众文艺在开始的时候必须利用旧的形式的优点—群众读惯的那种小说诗歌戏剧，—逐渐的加入新的成分养成群众新的习惯，同着群众一块儿去提高艺术的程度。"[86] 鲁迅在《论"旧形式的采用"》一文中指出既不能一味搬用旧形式，也不能全盘加以否定。他认为："旧形式的采取，必有所删除，既有删除，必有所增益，这结果是新形式的出现，也就是变革。"包括鲁迅在内的"左联"作家，也写了一些大众义学作品，如鲁迅的《好东西歌》等。此时的大众化文学虽因条件尚未成熟没有能够取得成功，但"左联"作家关于大众化问题的讨论则对文艺大众化运动起到了极大的推动作用。魏猛克《普通话与"大众语"》中提出现代中国普通话才是大众语的主张，认为只有用这种"流行在轮船、火车、码头、车站、客栈、饭铺、游艺场等处的中国现代普通话写作，才是文学接近大众的初步"。[87] 同年8月21日魏猛克最后一篇在《自由谈》上的杂文发表，内容也是大众语。尽管和美术不是一个范畴，大众语和大众语文学的理念，与魏猛克所持劳动大众的立场，是完全一致的。归根结底，这一立场，也是世界艺术现代潮流的重要内容，使得中国左翼文艺运动，在国际语境中，同样具有前卫的意义。[88]

　　左翼文学兴起时，列宁的"创办自由的报刊"思想已经在中国先进文化界广泛传播，并为一些"左联"领导人物所接受：创办刊物，繁荣文学创作。1930年1月起，大力倡导无产阶级革命文学的鲁迅、冯雪峰、蒋光慈（1901—1937）、钱杏邨（阿英）等人在上海创办了《萌芽月刊》《拓荒者》，陶晶孙（1897—1952）主编了《大众文艺》。"左联"一成立，《萌芽月刊》从3月1日1卷3期、《拓荒者》从3月10日1卷3期、《大众文艺》从3月1日2卷3期立即变成了"左联"机关刊。"左联"成立以后，先后还创办了一批刊物，《北斗》《文学周报》《文学导报》《文学》半月刊等，还改组或接办了《现代小说》《文艺新闻》等期刊。这些杂志吸引了一大批新老作家，形成了一支以左翼作家为核心的革命文艺大军，出现了文艺创作空前繁荣的新局面。

（二）"左联"的杂志封面设计

在新文化艺术的影响下，新文学团体大量出现，书籍种类也日益增多，书籍封面的设计得到了艺术家和文学家的重视。从西方和日本传入的装饰图案、美术字、艺术被应用到封面设计中，西方的艺术风格、艺术流派和设计风格经过文化交流和留学生的学成归国传入中国，影响了中国的书籍装帧艺术。在民国初期，封面设计一度出现过完全被动和盲目西化的现象，与书刊内容不相关的图画出现在封面上。中国的现代化并不是单纯地将西方文化全盘接受的过程，在现代化的步伐中，应该包含更多古今文化上的冲突和消解。[89] 在当时的文化经精英中，为如何将西方的设计风格带入中国的设计界并不丢弃中国的传统伤透了脑筋。传入中国的各种艺术风格与中国的文化传统是不同的，这种不同就会导致冲突，而冲突的消解就是让"拿来"的东西与自己的东西发生有意义的关联，从而创造出属于自己的东西。采用现代化的设计，是否意味着必要摒弃中国的传统[90]？中国新一代的文化精英们的思想也引发了关于新与旧、传统与革新的思考，同时努力探索新形式并积极寻求解决的方案。

1."左联"刊物文字设计

前文提到，孙福熙是最早对封面文字与内文表达相关性提出意见的设计师。他认为一些书刊名采用名家题字，题字有着强烈的个人审美倾向，这种题字有时候不一定能与书刊的内容发生共振，有时反而削弱书刊的表现，所以他觉得还是采用情感收敛与外观模数化的字体—美术体。[91] 这种意见成了共识，美术字得到了飞快地发展。日本的美术字和西方现代设计风格对我国字体设计的现代化产生了至关重要的作用，20 世纪 20 年代至 30 年代具有装饰性和现代性的美术字形成。

综观"左联"的杂志刊物封面，最具特色的是书刊名字体，"左联"书刊字体受到日本书刊名美术字的影响，同时也受到西方现代艺术风格的影响，这些设计独特的字体能很好地和封面图像协调，成了"左联"刊物封面最有特色的一面：刊名文字醒目且令人愉悦，既传达了书刊题材和内容的信息，同时散发出悠长的审美情趣和艺术魅力。

"左联"刊物文字设计的第一个特点是在传统的宋体、黑头体和印刷体的结字基础上，对笔画进行装饰，使字体呈现出或收敛、或厚重、或轻灵的气质和特点。笔画处理的方法大致可以分为：

（1）将书刊名笔画抽象成方形、圆形、三角形等几何形，再加以巧妙的组合，字与字、字与图、字与其他装帧元素之间或相互呼应或形成对比，达到一种鲜明、活泼、和谐的视觉效果，具有鲜明的个性和时代感，同时具有很强的装饰感。如《北斗》《微音》（图37）的书刊名笔画基本全部以几何形表示，文字重心明显偏上，整个文字极具时代抗争感。

（2）对笔画予以粗、细化的处理，总体上形成一种横粗竖细或者横细竖粗的笔画对比、参差效果，对笔画多的字进行创意性的简化或者连笔设计，增强视觉冲击力。笔画的简化，更丰富了创意字体的独特个性。如1936年在北平创刊的《榴火文艺》（图38）刊名设计，"榴火文艺"横竖粗细一样，有的字部简化成圆，有的笔画用圆代替，使用了连笔，"榴"字右上字部被简化成两个圆形，和偏旁"木"的撇和捺简化的圆相呼应，整个设计以圆为元素贯穿起来，很独特。北平"左联"主办的文学月刊《文学杂志》（图39）字体设计也采用了连笔的设计，"文学杂志"的点画都用三角形代替，横画的开端和结尾装饰了三角形，整个字体设计协调有时代感。1936年4月上海创刊的《文学丛报》（图40）刊名，笔画采用横细竖粗的对比关系，红和白两色对比明确，字体新颖。

（3）对笔画进行图案处理，如左翼文学月刊《夜莺》（图41）的文字设计，点、画变成有装饰角的三角形，"莺"上面的部首变成了两只小鸟的图案，"夜莺"两字的字部都有变成像鸟头和眼睛的图案，用抽象的形式表现了夜莺，整个刊名设计独特。1937年4月日本创刊的《文艺科学》（图42），撇和提变成一只抽象的小鸟，而点画都处理成羽毛状的参差不齐，整个文字设计独特醒目。

（4）对字体的重心上移动或下移，打破一般文字的结字方式与视觉常规，显出一种稚拙、新奇的效果。如1931年3月上海创刊的综合月刊《青年界》（图43），文字笔画采用粗细对比的设计，字体重心向上，体现了和书名一样的向上的思想。

（5）文字笔画上加上木刻刻字效果，如1935年创刊的《木屑文丛》（图44）字体设计，笔画的起始和结束的地方都有像刻刀留下来的刀痕，笔画横竖粗细一致，字体给人一种朴拙之感。

当然，对文字笔画处理方法的几个分类，只是为了眉目清晰起见，因为这一时期的创意文字设计对笔画的处理采用的方法是多重的。如1934年5月上海创刊的文艺综合性杂

图 37　《微音》书影，1931 年，上海图书馆

图 38　《榴火文艺》书影，1936 年，上海图书馆

图 39　《文学杂志》书影，私人藏

图 40　《文学丛报》书影，1936 年，上海图书馆

图 41　《夜莺》书影，1936 年，漫画，上海图书馆

图 42　《文艺科学》书影，1937，上海图书馆

图43 《青年界》书影，1931年，私人藏

图44 《木屑文丛》第一辑书影，1935年，笔者拍摄

图45 《综合》创刊号书影，1934年，上海图书馆

图46 《杂文》第3期书影，漫画，1935年，私人藏

图47 《质文》第5、6号合刊书影，漫画，1935年，私人藏

图48 《世界文化》书影，私人藏

志《综合》（图45），"综合"两字的设计上，将点用三角替换，横画的起始和结束的地方都有装饰三角，字体的重心上移，"综"字连笔的处理。《萌芽月刊》是鲁迅、冯雪峰主编的文艺月刊，是鲁迅亲自设计封面。鲁迅的书装设计之路始于日本，从他书籍装帧醒目的书名、洗练的图像，可以看出这些是受到日本东京进化社出版的一系列书的设计影响，如《月界旅行》等[92]。《萌芽月刊》整个封面设计是以书名的文字设计为重点，"萌芽月刊"四个字的排列打破了封面标题横排或者竖排的模式，四个字的笔画也很有特点，一边粗一边成尖状，有绿芽初发生长的形象感，笔画拐角处内方外圆，点用三角形替代，个别笔画相连，呈现一种韵律，字体灵活。以红色字体放在书名左下角的"第一卷、1、1930"期刊信息，易于识别，和书名形成主次分明的关系，这样易于识别。整个封面字体设计既有装饰的美观感，又不失识别性，实为经典之作。

"左联"刊物文字设计的第二个特点是书刊文字设计受到西方现代艺术风格的影响。如1930年2月上海创刊的《文艺研究》，刊名设计明显受到了西方构成主义设计风格的影响，书刊名四个字采用了转行的排列，笔画横平竖直，笔画粗细一致的风格，"究"字进行了透视变形，与用线条以及透视关系描绘的一个建筑场景图像相呼应。1935年"左联"主办的刊物《杂文》《质文》（图46、图47）的刊名，受到立体主义的影响。中国社会科学家联盟机关刊《世界文化》（图48）、1930年3月第3期成为"左联"机关刊的《拓荒者》，在刊名右侧都加了投影线，使文字表现出立体感。1933年5月上海创刊的综合性半月刊《朔望》（图49），在刊名上使用黑白对比和曲线，受到了新艺术风格的影响。

2. "左联"书刊封面图像设计

"左联"的大众刊物在内容和形式统一、设计为大众、传统和西方现代艺术风格的多元性表述中，表达了设计师的观念和个体审美差异，并将这运用到书籍封面画中去，这是多种力量共同作用的结果。封面画设计与外部环境形成一种紧张的张力，封面画需要不断地调整来符合外界的要求。

（1）形式与内容相关联

中国古籍的封面主要是为了保护内页，由于印刷与装订技术的变化，封面被纳入设计的范畴之中。封面图像早期受日本书籍设计的影响，图像只是作为一个装饰元素或者作为一种类别的提示作用，如通俗的文学期刊封面主要是仕女画和国画，这些图像与期刊内容的关联度较低。到了20世纪20年代初，封面反映书刊内容的意识开始加强。设计师开始有意识的思考

图49 《朔望》第16期
书影，1933年，上海图
书馆

图50 《文学》第1
卷第2号书影，1933
年，上海图书馆

图51 《生生》创刊
号书影，1935年，上
海图书馆

设计的价值，即如封面是一种装饰，实在也要与杂志有一些关系才好。[93] 闻一多是最早对封面提出设计要求的学者，他认为封面画应该兼具保护与提示的功能，他注意到版面的空间与各个元素之间的关系，也关注到封面的象征意义。[94] "书籍虽是商品，可是商品也讲究商品艺术。书的内容不一，种类不一，因此他的形式至少需于他的款乃至封面，必须与这本书的内容调和。"[95] 设计师们试图从书刊的内容中找到某种基调和封面图像来调和，形式与内容的关系成了设计师努力探索的方向。

陈之佛对图案画有较深刻的理解，他指出绘画与图案有很大差异，图案适合于他物为目的，而绘画是以自己为目的；绘画是独立的，而图案必须与器物相符；图案必须遵循版面空间的要求。当书籍装帧的封面图像被当作图案来看待的时候，封面图案就应该不是独立的了，它必须和书籍内容一致。

设计师们开始从书刊的内容上寻找相关的元素来调和内容与封面图案进行实践，如鲁迅为自己的作品《苦闷的象征》设计的封面表达的是一种精神受到压抑想要挣扎的情绪，并把它表达出来；《呐喊》设计的封面，就是在一个封闭的矩形内加上隶书体的书名，一种压抑需要释放的情绪跃然而出。一些文学上的修辞手法如指代与比喻、暗喻、象征、抒情、意境等被用于封面图像中，使设计师的审美意识和书籍内容有机统一，使读者产生共鸣，思想情感受到感染。鲁迅在自己的杂文集《坟》的扉页上角画了一只猫头鹰，似乎暗喻自己是猫头鹰，鲁迅曾说过自己的言论有时是枭鸣，报告不吉利事情；《创造周刊》的封面描绘方舟的图像，预示世界被拯救；丰子恺设计的《江户流浪曲》的封面图像围绕"流浪曲"这一主题,将流浪转换成具象的随波逐流,而波浪的纹路用曲线画出,点上波纹,特别富有情意。

从书刊的内容中找到某种基调和封面图像来调和的设计实践在左翼大众读物封面画上有大量的例子。如1933年7月1日在上海创刊的《文学》(图50),是20世纪30年代最具权威的大型左翼文学月刊,陈之佛设计的《文学》第一卷第二号屠格涅夫纪念刊的封面,画面以剪影表现车轮、火车、烟囱、马匹等,作品具有强烈的时代感,让人联想到俄国19世纪的生活现实。1935年2月1号在上海创刊的《生生》(图51)文学季刊,左翼作家茅盾、郁达夫等在此发表过作品。《生生》创刊号的封面用国画画出一只雄鹰,喻示刊物的性质和宗旨。1935年3月5日在上海创刊的《芒种》(图52),封面画是以线描的手法表现刚刚发芽的柳树下,农夫在耕种,图像能很好地与书刊名和书刊内容相关联。1935年7月15日在上海创刊的《创作》(图53),主要发表"左联"作家的小说和散文,一卷二期的封面画是用黑色剪影表现黑色笔架上轮廓分明的笔。笔是文学和散文的作者用来创作的工具,象征作者批判和揭露黑暗的武器,笔的后面是书,书和笔构成了创作行为,和书名有很好的契合。1934年2月20日在上海创刊的《文学新辑》,是"左联"不定期刊。封面画表现的是有力、粗犷的男子形象,三人拉手在向上攀爬,用中心聚光的线条暗示一种光明,和书刊主旨相统一。1935年10月10日在上海创刊的《生活知识》(图54),是国防

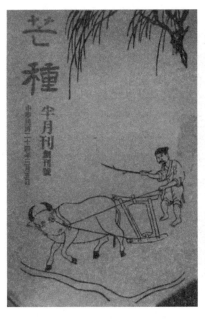

图52 《芒种》创刊号书影,1935年,上海图书馆

图53 《创作》第1卷第2期书影,1935年,上海图书馆

文艺最有力的期刊，封面画表现的是抗议日本的游行活动，图
像和书刊的栏目相对应。1934 年 9 月上海创刊的《读书生活》(图
55)，是用来指导青年读书的综合性半月刊。封面画表现的是在
一本摊开书上，一双握着红色火把式笔的手，图像寓意书刊的
指导性作用，和书刊内容的主旨非常一致。

（2）封面设计的大众性

书刊因其商业属性，出版后要面向读者，书刊设计的商业
性与大众性有着天然的关系。早期小说由于对读者过于宽泛的
提法，被启蒙的大众是被悬置的概念。后期指出文学有雅俗之分，
对文学的读者有了明确的划分，"综而观之，中国之思想嗜好，
本为两派：一则学士大夫，一则妇女与粗人"。[96] 即小说的读者
是妇女和粗人。徐念慈（1875—1908）在《余之小说观》中针
对学生、军人、实业和女子四类读者设想了书刊的形式。新文
化运动后，前期沿用"雅""俗"的艺术概念来批判书刊中的插
图和封面画，另一些艺术家试图从工艺美术与商业美术的角度
来看待书刊插图和封面画。

李毅士（1886—1942）提出美术中的两个方向："纯理的
美术"和"应用的美术"，纯理的美术是为了求得美术真理
的发明，而应用的美术是"在诱发社会上对于美术的兴趣和
鉴赏的识力"[97]。当书刊成为一种商品的时候，它属于应用
的美术范畴，应用的美术是用来提高大众的审美力的，设计

师不要忘了为大众创作的热情。他提出的具体方法是："运用一种美术的广告画，或是出版物的封面画，引起民众对于图画发生浓厚的兴趣；并可应用美术的方法，改进住屋的装潢和街道的布置，借以引起公民审美的观念和爱好的思想。"[98] 李毅士从商业的美学定位来强调书刊装帧的大众属性，指出图案画、广告画和小说的插图，都有和绘画一样可以辅助思想，诱发兴趣的功用和效力，肯定商业美术的价值。李朴园认为与大众和社会能直接产生联系的艺术就是工艺美术，就是图案，因为纯美术的普及性不够，而建筑的大力建造缺乏经济实力，只有以实用为特征的图案，最能为大众接受。图案也由于"是单以纯美为条件的，所以用不到如何深奥的思索，一接到眼睛，便感到美好"。[99] 这样书刊封面作为图案的一种，便有了承担大众艺术的启蒙。

陈之佛是从工艺美术本质的角度来看待图案设计大众化与商业的属性。他一再强调对图案的要领要彻底了解，一方面图案体现在纯美术的结构中，所以陈之佛建立了第一个图案培训部，同时不遗余力地编写图案的教材。另一方面他强调图案与生活的实践有紧密的关系。陈之佛认为美术工业是"适应日常生活的需要的实用之中，和艺术的作用抱和的工业活动"。[100] 美术工业是艺术和日常生活实用品的结合，这样才是器物完整合一的体现，强调艺术是日常生活用品的一个内在要素。他强调装饰的适度，也分析了艺术大众的趋势"随着贵族的消灭，就不得不产生以民众为基础的艺术"[101]。他不仅指出了大众与艺术接近是这一时代的呼声，另外他也强调了图案的社会意义，对于器物而言，图案不是一种可有可无的外在装饰，而是凭"图案装饰的优劣就可以分别这个民族的文化程度的高低"。[102] 因为更高生活状态的需要，所以图案要被纳入日常的生活。日常生活的美化，可以引起人愉快的情绪。所以现阶段最需要做的是美的观念的改进。[103] 怎样改进美的观念，那就是提高大众审美的途径，是从儿童开始教育，灌输以美的教育，同时在提供国货也需要提供图案来进行改进。[104] 在纯理的美术和应用的美术的讨论中，封面画作为实用美术的范畴，大量的人物元素被引入书刊插图和封面画中。从工艺美术的受众角度，陈之佛强调了民族与传统对于设计的重要性，他选用传统的大众熟悉的图案作为书刊封面画的元素，如他设计的《东方杂志》系列封面，从中国传统的书法艺术、汉代石刻艺术、传统吉祥图案等中获得设计灵感并加以应用，创造了极具民族性的书刊设计。陈之佛设计的《小说月报》封面，表现不同景致背景下的女性形象，用水粉、水彩、线描等不同的艺术表现手法，表现她们健康的形体美。有在花丛中幻想的少女、有沐浴后梳妆的少妇、有翩翩起舞的舞女等，这些女性神态、服饰各异，颜色高贵典雅，这种清新、浪漫的设计风格区别于其他杂志。

鲁迅是伟大的文学家、思想家、革命家，他在中国书籍装帧史上有着重要的地位，为促进中国书刊设计的发展做出了巨大的努力。他呼吁设计者应当吸收中国民族艺术的营养，民族艺术的气派和精神应该在现代的设计作品中得到传承和发展。他将中国的汉代画像石刻运用到书籍设计实践中去，如《呐喊》《三闲集》等书籍的封面设计都具有很强的民族风格。在西洋画之风流行的 20 世纪 30 年代，鲁迅用自己的设计行动提醒人们勿忘中国优秀的民族传统艺术。这在青年人当中产生了极大的影响。[105] 钱君匋受到鲁迅先生的影响，也积极探索民族风格的设计，并取得了很大的成就。如《结婚的幸福》的封面设计，用简约的写意描绘了双栖在树枝上的两只小鸟，采用中国传统艺术的表现手法，运用比喻或者象征手法和书名内容相呼应，让读者在审美中得到陶冶。

鲁迅的设计观与美术观是一脉相承的。早期他强调的是艺术对于国民的改造，希望艺术家不是俯就民间低俗的审美观，而是通过艺术家的自觉的社会责任，来对国民的劣质进行治疗，"进步的美术家—这是我对于中国美术界的要求"。[106] 艺术家除了技法的提高，同时要觉悟提高以及社会改造方法的改进。到后期他对木刻画的推崇和对连环画的辩护，是把艺术的更近落实到木刻技法的引用上，这是为了适应大众的欣赏水平而做出的调整。鲁迅将木刻、版画直接引入到书刊封面中，如《铁流》的封面画是毕斯凯莱夫（N. Piskarev）的一幅插图；《坏孩子和别的奇闻》的封面，鲁迅直接选用苏联马修丁的木刻画。大众在鲁迅等精英知识分子的文艺观中调整为无产阶级工农大众，为了唤醒大众和号召大众的目的，书刊封面画中出现了下层群众的形象。

木刻、版画、漫画直接引入到书刊封面画中，也是"左联"刊物封面画作者采用表现手法之一。如北平左翼文学 1936 年创刊的《文学导报》（图 56）、1933 年 12 月 15 日在福建创刊的《鹭华》（图 57）、《新地》、1932 年 7 月上海创刊的《申报月刊》、1936 年 3 月青岛创刊的《诗歌小品（图 58）》《译文》终刊号（图 59）、《拓荒者》第三期等的封面，直接用木刻画作为封面图。如《夜莺》、1934 年 10 月上海创刊的《文艺画报》、1935 年 5 月在日本东京创刊的《杂文》《质文》、1934 年 9 月上海创刊的《漫画生活》、1935 年 11 月上海创刊的《漫画和生活》（图 60）、1935 年 1 月上海创刊的《通俗文化》等的封面，直接用漫画作

为封面画。线条强劲有力的劳动人民、工人形象直接出现在"左联"书刊封面画上,如 1935 年 7 月在上海创刊的《每月小品》《冰流》(图 61)、1937 年 1 月上海创刊的《诗歌杂志》、1935 年 3 月上海创刊的小品文半月刊《芒种》等。

(3)西方艺术风格的影响

西方的现代大师的画风在中国得到了某种程度的吸收,但是仅仅限于形式的模仿,而早起封面设计对于未来主义、构成主义的引进也仅仅是作为封面的结构版面的应用。由于西方的抽象形式更容易模仿,许多未受过正规美术训练的年轻学子、职员也对较易学习的漫画产生兴趣。因设计师的艺术修养和水准不一样,对于西方的艺术只满足于形式的模仿,致使这一时段的设计参差不齐,有的作品对人体的模仿甚至到了色情的情形,正是这样的原因,才引起了鲁迅等有识之士的担心,由此他对西方插图进行了一次重新阐释,全力引进西方优秀的插图作品来更新中国的书刊的插图和封面设计,木刻成为鲁迅对西方艺术本土化改造的艺术品种,木刻也成为 20 世纪 30 年代新型的书刊设计语言。"左联"大众刊物的封面画也正是在这样的语境中产生的,这些设计实践可以说是西方构成主义、未来主义等设计风格在中国书籍中的尝试,体现了中国书籍设计对西方设计语言的了解和使用。

"左联"的大众读物的封面设计正是基于西方艺术引进的大背景下的中西融合的艺术设计实践。这一系列封面画设计打破原有的文字、图案等设计形式,分解为点、线、面,然后重新加以组合,造就一种新的形式。钱君匋在介绍他的装帧技巧时

图 56 《文学导报》第 4、5 期合刊,1936 年,私人藏

图 57 《鹭华》创刊号书影,1933 年,私人藏

图 58 《诗歌小品》第 3 期书影,1936 年,私人藏

图 59 《译文》终刊号书影，1937 年，上海图书馆

图 60 《漫画和生活》第 2 期书影，1934 年，上海图书馆

图 61 《冰流》书影，1933 年，上海图书馆

图 62 《当代文学》第 1 卷第 3 期书影，1934 年，私人藏

图 63 《文学杂志》第 1 号书影，1933 年，私人藏

图 64 《诗歌生活》第 1 期书影，1936 年，私人藏

这样形容他受到西方艺术和设计风格的影响："我在 20 世纪 30年代也曾积极吸收西方美术风格，用立体主义手法画成《夜曲》的书面，用未来主义手法画成《济南惨案》的书面。设计过用报纸剪贴了随后加上各种形象，富于达达艺术意味的书面，如《欧洲大战与文学》。"[107] 未来主义、构成主义成为"左联"大众刊物版面结构的一种方式，线条不仅仅是设计的一个基本元素，也成了版面切割的方式。如 1934 年天津创刊的《当代文学》（图62）的封面设计，用线来区分两大板块，书名和其他书刊信息，红黑对比强烈，很有视觉冲击力，无论是从色彩设计还是版面的排版都具有现代感；北平"左联"的文学月刊《文学杂志》的封面设计（图 63），线和面成了设计的主要元素，线将画面切分成几个板块，红、白、黑对比强烈的颜色和具有装饰性的字体进行有意识的空间秩序的经营，突出文字内容；1936年 3 月创刊《诗歌生活》封面设计（图 64），用线进行上下分割，使画面大部分留白，突出主题，从而吸引读者的注意力，让读者在很轻松愉悦的视觉空间中，明确主题，深化文化内涵。

对圆形、梯形、三角形的现代感设计元素进行重新排列，让作品富有很强的视觉冲击力和象征意味。如 1931 年 3 月上海创刊的综合月刊《青年界》，将圆形、三角形、方形进行一种大小对比排列，与笔画粗细对比的书刊名相统一，体现书刊表现青年文艺和文学的朝气向上的内涵；1930 年 7 月在上海创刊的《现代文学》创刊号封面设计（图 65），将三角形、长方形穿插组合，与波浪线的水面构成一副象征海面前行的帆船。画面整体结构受构成主义风格的影响，大块的空间切割，颜色的对比，构成具有现代感的画面。如 1936 年 6 月上海创刊的文学半月刊《光明》，用现代排版方式切割画面，和传统图案元素进行组合排列，让这一时期的色彩既有时代感，又能突出本民族文化符号。1934 年 4 月上海创刊的《诗歌月报》（图 66），用点、线、面作为基本设计元素，明显受到构成主义风格的影响。1934 年5 月上海创刊的经济、法律、文艺综合性月刊《综合》（200P），采用构成主义的设计风格，具有强烈对比的现代感色彩，和创意处理的书刊名相统一。

以抽象的图案作为文字的底图，突出文字的视觉中心，如1934 年 3 月北平创刊的大型文学杂志《文学季刊》，以抽象的花纹作为底图，颜色典雅；1932 年 6 月上海创刊的"左联"机关刊《文学月报》（图 67），封面底纹以创刊年代数字进行组合设计，数字简化成长方形和圆形，配以颜色深浅的变化，画面视觉感强，清晰传达书籍的信息；1933 年北方"左联"机关刊《文艺月报》，封面底图以数字、树叶、线条等组合排列构成，书刊

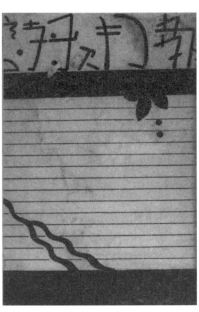

图65 《现代文学》
创刊号书影，1930年，
上海图书馆

图66 《诗歌月报》
书影，1934年，上海
图书馆

名在黑色正方形的框架内特别醒目，封面画有很强的现代感；
1936年6月创刊的《文学界》封面（图68），以不同颜色抽象
的线条组成交叉的方块，抽象的树叶点缀其中，极具简化的现
代设计，让欣赏者一目了然，突出书刊名。

　　"左联"大众刊物这一时期的设计元素或多或少受到了现代
艺术和设计风格的影响，一些艺术元素直接用在封面画的设计
中，如透视、颜色对比、正负空间的应用等。1930年2月上海
创刊的《文艺研究》，封面画选用的是一张具有透视感的线描画
作品，和具有透视感的文字相对应，明显受到了西方艺术风格
的影响。1933年上海创刊的综合性半月刊《朔望》，封面采用
独特的文字排列组合、正负空间的应用和黑白对比关系，很明
显是对新艺术运动的回应。

第四节　小结

　　视觉启蒙的现代性在于图像和文字对大众媒体信息传播功
能的强化，使之成为诉诸城市消费文化的直接面貌。"杂志
年"的现象，清楚地体现出这样的历史作用和意义。通过本章
的叙述，我们把作为报章媒体服务社会大众的前因后果进行了
综合的叙述和分析，由此清晰地认识为什么在社会生活的构
成中，杂志这一出版形式，在20世纪30年代前期能够和书籍一
争高下，赢得广泛的读者。而其封面设计，扮演了至关重要的

视觉启蒙作用。非常值得重视的是左翼作家出版的期刊，在视觉的前卫性上，一路领先，与日本和欧美的现代艺术设计，直接对话，体现出真正的启蒙精神。与此同时，在西方现代主义文艺大潮的鼓荡下，崇尚现代主义艺术的美术家与文学家、戏剧家相互呼应，在上海这样具有现代性的商业化城市形成了一股高扬现代艺术的潮流。城市空间、城市文化和大众美术构建出现代艺术的广阔平台。大众商业美术接受西方现代艺术的影响对于中国美术的现代转型产生了更为强大的推动力量。因鲁迅的文艺观主导的一种核心价值观，20世纪30年代杂志封面运用不同的图像形成自己的风格，如《萌芽月刊》《奔流》《译文》《文艺研究》等封面，采用漫画与木刻这样较为新颖的图像，确立了这一杂志的大众和宣扬革命性的风格。而1932年创刊的《论语》、1934年创刊的《人世间》、1935年创刊的《宇宙风》、黄嘉音（1913—1967）主编的《西风》等刊物，表现的是精英文化中的"隐逸派"，他们的审美倾向为中立的态度，即我们中间派。刊物的封面图像提倡英国样式的幽默。中立的态度，"完全是隔绝了紧张的'现代'的生活"。[108]虽然文学和戏剧持有左、中、右不同的观点，但不同观点的作品（包括持不同观点的漫画）可以在观点相反的各种报纸杂志上刊出。如此交错混杂的出版格局，包括跨国境（语境）的出版现象，反映出"杂志年"叠现的市场经营环境。[109]概言之，鲁迅等精英分子的文艺创作和艺术实践，实际上是表达了现代性思维在文化刊物上的整体营造，其异军突起，成为现代文艺和

图67 《文学月报》书影，1932年，上海图书馆

图68 《文学界》第1卷第2号书影，1936年，上海图书馆

大众媒体所传播的艺术新趋势。而所有这些"杂志年"出现的观念和实践无不暗合了包豪斯的设计理念。

注释

1. 孔令伟.风尚与思潮——清末民初中国美术史的流行观念 [M].杭州：中国美术学院出版社，2008：147.

2. 许钦文.鲁迅和陶元庆 [J].//《新文学史料》丛刊编辑组编.新文学史料（第二辑）.北京：人民文学出版社，1979：71.

3. 许钦文.鲁迅和陶元庆 [J].//《新文学史料》丛刊编辑组编.新文学史料（第二辑）.北京：人民文学出版社，1979：73.

4. 丰陈宝，丰一吟，丰元草.丰子恺文集（艺术卷四）[M].杭州：浙江文艺出版社，浙江教育出版社，1990：595.

5. 杨文君.杭稚英研究 .[D] 上海大学，2010.

6. 中华人民共和国出版史料（第四辑）[M].上海：学林出版社，1985.

7. 魏绍昌编.鸳鸯蝴蝶派研究资料（上）[M].上海：上海文艺出版社，1984：370.

8. 点石斋主人.请各处名手专画新闻启 [N].申报，1884-6-4.

9. 李康化.漫画老上海知识阶层 [M].上海：上海人民出版社，2003：99.

10. 朱孔芬编.郑逸梅笔下的艺坛逸事 [M].上海：上海书画出版社，2002：190.

11. 郑逸梅.清末民初文坛轶事 [M].北京：中华书局，2005：285.

12. 徐大风.上海的透视 [J].上海生活，1939（3）.

13. （美）戴安娜·克兰.文化生产——媒体与都市艺术 [M].赵国新.译.南京：译林出版社，2002：112.

14. 郭秋惠."点石"：《点石斋画报》与1884—1898年间的设计问题 [M].北京：清华大学出版社，2008：102.

15. 申报馆主人.第二号画报出售 [N].申报，1884-5-17.

16. 飞影阁主.新出飞影阁画报 [N].申报，1890-10-14(4).

17. 庞菊爱.《申报》跨文化广告与近代上海市民文化的变迁：1910—1930年 [D].上海：上海大学，2008：74.

18. 洪煜.近代上海小报与市民文化研究（1897—1937）[M].上海：上海书店出版社，2007：269.

19. 屠诗聘.上海市大观 [M].上海：中国图书杂志公司，1948：66.

20. 这些类别具体指：一是文化艺术类设施，包括电影院、音乐厅、剧院、博物馆、展览馆等；二是体育类设施，包括体育场、体育馆、网球场、足球场、游泳池等；三是休闲类设施，主要指广场、公园、旅游景点、植物园、动物园等；四是科学技术类设施，如科技馆、图书馆、阅览室等；五是新闻媒体传播类，包括电视、广播、报纸、杂志等。纪晓岚.论城市本质 [M].北京：中国社会科学出版社，2002：194—195.

21. 杨嘉祐.上海：老房子的故事 [M].上海：上海人民出版社，1999：143、310.

22. 《电声》，1938（1）：16.

23. 时璇.视觉·中国近代平面设计发展研究 [M].北京：文化艺术出版社，2011：117.

24. 阿英.晚清小说史 [M].北京：东方出版社，1996.

25. Britton, R. S. The Chinese Periodical Press, 1800-1912, Taibei: Ch'eng-wen, 1933, p.122.

26. 老棣.文艺之变迁与小说将来之位置 [J].中外小说林，1907（6）.

27. 沈雁冰.1921年9月1日致周作人信 [M]//中国现代文学馆编.茅盾书信集 [M].天津：百花文艺出版社，1987：430.

28. 罗小华.中国近代书籍装帧 [M].北京：人民美术出版社，1990.

29. 宋原放 . 中国出版史料（现代部分）[M]. 济南：山东教育出版社，2006：32—33.

30. 参见陈树萍 . 北新书局与中国现代文学 [M]. 上海：三联文化传播有限公司，2008.

31. 林南 . 日本第二普罗列塔利亚美术展览会 [J]. 现代小说文艺通信，1930（3）3：149.

32. 吕思勉 . 吕思勉遗文集（上）[M]. 上海：华东师范大学出版社，1997：381.

33. 忻平 . 从上海发现历史——现代化进程中的上海人与社会生活（1927—1937）[M]. 上海：上海人民出版社，1996.

34. 宋原放主编 . 中国出版史料 [M]. 济南：上东教育出版社，武汉：湖北教育出版社，2001：319.

35. 吴果中 .《良友》画报与上海都市文化 [M]. 长沙：湖南师范大学出版社，2007：224.

36. 郭思慈，苏珏 . 中国现代设计的诞生 [M]. 上海：东方出版中心，2008：165.

37. 职业教育是早期出版机构为了出版的需要，有一个培养美术人才的系统，比如商务的技术生培养制度：先进行招考，合格者进入商务进行技术生培训，技术生卒业后成为练习生，练习生进行进一步学习，卒业后留在商务，进行绘画方面的工作。在徐咏青主持商务印书馆图画部后，致力于商业美术的创作与出版，同时还设了"绘人友"美术班，教授广告、包装、装帧、印刷、制版等技能。1913 年招收第一批学生，如何逸梅等。在徐咏青离开商务后，美术培训班由何逸梅主持，招收学生有杭穉英等。

38. 陈抱一 . 洋画运动过程略记 [M]. //陈瑞林编 . 现代美术家陈抱一 [M]. 北京：人民美术出版社，1988：87.

39. 姜德明 . 书衣百影——中国现代书籍装帧选（1906—1949）[M]. 上海：上海三联书店，1999.

40. 童翠萍，孙艳 . 书衣翩翩 [M]. 北京：生活·读书·新知三联书店，2006：245.

41. 张泽贤 . 民国书影过眼录 [M]. 上海：上海远东出版社，2004：78.

42. 童翠萍，孙艳 . 书衣翩翩 [M]. 北京：生活·读书·新知三联书店，2006：247.

43. 鲁迅 . 苦闷的象征·引言 [M] // 刘运峰 . 鲁迅跋序集 . 济南：上东画报出版社，2004：233.

44. 董大中 . 鲁迅日记笺释，一九二五年 [M]. 台北：秀威资讯，2007：186.

45. 鲁迅 .1930 年 11 月 19 日给崔真吾的信 [M] // 鲁迅全集（十）书信 . 北京：人民文学出版社，1956：54.

46. 赵景深 . 我与文坛 [M] 上海：上海古籍出版社，1999.

47. 孙冰 . 丰子恺艺术随笔 [M]. 上海：上海文艺出版社，1999：208.

48. 丰华瞻，殷琪编 . 丰子恺研究资料 [M]. 银川：宁夏人民出版社，1988：253.

49. 钱君匋 . 钱君匋装帧艺术 [M]. 香港：商务印书馆（香港）有限公司，1992：43.

50. 鲁迅 . 蕗谷虹儿画选小引 [M] // 刘运峰编 . 鲁迅序跋集（下卷）. 济南：山东画报出版社，2004：549.

51. 丁聪 . 转蓬的一生 [M] // 范桥，张明高，张真选编 . 二十世纪文化名人散文精品：名人自述 . 贵阳：贵州人民出版社，1994：494.

52. 姜德明 . 书衣百影——中国现代书籍装帧选（1906—1949）[M]. 北京：北京·生活·新知三联书店，1999：20.

53. 闻一多 . 女神之地方色彩 [N] // 林平兰编 . 闻一多选集（第一、二卷）. 成都：四川文艺出版社，1987：268.

54. 李广田 . 闻一多选集·序 [M] // 新文学选集编委会 . 闻一多选集 . 上海：开明书店，1951：9.

55. 鲁迅 . 当陶元庆君的绘画展览时 [M] //《新文学史料》丛刊编辑组编 . 新文学史料（第二辑）. 北京：人民文学出版社，1979：77.

56. 鲁迅 .1935 年 2 月 4 日致使李桦信 [M]. // 鲁迅全集 10 书信集（下）. 北京：人民文学出版社，1976：6.

57. 鲁迅 . 当陶元庆君的绘画展览时我所要说的几句话 [M] //《新文学史料》丛刊编辑组编 . 新文学史料（第二辑）. 北京：人民文学出版社，1979：77.

58. 鲁迅.当陶元庆君的绘画展览时我所要说的几句话 [M] // 《新文学史料》丛刊编辑组编.新文学史料（第二辑）.北京：人民文学出版社，1979：77.

59. 杨永德.鲁迅装帧系年 [M].北京：人民美术出版社，2001.

60. 许钦文.鲁迅与陶元庆 [M] // 《新文学史料》丛刊编辑组编.新文学史料（第二辑）.北京：人民文学出版社，1979：178.

61. 邵洵美.珂佛罗皮斯 [J].十月谈，1933（10）.

62. 丰陈宝，丰一吟，丰元草编.丰子恺文集（艺术卷四）[M].杭州：浙江文艺出版社；浙江教育出版社，1992：575.

63. 余秉楠.美术字 [M].北京：人民美术出版社，1980：1.

64. 吴山.中国工艺美术大辞典 [M].南京：江苏美术出版社，1999：896.

65. 李明君.中国美术字史图说 [M].北京：人民美术出版社，1996：218.

66. 陈之佛.现代表现派之美术工艺 [M] // 陈之佛文集.南京：江苏美术出版社，1996.

67. 王受之.世界平面设计史 [M].北京：中国青年出版社，2011：119.

68. 鲁迅.《新俄画选》小引 [M] // 鲁迅全集·集外集拾遗.北京：中国人事出版社，1998：1410.

69. 蒋华.中国美术字研究——现代文字设计的中国路径 [D].北京：中央美术学院设计学院，2009.

70. 王伯敏主编.中国美术通史（第七卷）[M].济南：山东美术出版社，1988：22.

71. 魏猛克.旧皮囊不能装新酒 [N].申报·自由谈，1934-3-24.

72. 鲁迅.论旧形式的采用 [M] // 鲁迅全集（第六卷），北京：人民文学出版社，2005：23—27.

73. 左翼美术家联盟成立的时间有争议，一般回忆在 1930 年 7 月、8 月举办"暑期讲习班"期间，地点为上海环龙路。又具 1960 年 2 月整理的《有关左联的一些参考资料》记载，1930 年 5 月 24 号，中华艺术大学被当局查封，当场逮捕师生 36 人，同日，左翼美术家联盟正假借中华艺术大学召开第一次扩大会议。许幸之.左翼美术家联盟成立前后 [M] // 李桦、李树声、马克编.中国新兴版画运动五十年.沈阳：辽宁美术出版社，1982：130—134.

74. 时代美术社对全国青年美术家宣言，原载《萌芽》第 1 卷第 4 期（1930 年 4 月 1 日）[M] // 自李桦、李树声、马克编.中国新兴版画运动五十年.沈阳：辽宁美术出版社，1982：128—129.

75. 鲁迅.致金肇野（1934 年 12 月 18 日）[M] // 鲁迅书信集（下卷）.北京：人民文学出版社，1976：698.

76. 鲁迅.木刻创作法·序（1933 年 11 月 9 日）.原载《南腔北调集》[M] // 鲁迅全集（第四卷）.北京：人民文学出版社，1981：609.

77. 魏猛克.关于木刻 [N].申报·自由谈，1934-6-19.

78. 鲁迅.随感录四十三 [M] // 张望编.鲁迅论美术（增订本）.北京：人民美术出版社，1982：13.

79. 李欧梵.鲁迅与现代艺术意识 [J].鲁迅研究动态，1986（11）.

80. 董炳月."文章为美术之一"——鲁迅早年的美术观与相关问题 [J].文艺批评，2015（4）.

81. 鲁迅.集外集拾遗 [M].北京：人民文学出版社，1973：46.

82. 孔令伟.现代知识分子与中国现代艺术运动：1912-1949[J].美术学报，2011（04）：49—56.

83. 马立诚.无产阶级文学运动的战斗旗帜——左联 [N].工人日报，1980-4-5.

84. 林默涵.高举左联的火炬 [N].文艺报，1990-3-3.

85. 冯雪峰.论文学的大众化 [J].文学，1933，1（1）.

86. 瞿秋白.关于革命的反帝大众文艺的工作，[J].文学导报，1932，1（6、7）.

87. 魏猛克.普通话与"大众语" [N].申报·自由谈，1934-6-26.

88. 洪再新.魏猛克与现代中国艺术潮流 [M] // 魏猛克.魏猛克作品集.长沙：湖南人民

出版社，2013：8.

89. 郭思恩，苏珏.中国现代设计的诞生 [M]. 上海：东方出版中心，2008：174.

90. 郭思恩，苏珏.中国现代设计的诞生 [M]. 上海：东方出版中心，2008：177.

91. 孙福熙.秃笔淡墨写在破烂的茅纸上 [J]. 北新周刊，1926（4）.

92. 在日本留学的鲁迅将儒勒·凡尔纳（Jules Gabriel Verne，1828—1905）的作品《月界旅行》《地底旅行》（鲁迅根据日本井上勤的译本重译，1930 年日本东京进化社，署中国教育普及社译印）等由日文翻译成中文，并配以诗词，使其完全中国化。当时的科学小说很大程度上是出于"觉世新民"的实用目的，背负着沉甸甸的普及科学知识和科学观念的启蒙重担。

93. 范烟桥.小说杂志的封面 [J]. 最小报，1922（2）.

94. 闻一多.出版物底封面 [J]. 清华周刊，1920（187）.

95. 叶灵凤.杂论书籍装帧和插绘 [N]. 星岛日报，1941.

96. 夏曾佑.小说原理 [J]. 绣像小说，1903(3).

97. 李毅士.我们对于美术上应有的觉悟 [N]. 时事新报，1923-6-24.

98. 李毅士.我们对于美术上应有的觉悟 [N]. 时事新报，1923-6-24.

99. 李朴园.美化社会的重担由你去担负 [J]. 贡献，1928，3(6).

100. 陈之佛.美术工业的本质与范围 [J]. 一般，1928（1-4）.

101. 陈之佛.美术工业的本质与范围 [J]. 一般，1928（1-4）

102. 陈之佛.图案概说 [J]. 中学生，1930（10）.

103. 陈之佛.美术工艺与文化 [J]. 青年界，1932（5）.

104. 林银雅.陈之佛图案教学思想研究 [J]. 南京艺术学院学报（美术与设计版），2006（2）.

105. 李锋.二十世纪前期上海设计艺术研究 [D]. 南京：东南大学，2004.

106. 鲁迅.拟播布美术意见书 [M] // 鲁迅全集（第八卷）.北京：人民文学出版社，1981：47.

107. 姜德明.书衣百影——中国现代书籍装帧选（1906—1949）[M]. 上海：上海三联书店，1999.

108. 阿英.1935 年评《周作人书信》[M] // 阿英全集（第八卷）.合肥：安徽教育出版社，2003：59.

109. 林语堂等人合办的《论语》《人间世》《宇宙风》相对立，陈望道主编了《太白》半月刊，和当时《文学》《世界知识》《译文》等进步刊物并称为"四大杂志"。从 1934 年 9 月到 1935 年 9 月，《太白》以反映现实性的小品文为主，反对逃避现实，主张"幽默""闲适"的小品文，并批判当时"尊孔读经"的复古运动，在社会上产生积极的影响。但由于市场经济的作用，意识形态的差异，并不妨碍各派作家在对立派的刊物上自由地发表文章和艺术作品。

第三章
学以致用：为生活的图案设计教育

　　从"杂志年"的奇特历史现象，我们注意到其封面设计从观念到实践，都和当时中国的图案设计教育有关，因为其基本的精神，可以从现代设计的包豪斯学派建立多重联系，体现现代数学混沌理论所说的"蝴蝶效应"。

　　2019 年是包豪斯学校成立一百周年，世界各地的许多机构都在举办旨在探索包豪斯教学理念和这个学校各方面的研讨会和展览，尤其是包豪斯的发源地德国的魏玛、德绍、柏林，都举办了各种纪念活动。哈佛艺术博物馆举办的"包豪斯与哈佛"展览可以算是美国举办的最大的包豪斯展览，哈佛对世界设计界最利好的事情是让包豪斯的 32000 件作品数字化并公共化；美国盖蒂中心举办了追溯包豪斯起源的展览；2019 年 12 月 4 日德国包豪斯基金会举办了"Collecting Bauhaus"研讨会；柏林包豪斯档案馆举办的"Original Bauhaus"展览；中国国际设计博物馆举办了"包豪斯学校创立 100 周年纪念特展"。这些展览和研讨会从各个方面探讨了包豪斯的成果及对今天的设计教育和生活所开启的各种可能性。虽然百年间的科技和社会生活发展日新月异，但包豪斯的思想放在世界的设计语境中同样重要，包豪斯的核心理念"艺术与生活"对中国今天的设计界却有常读常新之感。包豪斯的艺术教育几乎涵盖了所有的艺术设计领域，在理论和实践两个方面奠定了现代艺术设计教育的基础。"无论人们对包豪斯的态度怎样变化，事实上，在任何一门视觉艺术的创造活动的历史中，它所占据的地位都是不可动摇的，如果没有包豪斯，我们就难以想象现代环境会是怎么一副样子。"[1] 从沃尔特·格罗皮乌斯主张的以艺术与手工艺结合的行业组织形式为创造一个以建筑为实体的整体艺术构想，到汉斯·梅耶（Hans Emil "Hannes" Meyer，1889—1954）主张的艺术与工业结合和为大众服务的实践，这是一种具有代表性的观念的转变——设计为广大的劳动人民服务。正因为这个设计观念的转变，我们发现了中国 20 世纪 30 年代的大众生活，受"杂志年"封面设计的视觉启蒙，开始了奇异的现代转身。

第一节　图案设计教育与现代印刷文化

一、建构艺术与生活的联系

1. 包豪斯核心理念之一——为普通大众的生产生活服务

这个世界从来不会出现全新的事物，对艺术与生活的关系的探讨，要追溯到德意志制造联盟的成立宗旨。它以"沙发靠枕到城市建设"标志着新运动从实用艺术运动转化为一场普遍性、涉及生活方方面面的文化运动。这些革新者都希望开创符合新时代特质的新文化，用更好的物质产品提高德意志民族乃至整个人类的生活品质。在其缔造者和思想领袖赫尔曼·穆特休斯（Hermann Muthesius，1861—1927）构想的"整体化建筑理念"中，是要对生活中的每一个空间——小到家居产品大到城市环境——都进行设计与再设计，即所有的生活空间和日常用品都需要经过整体的设计，使其形成风格上的统一，并与工业时代的特质或者说现代精神相符合。他积极推动实用艺术的改革和工艺美术教育改革，并在《未来制造联盟的工作》中描绘应用艺术与自由艺术的区别，即现代社会对艺术的要求越来越明显地体现为两方面：一是追求典型、便利、平常的日常生活艺术，另一面是追求个性、自由、特殊的纯粹艺术。

在所谓的自由艺术之间——一面是诗歌、音乐、绘画、雕塑，另一面是建筑，存在着根本的区别，前面这些自由艺术自身满足了它们的目的，然而建筑服务于实际生活。自由艺术是日常生活的例外，当我们想从日常生活中解放出来时，才会求助于它们。与此相反，建筑作为我们日常生活需求的旋律应成为安静的背景，在此基础上，生活才能得以建构其不同寻常之处……[2]

也就是说，艺术家的创作要以解决日常生活中的实际问题为创作动机，要更多的与现实生活包括工业和商业的实际需求联系起来，也就完成了向现代意义的"工业设计师"的转型。

如果说德意志制造联盟在"一战"前融合了建筑、工业设计、实用艺术及其教育领域重要的革新思想，那么，包豪斯在"一战"之后，则以一所学校之力接过了革新的火炬。[3]1919 年 3 月 16 日，格罗皮乌斯出任撒克森大公美术学院和撒克森大公艺术与工艺学校的校长，3 月 20 日，两所学校合并成立国立包豪斯（Des Staatlichers Bauhaus），简称包豪斯。学生时代的格罗皮乌斯一直希望设计能够为广大的劳动人民服务，而不仅仅为少数权贵服务，设计拯救国家，这是他的抱负。希望为社会提供大众化的建筑、产品，使人人都能享受设计，他设计的建筑采用钢筋混凝土、玻璃、没有装饰的设计，是考虑到造价低廉的问题，从而解决因为居住环境恶劣造成的种种社会问题。以设计教育改造德国，是格罗皮乌斯的人生选择。在新校包豪斯诞生之际，他发布了精心拟写的《包豪斯宣言》，提出了其奋斗目标：

建筑家、雕刻家和画家们，我们都应该转向应用艺术……艺术不是一种专门职业。艺术家和工艺技师之间在根本没有任何区别。艺术家只是一个得意忘形的工艺技师。在灵感出现并超出个人意志的珍贵片刻，上苍的恩赐使他的作品变成为艺术的花朵。然而，工艺技术的熟练对于每一个艺术家来说都是不可缺少的。真正创造想象力的根源即建立在这个基础上面……让我们建立一个新的设计家组织。在这个组织里面，绝对没有那种足以使工艺技师与艺术家之间树立起自大障壁的职业阶级观念。同时，让我们创造出一幢将建筑、雕刻和绘画结合成三位一体的新的未来大教堂，并用千百万艺术工作者的双手将其矗立在云霄高处，成为一种新信念的鲜明标志。

建立一所设计与艺术学院，达到格罗皮乌斯个人进行微型社会试验的目的，包豪斯正是他关于团队精神、社会平等、社会主义理想、发扬手工艺传统的训练方法、提倡设计对于社会的益处、促进知识分子之间思想的真诚交流等理想的试验场所。由此团结手工艺工匠、画家和雕塑家，通过艺术和工业技术的结合创造出可称之为"完全艺术的作品"。[4]通过这样的社会实验，培养出新的设计人员，他们将能够为更加完善的新社会提供服务，即强调设计师对社会的责任感。

包豪斯试图探索一种把艺术学院的理论课程、造型艺术课程与工艺学校的实践课程结合起来的途径，希望培养的艺术家是未来社会的建设者，他们能够完全认清 20 世纪工业时代的潮流需要，同时又具备能力去运用当代科学技术成果和美学原则，投身于工业设计文明的环境下，用机器生产创造艺术化生活的探索之路，创造一个具有高度精神文明与物质文明的新环境。

2. 日用品设计——建立社会、艺术与生活空前广泛的联系

包豪斯的创建者努力调整艺术与工业机械技术之间的关系，试图通过致力于德国现代化进程中人文艺术与工业机械之间的沟通，为普通大众的生产生活服务，进而推动德国社会的进步。包豪斯的教员弗兰克·皮克（Frank Pick，1878—1941）认为："……必须制定一种压倒一切的科学原则和概念，来指导日用品的设计，像建筑方面那些指导房屋设计的原则那样。"[5]包豪斯课程包括几个实践性教学：石、木、金属、黏土、织物、颜料等的运用；材料与工具的特性；形态课又分材料性质研究和设计研究。此外还加上古代与现代艺术以及科学的讲座。工作坊里要求学生学习各种手工艺，然后把这些手工艺用于装饰或者运用于连接生活空间与建筑。学生每一门设计课由造型师傅和技术师傅共同教授，使学生能够同时接受纯艺术教育和纯技术教育，并使两者合二为一，以培养艺术与手工结合的初步课程。正如格罗皮乌斯所说："设计师的第一责任是他的业主。"又如莫霍利·纳吉（Laszlo Moholy Nagy，1895—1946）所说："设计的目的是人，而不是产品。"包豪斯工作坊设计的纺织品、家具、陶瓷、灯具、金属制品、舞台布景和服装等作品，都是和大众生活息息相关的环境和物件，这便是包豪斯教学追求的目标：致力于艺术与生活的结合，为人类创造一个更为理想的环境—总体艺术作品。

教员汉斯·梅耶说："我所理解的建筑是一个集体的概念，其中没有任何纯个人的因素，只是为了满足生活的需要，设计中所应遵循的原则是最大程度的实用和最低的成本付出，在两者之间寻求最优组合。"[6]满足生活的需要，这是设计的核心理念。包豪斯与社会生产、市场经济紧密结合起来，把自己的产品与设计直接出售给大众和工业界，来满足人们的生活需要。马塞尔·布鲁尔（Marcel Lajos Breuer，1902—1981）于20世纪20年代设计了现代家具史上最杰出的一批钢管椅，如他设计的广为人知的悬臂钢管椅瓦里希椅（图1），S形的悬臂钢管椅S32型捷克椅等（图2）。这类椅子的形制在今天已被广泛使用。布鲁尔在一篇文章中直接阐明了他的设计：金属家具是现代居室的一部分，它并不期望在功能和必要结构之外有任何风格，换言之，新的居住空间将不再是建筑师的"自画像"，也不直接表现居住者的个性；所有类型的家居都以同样的标准化的基本构建构成，它可以随时拆换，这种金属家具是当代生活的必要设施而非其他物品。布鲁尔阐明了现代家具设计的两个原则，一是作为当代生活必要的设施椅子有椅子的设计；二是标准化的基本建构，即工业生产的标准部件，可以随时拆卸和拆

图 1　布鲁尔瓦西里椅，1925，德国，马塞尔·布鲁尔，钢管、帆布

图 2　布鲁尔 S32 型捷克椅，1928，德国，马塞尔·布鲁尔，钢管

换。在此设计和工业生产联系在一起，同时也体现了设计为当代生活的理念。根塔·斯托尔策（Gunta Stölzl, 1897—1983）是包豪斯中唯一的女教师，她不仅在纺织图案中采用现代抽象绘画的复杂形式，并且努力使之能够投入机器化生产。在她的教导下，包豪斯纺织作坊与外界工业联系很紧密并取得了出色的成绩，如 1930 年包豪斯纺织作坊与柏林 Polytex 纺织公司建立起联系，Polytex 公司作坊的设计投入批量生产并销售。

在 1923 年 4 月，莫霍利·纳吉正式成为包豪斯的教师。他是一位坚定的社会主义者，他把设计视为一种社会性活动，一种劳动，坚决否定个人主义的表现，强调解决问题、创作能为社会所接受的设计。1919 年 3 月，他在日记中写道："在过去的百年间，艺术与生活没有任何共通之处。个人对创造艺术的耽迷没有对群众作出任何贡献。"[7] 1922 年 3 月他在杂志上发表了这样的文字，"我们这个世纪的现实是技术—艺术—构成主义，这是我们时代的艺术"。"构成主义并不局限于画框和（雕塑）的基座上，它还延伸至工业设计，进入房屋、物品和形式。它是视觉的社会主义所有人的财富。"[8] 莫霍利·纳吉的观念后来促进了包豪斯突破浪漫主义的羁绊全面转向工业设计，并成为现代建筑的思想基础中十分重要的一部分。

莫霍利·纳吉"通过工艺论证艺术"转向了"通过技术论证艺术"，就在这个转折点上，纯艺术创作与工业设计开始真正的分道扬镳。纯艺术创作遵循内在的法则，以自身为目的；工业设计遵循外在法则，它本身仅构成全部社会生产过程的一部分。机器已被认作一种大致中性的工具、手段或媒介，艺术家创作劳动的社会效应能够通过它而得到千百倍的放大，这就意味着，艺术家的劳动成果，有机会渗透到每个普通人的生活中去。作为构成主义的主流，生产主义者感到，艺术家的活动有必要朝着实用的方向，应有助于满足社会大众群里的需要，艺术家或者设计师的作品应该在人民大众的实际使用中才被证明是正当的。[9]

实用的技艺训练、灵活的构图能力、与工业生产的联系，三者的紧密结合，使包豪斯产生了一种新的"艺术＋技术"的设计风格，其主要特点是：注重满足实用要求；发挥新材料、新技术、新工艺和美学性能；造型简洁，构图灵活多样。如包豪斯金工作坊学生玛丽安·布兰德（Marianne Brandt，1893—1983）设计的咖啡具与茶具（图3），威廉·瓦根菲尔德（Wilhelm Wagenfeld，1900—1990）和卡尔·雅各布·贾克（Carl Jakob Jucker，1902—1997）设计的照明设备，这些设计看起来朴素无华却显示一种永恒的美（图4）。

包豪斯艺术方向和艺术风格使它成了20世纪欧洲最激进的艺术流派的据点之一。包豪斯的教育理想更多地体现一种艺术的理想，而且把这种艺术理想与教书育人、反抗商业主义和极端功能主义，以及改造社会的使命联系在一起，体现了包豪斯对人性完整的渴望和创造一个全新未来社会的理想，造就了包豪斯"文化的批判精神和社会的乌托邦精神"。[10]包豪斯的这种社会工程的理想，不仅希望设计解决大众基本物质生活的问题，也希望汇聚一批从事创造性工作的知识分子、专家投身到德意志文化的队伍中来，希望他们的艺术设计能够从自身创造力的关注转向对社会贡献的关注。至此一批有建树的艺术家如画家约翰内斯·伊顿（Johannes Itten，1888—1967）、雕塑家哈特·马尔克斯（Gerhard Marcks，1889—1981）、建筑师阿道夫·梅耶（Adolf Meyer，1881—1929）、瑞士画家保罗·克利（Paul Klee，1879—1940）、瓦西里·康定斯基（Wassily Kandinsky，

图3 布兰德咖啡具与茶具，1924，德国，玛丽安·布兰德，不锈钢

图4 瓦根德尔菲、贾克 台灯，1921-1924，德国，卡尔·雅各布·贾克，钢和玻璃

1866—1944）、莫霍利·纳吉、风格派的主将特奥·凡·杜斯堡（Theo van Doesburg，1883—1933）等聚集在包豪斯学校，谱写了现代设计史的传奇。

二、大众传媒的意义

1. 技术和媒介对文化和文明的推进

20世纪50年代中期，哈罗德·伊尼斯提出，特定的媒介具有不同的传播偏向。[11]伊尼斯认为，媒介的物理特性决定其偏向时间或空间，特定的偏向催生新的文化；社会中传播媒介的平衡和比例决定着文明的相对稳定，那么就信息的组织与控制而言，每一种媒介都有其偏向，社会变迁的关键因素之一是传播媒介的发展，任何帝国和文明都要借助传播媒介保持时间上的持续或者空间上的扩展。他将媒介分为两种：一种偏向时间，一种偏向空间。偏倚时间的媒介质地较重、耐久性强，如黏土、石头和羊皮纸等，以它们作为载体，适于克服时间的障碍，能长久保存，这种媒介是某种意义上的个人的、宗教的、商业的特权媒介，强调传播者对媒介的垄断和在传播上的权威性、等级性和神圣性，但是，它不利于权力中心对边陲的控制。空间偏倚的媒介质地较轻、容易运送，如莎草纸、白报纸等，以它们作为载体，易于运输和传播。偏倚空间的媒介是一种大众的、政治的、文化的普通媒介，强调传播的世俗化、现代化和公平化。因此，它有利于帝国扩张、强化政治统治，增强权力中心对边陲的控制力，也有利于传播科学文化知识。任何传播媒介若不具有长久保持的特性来控制时间，便会具有便于运送的特点来控制空间，二者必居其一。人类传播媒介演进史，是由质地较重向质地较轻、由偏倚时间向偏倚空间发展的历史，而且与人类文明进步阶梯相协调。社会所盛行的传播媒介的性质，将直接或间接地影响到它所在的文明，使其具有不同的时空偏向。

时过境迁，伊尼斯笔下的莎草纸、黏土、石碑等原始媒介已演变为报刊、广播、电视和网络之类的现代传播媒介；报纸杂志、广播电视以及新媒体等不同类型的媒体由于各自的特性而使特定群体在传播过程中掌控话语权，从而促使某种形态的文化产生越来越广泛的影响，由此形成传播偏向的内涵。在无线电没有普及之前，印刷媒介是大众传媒的唯一手段，印刷出版成了衡量国力强弱和国民素质高低的一根标尺。因此中外有识人士早就认识到了印刷媒介的意义空间。孙中山先生曾对印刷出版有这样的阐释："此项工业为以知识供给人民，是为近世社会的一种需要……一切人类大事，皆以印刷论述之；一切人类知识，皆以印刷蓄积之，故此为文明一大因子，世界诸民族文明之进步，每以其每年出版物多少衡量之。"[12] 作为大众传媒的早期样式的印刷传播媒介，革命性地影响了一个时代从政治体制、思想架构以及人际关系交往各个层次的空间演变。加拿大学者麦克卢汉（Herbert Marshall McLuhan，1911—1980）的"媒介及信息"观念，即媒介的文化特征直接影响了它所参与塑造的社会空间的性质，印刷媒介的出现对人类社会的交往环境、知识的生产和传播以及大众文化消费都带了巨大而深刻的影响。[13]

2. 重新审视印刷媒介

东南亚历史学者本尼迪克·安德森（Benedict Anderson，1936—2015）的著作《想象的共同体——民族主义的起源与散布》[14] 中提出一个观点：一个新的民族国家在兴起之前有个想象的过程。这个想象的过程也是一种公开化、社群化的过程。这一过程依靠两种非常重要的媒体，一是小说、一是报纸。在一个现在的时间里，一群人可以经过共同的想象产生一种抽象的共时性，当我们阅读报纸时，就会觉得大家共同生活在一个空间之中，有共同的日常生活，而这种共同的日常生活就是由共同的时间来控制的，共同的社群也由此形成。有了这种抽象的想象，才有民族国家的基础。安德森提出促成这种想象的是印刷媒体，这对于现代民族国家的建立是不可或缺的。现代民族国家的产生，不是先有大地、人民和政府，而是先有想象。而这种想象如何使得同一社群的人信服，也要靠印刷媒体。

梁启超办报之初提出了一个重要的说法——"新民说"，要通过报纸重塑中国新民，希望能够经由某种最有效的印刷媒体创造出读者群来，并由此开民智。20 世纪 30 年代，期刊、报纸作为文化传播的主要媒介。"印刷文化传播本身就是某种'标准化'的生产，因而印刷媒介在传播新思想新知识的媒介内容时，又为这些新的媒介内容提供了一种全新的标准化的传播模式。"[15]20 世纪 20 至 30 年代是一个民族爱国情怀和消费文化情愫在大众媒体里结合的政治文化空间。"出版印刷的职业，是开导民智、普及教育的唯一工具。"[16] 文化和艺术的创作可能大多来源于精英主义，艺术家是一个属于知识分子阶层的文化群体，他们以高雅的文化艺术世界主导都市文化的各种内涵呈现，建构都市文化形而上的精神世界和消费文化。

杂志在将新风格、新政策、新思想注入生活的主流，并经由大众印刷和出版媒介的承载与传播，成为影响大众生活模式建构的重要舆论指导。"杂志虽然缺乏报纸的及时性，但它们在介绍思想和事件时常常提供更加广泛的来龙去脉和更深刻的阐释。"[17] 它们在向公众传播他们的作品时，实际上是希望通过印刷媒介等多个文化维度营造高雅与世俗的都市空间，成为集体发言的文化生产场域，从精神和思想上全方位的实现对人的现代性影响。书籍封面上的图像，通过印刷媒介，直接影响着大众的消费取向和审美情趣，满足了大众的生活需求，设计与生活统一的理念体现在了书籍封面设计中。

三、"杂志年"与包豪斯

如何建构包豪斯理念与中国 20 世纪 30 年代"杂志年"现象，除了从理论上的分析，更重要的莫过于通过数百种杂志封面设计的实践来寻找联系。封面对于刊物具有无可替代的文化效应。封面犹如解读刊物的一面镜子，宣告"杂志的个性特征、对读者的承诺，同时也宣告了它的目标读者"；封面又是一种促销的工具，帮助杂志出版达到两种生意，"把杂志卖给读者和把读者卖给广告主"。[18] 因此，大众媒介最乐于思考封面的艺术创造，以实现经济和社会的双赢目标。在五四运动以后，经鲁迅提倡，中国书籍的封面才从单纯防护灰尘逐步走上成为一门装帧艺术的道路。在 20 世纪 30 年代"杂志年"中，为了吸引读者，各类期刊的主办人也在封面上各出新招，刊名文字设计是这一时期杂志封面设计元素中最具特色的要素。这一时期的杂志封面设计既有古色古香的设计，也有采用西方风格以色彩和图案取胜，从而把杂志的封面设计推向一个新阶段。在封面设计里程中，尤其是中国早期现代设计实践的历史发展中，20 世纪 30 年代是杂志封面设计的一个关键的时期。

1.20 世纪杂志封面文字字体设计

从现代社会的角度来看，书刊的发展促进了文字设计的发展。在 20 世纪的中国，从当时的文字设计作品，可以体会到设计师为了将中文字体与西方设计风格相融合所做出的努力和探索。文字设计是一项从属于书籍装帧设计又具有自身相对独立性的设计，文字设计有特定的字体塑造的内在格式以及必要遵循的设计准则。作为提高书籍视觉效果和美化版式的元素，易识别和醒目的文字，同时具有传达潜在艺术信息的功能。因此，文字设计是围绕某一具体内容、主题所进行的塑造清晰完美的视觉形象的文字造型活动。[19] 渗透在书刊封面设计里的文字，是设计师将中文文字和西方设计风格相融合所做出的探索，这也是现代主义传入中国后第一代设计师所做出的努力。这一时期的杂志封面字体设计很有风格，这些字体不仅准确传达了杂志的主旨和题材信息，而且表现了文字的个性张力，字体不仅散发出独特的艺术魅力，对整个书籍装帧设计品质的提高起到了重要的作用。鲁迅、叶灵凤、闻一多等文学艺术家，对现代美术字进行了积极的探索和实践。

（1）印刷字体设计

1905 年清政府废除科举制度，构建近代教育体系后，以近现代活版印刷技术、装订方法印制的新式教科书及介绍近代科学技术文化的书籍大幅增加。在此背景下，借助日本的宋体和黑体，近现代活版印刷技术廉价高效的优点才得以完全发挥。在新文化运动的推进，活版印刷技术在中国得以广泛应用，印刷出版产业获得全面发展，成为当时中国的第五大产业。行业之间的激烈竞争使同业公会、学术团体的成立、印刷教育、专业杂志的刊行成为可能，这些活动都极大地促进了印刷产业、技术的发展，中国印刷出版界迎来了自觉自发的发展时期。

现代对于汉字金属活字字体的推动，集中地表现在宋体、黑体的形成和发展中。滥觞于明末传统雕版印刷技术的宋体，在地理大发现、汉学发展背景下被欧洲人用于近现代活版印刷技术中并融入西方现代文明体系，从而具有了一定的现代性。在传教士海外传教热潮的推动下，又成为西方殖民势力向东方扩张的象征。传教士的努力使汉字金属活字的开发技术得以确立，奠定了活版印刷产业化的前提。面对西方现代文明的冲击，日本为实现现代化这一目标不得不追随西方人所构建的体系，不断推动宋体的改良并以无衬线体为蓝本开发了黑体。而中国借助日本制宋体和黑体才得以构建和推动活版印刷技术产业发展，为自主开发字体奠定了基础。我国有影响的民营出版机构商务印书馆以先进的技术完成了宋体、楷体这两种主要书体的研发制作，其他字体的活字印刷方面也有突破。从根本上说，无论是宋体，还是黑体，都是现代社会、技术、媒体背景下追求传播的效率性、功能性和广泛适用性的必然产物。也正因如此，宋体和黑体才能成为从出现至今都是使用最为广泛最为核心的基本印刷字体。

宋体字体设计和黑体字体设计是民国杂志封面设计中较为常见的文字设计风格。老宋体字形方正，清楚容易辨认，风格典雅工整，严肃大方。但书刊名直接用宋体字的数量相对而言不多，设计师一般采取的是在老宋体基本结构和笔画特征的基础上，根据设计师的理念和现代设计思想进行一定的设计，使书刊名字体活泼秀丽，更有艺术感染力。比如字形上进行压缩或者拉长、笔画粗细上进行适当的加粗或者变细，缩小横竖笔画的粗细差距、横画末尾的顿头以及弯角上的顿头进行适当的处理等。如《译文》（图5）封面上的"译文"两字，基本保持了宋体美术字的笔画特征，只是稍微地加粗了横画，保持了老宋体古拙工整、严肃大方的风格。仿宋字形最美，字身略长，粗细均匀，起落笔都有笔顿，横画向右上方倾斜，点、撇、捺、挑、勾，尖锋加长。[20] 仿宋体风格挺拔秀丽，写得太大缺乏气势，在书刊名上使用时，一般会将笔画适当加粗，横画也基本呈水平状。如我国最早的专业摄影刊物《中华摄影杂志》的刊名，是接近仿宋体的字体设计，只是在装饰角的处理上更为柔和，笔画稍微加粗，不似仿宋体般纤细。装饰角的一致性使中文刊名和下面的英文翻译名所选用的字体十分协调和契合。《上海艺术月刊》的刊名也是接近仿宋体的字体设计，将仿宋体修长的特点用夸张的手法表现出来，在装饰角上也进行了处理，凸显圆润、柔和的特点，部分笔画也进行了几何化简化的处理。

黑体的产生主要得力于商务印书馆等一些有实力的出版机构的努力。[21] 黑体并非直接采用日本的黑体形成，而是在吸收中国的篆书、宋体笔画，采纳无饰线体风格基础上借鉴和日本美术字而形成的。黑体结构严谨，笔画单纯而浑厚有力，但和宋体比起来，显得不那么生动活泼，因此在封面字体设计中，更多的是将黑体进行一定的设计，比如对黑体的笔画进行几何化或者抽象化处理，或者对笔画进行适当的加粗、变细处理，使整个文字看起来活泼生动，不那么机械呆板。经过设计后的黑体字形庄重严谨，但局部笔画的变化又使整个文字充满了活力，这样的设计手法使得黑体具有了现代性的特点。如漫画家刘铁华（1917—1997）创办的《美术家》（图6）杂志，由廖冰兄（1915—2006）设计封面。封面文字"美术家"为黑体，在黑体的基础上字形稍微进行了拉长处理，横竖笔画的两端稍微加粗，点、撇、捺、勾的一端也相应地加强加粗，整个字体看起来厚实有力，与下面变形的人物相得益彰。同样由廖冰兄进行封面设计的杂志《抗战漫画》（图7），刊名"抗战漫画"四个字在标准的黑体的基础上进行了精心的设计：文字的横画以大幅度的加粗或减细，形成笔画上的粗细对比，笔画的参差效果，形成一种视觉冲击力；点、提、撇和局部的笔画被简化为三角形，使整个字体活泼生动。字体下面选择的图画生辣明艳，线条生动奔放，具有很强的讽刺性，画面和封面文字很协调。

宋体和黑体结合的这一类字体设计在民国书刊中应用也较广泛。这一类文字设计的字体兼备黑体横竖笔画粗细一致的特点，同时兼具宋体风格的装饰角特点，这样既有黑体庄重醒目的特点，也有宋体笔画变化的特点，具有新颖大方的设计风格。这种类型的美术字在那个历史时期内都很流行，尤其是需要用扁平笔在平面上刷写美术字做宣传的时候。[22] 如中国新文学丛刊《日记与游记》的刊名设计，整个字形被拉长，横竖笔画具有黑体字等粗的笔画感觉，又具有宋体字特点的装饰角，点与勾笔画被大幅度缩细，最有特点的是"日"字中间的横换成了细点，而"与"字笔画较细，这种纤细的感觉与另外四个字的庄重形成强烈的对比。《美术界》封面刊名同样采用了黑体字体等粗的笔画和宋体的装饰角的感觉，细节丰富，字形看起来整齐而不呆板。

（2）书法字体设计

中国的书法是一种艺术创作。它借助于毛笔蘸墨书写留下的特殊效果，抒发和寄托创作者内心的思想感情。

传统书法体直接用于书刊的刊名，一种是采用名家题字，可以借助名家的社会影响和地位抬高书刊身份，造成一定的社会影响，如20世纪20年代《社会之花》创刊之日，主编王钝根（1888—1951）请了社会上的名家到场庆贺，并请名家留字纪念，这些题名，陆续都用在刊物的封面上。周瘦鹃的私人刊物《紫罗兰》请袁寒云（1889—1931）题写刊名。刊名题字风格多样，有时一位名家为同一刊物的题字，署出书写者的名字，但似乎是考虑到刊名和书刊内容的联系，也会呈现不一样的风格；有时刊名题字选用相对工整的字体，如用魏碑体、隶书、楷书等字体，刊名工整，名家个人书写风格尽量不流露，不署书写者名字，似乎是考虑到刊名与封面上标明的出版机构、时间的印刷字体匹配的效果，也似乎是考虑刊名与书刊内容的统一，比如《新小说》刊名用过颜体、魏碑体，《小说时报》《中

图5 《译文》第1卷第1期书影，1934年，版画，上海图书馆

图6 《美术家》创刊号书影，廖冰兄，图案画，私人藏

图7 《抗战漫画》书影，廖冰兄，漫画，私人藏

华小说界》等用过楷体题名。这种刊名题字在 20 世纪 30 年代的杂志封面上大量使用,但这时出现了另一种现象,比如《半月》《良友》创刊后,也采用名家题字的方式来扩大影响,但此时的题字被用于扉页之上,封面用 20 世纪 20 年代后开始流行的美术字。另一种是采用集字的方法,选用小篆、隶书、漆书体或者魏碑体风格完成书刊文字的设计,如《小说月报》刊名设计就采用漆书的手法,透露出一种稚拙。中文上方所对应的英文译名也采用了看起来比较质朴的字体,整组文字的中英文笔画带有一致性,都有略微向上集中的特点。20 世纪 20 年代的《半月》取字于上古的篆体和金文,同样也用双勾法勾出,嵌入红色,刊名用蓝色画成的古代的钱币、玉琼等图案作为底纹,对比适度而鲜明。既有中国书法的意境之美,又有美术字的新奇现代感。

书法字体设计是因为整个文字设计偏向于书法,但在笔画上加以适当的变化,即保留书法的笔意,但不具有传统书法严格的书体结构,这是一种具有文化气息的设计。不确定性、即时性的艺术倾向通过某些壁画的设计处理,为一部分现代美术字所继承。[23] 这种字体笔画变化丰富,形式多样,在杂志封面设计中应用较多,特别是作为书刊名,使书刊名的标题醒目、突出。许多文字设计者如鲁迅、钱君匋、丰子恺等人,自身就具有深厚的毛笔字功底,传统书法特点的美术字在封面上作为书刊名使用可以增加书刊的艺术品位。

（3）美术字

美术字的笔画设计较为丰富,笔画可变为点、变为曲线、变为折线等,也可以对文字的字形和结构进行一定的变化,具有较强的艺术效果和装饰性。"美和实用是相得益彰的。美而不实用,徒供欣赏的不免流于奢侈;实用而不美,不足以引起有关系者的兴趣而降低其实用价值。"[24] 鲁迅对陶元庆说过:"过去所出的书,书面上或者找名人题字,或采用铅字排印,这些都是老套,我想把它改一改,所以自己来设计。"[25] 鲁迅在书刊文字设计方面的有较多的探索,如鲁迅设计的《奔流》(图 8)的封面,"奔流"两个字笔画以起伏波折的线条连贯在一起,笔画上勾有很细的边线,字形压扁,如同大河奔流的感觉。文字设计的装饰感很强,易于辨认,兼具识别性很强和美观的功能。在面对汉字如何和西方的艺术风格和设计风格相协调时,一些设计师做了各种尝试和实验,有的将汉字字体罗马化,有的尝试这将汉字字体几何化。比如将文字的某些笔画变成罗马字体,如陈之佛设计的《小说月报》(图 9)第 80 卷第 10 号封面,"小说月刊"四个字中我们可以明显看到有些笔画变成了罗马字体,"说"字左边言字旁中间的两横变成了阿拉伯数字"2"。"月"

字中间的两横也变成了阿拉伯数字"2","报"字右边部分写成了大写英文字母"R"。如陈之佛为《创作与批评》创刊号设计的封面,在"创作与批评"几个字中,几个笔画设计采用了挺拔流畅的曲线,这样与以挺拔流畅的线条绘制的曲直方圆的几何图形相融合,具有简洁明快的美感。钱君匋是民国著名的书籍装帧大家,据统计他设计的书刊封面数量非常多。与那个时代的设计师相比,他是对汉字做出最多探索和实验的设计师。他尝试着将字体罗马化,也尝试着将字体几何化,他对文字设计的探索是多方面的。

2. 杂志封面图像的表现手法

"中华民国"时期是一个中西思想碰撞的特殊时代,中国传统文化受到了西方外来文化的不断冲击,这个时期中西文化交融并存。随着西方现代先进印刷工艺和装订形式的冲击,中国传统的活字印刷以及传统线装书装订形式都受到了很大的影响,此时的出版业是一个新旧交替的转变时期。早期的杂志封面画多用中国画和仕女画。国画作品直接用作封面画,如《小说新报》《小说月报》等。仕女画更是早期封面画的主要表现形式,如《小说时报》《妇女时报》《礼拜六》《紫罗兰》《半月》等。"书籍封面作画,始于清末,当时所谓洋装书籍,表纸已用彩印。辛亥革命以后,崇尚益烈,所画多月份牌。"[26]但封面画中的仕女

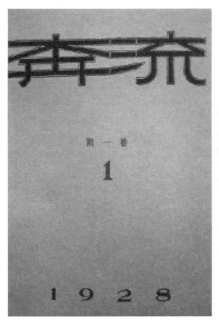

图8 《奔流》书影,鲁迅,1928年,上海图书馆

图9 《小说月报》书影,陈之佛,1927年,上海图书馆

画是并不是月份牌中仕女画的横向移植，书刊封面仕女画是一种生活化的抒情性表达和生活场景表现，同时表达画家的某些感情。

20世纪20年代书籍设计处于前期的探索阶段，为了满足人们审美需求以及思想观念的转变，这一时期急需找到一个新的设计语言去适应新时代书籍设计风貌。主要表现为"全盘西化"的设计理念，当时的中国书籍设计经历了照抄或者搬用外来文化的设计风格阶段。"拿来主义"在当时的书籍装帧设计领域盛行，但这样的模仿仅仅是书籍的外在形式，流于表象的设计让中国独特的书籍韵味和文化性被忽略，但这又是一个不可避免的承前启后的过渡阶段。20世纪20年代末至30年代，中国的书籍设计开始步入繁荣稳步发展阶段，书籍设计既能体现中国传统民族文化又能吸取西方先进装帧设计思想和技术，并能找到一个很好的契合点，通过第一代书籍装帧设计师的努力，书籍设计摆脱了"照搬"手法而是借用西方的设计手法，同时加入设计师自身的设计思想，探索中国的内在思想和文化，融合中西两种不同的文化和设计风格，创作出现了一批具有时代气息和民族特征的优秀书刊设计作品。20世纪20年代至30年代，经由中国艺术教育的初步繁荣培养出来的优秀艺术家和留学归国的艺术家的书刊设计实践，同时一批文人艺术家如鲁迅、闻一多等参与到书刊设计工作中，通过艺术家、文人和文学家共同的实践和探索，书刊装帧设计的盲目西化的现象得到了抑制，在他们的努力和探索下，创造了一大批极具民族性的书刊设计，为中国的书刊装帧设计做出了很大的贡献。

（1）以图案画为表现手法的杂志封面图像

图案画有"设计"和"艺匠"的意思，也有纹样的意思，后又有装饰化的图画。图案画的兴起，是对书刊封面语言的一种补充，是一种专为书刊形态而作的作品。图案画的形式是多样的，有对传统装饰元素的整合，有向日本装帧图案的借鉴，也有向西方人体的表现的借鉴。鲁迅收集并研究中国古籍中的插图和汉画像石，并临摹六朝的碑帖文字，甚至墓志的花纹，这些都是最具民族特色的图案。鲁迅曾在致陈桥烟的信中指出："有些地方色彩的，倒容易成为世界的，即为别国所注意。"[27]鲁迅笔下的"东方情调""中国向来的灵魂"和"民族文化"都蕴含在鲁迅所设计的书籍中。陶元庆短短的一生花在书籍装帧上的时间仅仅四年，但他采用新颖的图案设计封面，他的书籍设计可谓是中国书刊装帧步入现代阶段的标志。陶元庆被誉为"中国现代书籍装帧史上第一人"，采用装饰图案进行封面设计，鲁迅这样评价他："他以新的形式，尤其是新的色来写出他自己的世界，而其中仍有中国向来的灵魂—要字面免得流于玄虚，则就是民族性。"[28] 钱君匋封面中带有东方韵味的花卉和植物，他探索出以图案化、形式化、类型化的装帧手法来象征书刊的内容、渲染阅读氛围。

陈之佛设计的 1925 年到 1930 年的《东方杂志》（图 10）封面设计，大量使用古埃及、古波斯（伊朗）、古美洲、古希腊等图案元素，通过文字的书写、版面的布局，形成东方特有的具有东方神韵的经典之作。陈之佛设计的文学期刊《小说月报》的封面系列，与早期此杂志封面曾用仕女画和国画作品为封面图不同（早期《小说月报》曾以吴昌硕的国画作品为封面图），用各种技法表现不同姿态的女性形象，有在花丛中幻想的少女，有翩翩起舞的女神等，这些形象神态各异，服饰色彩鲜明、富丽典雅，同时采用各种各样的装饰手法，挂毯艺术、瓶画技法等。

（2）以漫画、木刻版画为表现手法封面图像

漫画是一种以夸张、变形、比喻、象征手法，创造幽默、诙谐等艺术效果的绘画形式。"漫画"这两个字包含了 cartoon 和 caricature 两个意思，是从日本挪用过来的。讽刺和揭露是漫画的两个文化特质，从现实生活中取材，艺术地折射生活空间的许多侧面。"20 世纪中国漫画史的开端是伴随着近代沿海城市新闻出版业的勃兴而展开的，也就是说，早期画报是漫画艺术最普遍、最直接和最有效的流通载体。"[29] 报刊漫画的兴起出现在 1903 年，然而漫画、漫画家及漫画刊物的大量出现与思想艺术的成熟却是 20 世纪 20 年代。漫画在大众媒体上的作用，可以是娱乐性的，趣味独到，体现滑稽、幽默等效果，但大多为迎合市民口味者，满足文化消费的商业需求。而作为政治斗争的工具，漫画有其特殊的讽刺、批评功能（图 11、图 12）。20 世纪 30 年代中国出版界不计其数的杂志，和各大报纸的副刊一样，刺激了市场对漫画的需求。

丰子恺是漫画创作书籍的大师，以漫画的手法装饰封面，丰子恺为首创。他的封面装帧设计，与一般图案性较强的设计不同，是以书法的笔意进行描画，简约带有写意性。他将文人画的气息融入作品中，让人感到超凡脱俗和清新之感，同时又流露出漫画的风趣。丰子恺的作品总是寥寥几笔就透出平和诗意的美感，如《人散后，一钩新月天如水》《我们的七月》《我们的六月》。对于书籍装帧，丰子恺有过精辟的论述："书的装帧，于读书心情大有关系，精美的装帧，能象征书的内容使人未开卷时先已准备读书的心情与态度……善于装帧者，亦能将书的内容精神，翻译为形状与色彩，使读者发生美感，而增加读书上的兴趣。"[30] 张光宇不仅是漫画家也是漫画事业的组织者，创

图10 《东方杂志》书影，
陈之佛，装饰画，1928年，
上海图书馆

图11 《漫画家》第一
期书影，漫画，1934年，
上海图书馆

图12 《坏孩子》书
影，漫画，私人藏

办《时代漫画》《时代画报》《独立漫画》，并在《三日画报》《上海漫画》上发表了不少漫画作品。他的书籍封面设计注重造型和色彩的夸张，线条的变化，构图完美，艺术表现手法与思想内容相统一。朱凤竹的漫画是一系列的市井风俗画，他以重彩浓墨来渲染具有喜剧效果的一个片段和场景，将视角伸向家庭，注意白工的生存状态，反映官场阴暗的一面，或表现童趣与童稚，表现贴近生活的生活方式。他设计的封面风格内敛，气氛轻松，如1926年第2卷第32期《红玫瑰》的封面，以戏谑方式调侃男人和女人的地位，一改中国男尊女卑的传统观念，向着男女平等或者女超越男的现代观念。[31]

从木刻的发展来看，它是在对西方图像引入的基础上有意识地做出本土变革的产物。木刻艺术的兴起和发展的背后，是在"九一八"事件背景下，普罗文化兴起以后革命意识的表达。木刻画有引进和本土原创两种。20世纪20年代后期至30年代，《朝花》《北新》《译文》等均引入西方现代木刻作品。如《朝花》创刊号封面用了英国阿瑟·拉克哈姆（Arthur Rackham，1867—1939）的木刻作品；《译文》的创刊号封面直接采用了木刻作品。鲁迅在创刊号"前记"里对封面画用原作的意义这样说明："文字之外，多加图画。也有和文字有关系的，意在助趣；也有和文字没关系的，那就算我们贡献给读者的一点意思，复制的图画总比复制的文字多保留得一点原味。"[32]20世纪30年代《文学》《太白》《读书生活》《现代》等刊物都发表了本土木刻画家的作品，特别是《读书生活》在1934年分期推出刘岘的《孔乙己》插图和野夫的作品，1935年第3卷第1期推出"木刻特辑"，介绍了"全国木刻展览会"。除了独立的插图外，木刻也成了书籍的封面画（图 13、图 14）。随着时局的紧张，也出于意识与表达的需要，刚性的木刻艺术形式植入到 20 世纪 30 年代的都市文化意境中，为封面设计的图像涂抹上了浓烈的一笔。

（3）以照相为表现手法的封面图像

20 世纪 20 年代至 30 年代资本主义经济迅速发展的上海大都会，不仅成为全国金融、经济和工业的龙头，而且吴越文化和租界文化共同酝酿的上海都市文化滋生了与现代化相适应的精神状况和思想面貌。消遣娱乐的刺激和现代性生活方式的在场体验，以及由此形成的阶级、阶层和性别差异的社会伤痛，需要影像文化的虚拟想象和麻痹。另一方面，多元阶级统治的政治格局和多党势力分割中国以及英法日等国家对中国侵略的时代背景，需要各种影像信息的及时传播，以便官僚阶级的统治和利益争夺。摄影图像与现代印刷文化的结合，这些图像被无数次地复制和传播，成为表达情感信息和引人产生审美趣味和欣赏娱乐的视觉媒介。摄影图像和大众印刷文本所营造的空间信息，塑造了与传统不一样的"观看的眼睛"和"观看的方式"，摄影日益被确指为参与现代性建构的视觉文化，在现实和图像虚拟中建构上海都市的现代性想象。

借助摄影机、着色板、光影仪器，把现实中真人的照片、图像刊登在画报的封面上或者内页的版面里，供大众欣赏并为大众提供了现代生活的样板，营造一种中产阶级群体所向往和追求的生活方式及审美价值上的时尚，开拓了人物展示其形象

图 13 《莽原》第一期书影，司徒乔，木刻版画，1926 年，私人藏

图 14 《文学新辑》第 1 辑书影，木刻版画，1934 年，上海图书馆

的公共空间，并创造了上海消费社会里丰富多彩的都市文化。
画报里展示的名人包含了在各行各业有突出表知名度高谈起、
有新闻价值和传播价值的公众人物。如《美术生活》《文华》将
演员照片刊在封面上，《玲珑》《今代妇女》《生活》（图 15）将
大家闺秀的照片，《良友》（图 16）画报封面刊登大量上海摩登
女性照片，明星、名媛，突破了中国女性不出闺阁的历史惯例，
努力反映"摩登"女性生活的都市口味。把现实真人的照片、
图像刊登在画报的封面上或内页的版面里，供大众阅读和欣赏。
它将女性从一室闺阁拉向广阔的社会人间，开拓了中上层女性
的公共空间，并创造了上海消费社会里丰富多彩的都市文化。

第二节 中国早期高等美术教育中的"现代设计"

从上述详尽的比较分析中，不难注意到"杂志年"封面设
计所体现的包豪斯理念，在设计者一面，已经有相当熟练地运
用和比较独特的发挥。我们不禁会问，这样的成就，其认知的
来源，是否和早期中国高等美术教育中的"现代设计"理念有关？
如果这个假说要成立的话，它与包豪斯有什么联系？应该怎样
去证实？于是，我们就把眼光转向早期高等美术教育的建制沿
革与变化。

中国在对西方开放之前是不存在"中国现代美术学校"这
一概念的。19 世纪末 20 世纪初近现代美术学校的创立和兴起，

代表了中国美术界向西方学习的尝试，也被看作是中国近现代运动的一部分。国家层面的政策对美术学校兴起也产生了影响，这些影响对于那些政府系统的学校、中国的美术家和美术尤为明显。

一、早期图案教育和早期商业美术培养方式

1. 早期图案教育

1843年，随着上海开埠，西方的设计文化大量涌入上海，同时伴随着西方设计教育逐渐进入上海。这使上海以传统江南文化为底蕴的文化特征产生了新的变化，西方近代美术教育、设计教育与上海传统的手工艺教育同时存在，并产生了交融。20世纪初，半殖民地的中国城市商业经济空前繁荣，市民文化兴起，加之远离欧洲战场，使中国社会和民族工商业得到了大幅度发展。20年代前后，上海已经成了工商业较为发达的大都市，中国的现代工商美术设计及设计教育也进入了初创阶段。

对于工商美术设计这门学科，最初并不称为设计，而是"图案""实用美术""工艺美术（美术工艺）"等不同的名称。把现代工商美术设计称之为"图案"，一般认为是受日本学者翻译的影响。图案原指二方或者四方连续的意匠画，20世纪初的李叔同已经将图案作为组织画面的方法而将其赋予了设计的意味。俞建华与陈之佛等学者沿用了日本工艺美术学中的说法，认为图案是英文DESIGN的翻译，是"设计""意匠"的意思，图案在动态上表示"图的考察"，静态上表现为"考察画"。[33] 当时对图案的认识也是不统一的，不同的学者有不一样的看法[34]，事实上，"图案"的内容涵盖了当时的建筑设计、装潢设计、广告设计等不同专业方向，这一时期艺术设计主要体现在商业美术上。

上海早期有一些含有今天我们所说的设计教育的学校，如上海广方言馆，虽然没有明确确立称为"设计"的技艺教育，但相关的技艺中已包含了近代设计的一些内容与设施。之后，两江师范学堂开设的课程中也出现了与设计教育有关的课程设置；1926年，新华艺术学院设立国画、西画、音乐、工艺四个系。在后来几年的发展过程中新增图案系，增加印染、木工等有关方面的机器设备，使学生在动手操作中学习工艺技艺……当时，很多技艺、工艺虽不以"设计"命名，但与设计教育有很多相通之处。

1916年陈之佛在浙江杭州甲种工业学校开设图案课教学，这是中国最早的"图案科"教学单位。陈之佛用石印方法编写

的《图案讲义》，也是我国最早的图案教材之一。1917年周湘创办的中华美术专门学校设置了"图案科"。1920年图画科又分中国画科、西洋画科、图案科，学制分为预科和本科。1922年中华美术专门学校改组为"中华美术大学"，该校增设"写生研究科"和"广告专门画科"。1922年9月10日上海《申报》"中华美术大学"招生广告，文曰："本大学为促进美术起见，添设写生研究科、广告专门画科两班，授以各种写生新法，及广告画之各种技能，不限资格、不定年限，简章函索即寄。"1920年刘海粟创办的上海美术专科学校也设置了"工艺图案科"，后来改制成系，设有工艺美术和广告图案二个专业，"以养成工艺界实用人才之主旨"。1923年陈之佛在上海成立"尚美图案馆"，主要通过接洽染织图案设计的订单任务，为当时各大丝绸厂设计图案纹样，同时又在实践中培养设计人员。[35]尚美图案馆可称得上是第一所设计师事务所，全面引进了国外现代图案学，其对中国的图案学的建立和传播铺垫了一定的基础，做出了较大的贡献。

2. 上海美专与图案教育

20世纪早期，新的教学体系和上海本地商业美术市场这两个主要的职业需要大量职业美术专业的学生。从1909年前后，伴随着上海的繁荣，商业美术开始蓬勃发展，迅速增长的需求导致了专业美术家数量迅速增长。商业美术的市场需求，不仅为那些有抱负的美术家带来了声望，也刺激了专业美术训练的需求。中国近现代工业和职业的发展，为近现代私人辅导性质的美术学校的出现创造了必要的社会条件。早在19世纪80年代，上海账目同画学堂就曾在《申报》上刊登过广告，说明学校提供会计和绘画训练。[36]顺应对美术教师和商业美术家的双重需求，更多的私立绘画教育组织在1910年后不断涌现。1910年周湘建立上海油画院，明确提出"专授新法图画，并研究关于图画必需之学识技能，以养成专门人才，使其将来从事教育工艺均得良好之效果"。[37]学校广告强调效率、速成学习和所教技巧的实用性。[38]在周湘1910年舞台美术背景设计的课程中，大约有二十人参加了这一课程，其中有上海美专的创始赞助人和最早的一批教师，如乌始光（1885—？）、陈抱一、刘海粟和夏健康。[39]在这三个月的学习中，使他们敏锐地感觉到了商业美术的市场价值和潜力，进而想找志同道合的人创建美术学校的想法。面对上海美术教师和商业美术家的市场需求，1913年上海美专应运而生。

近代上海不仅是工业品的产地，集中了全国工业品产量的

50%，上海又是进口工业品的巨埠，集中了输入洋货的一半，因此控制了内地的工业品市场。工业产品的造型和包装、产品的市场推销的商业广告和招贴，这些对设计工作的需求越来越多，在这样的市场需求下，具备了图案教学即现代设计的历史条件。上海美专的图案教学迎合了上海工商业发展的需要。上海美专通过聘请上海最有名的商业画家作为教员到学校工作，如1914年7月，学校聘请了三位顶级商业美术家作为教员，即张聿光、徐咏清（1880—1953）和沈伯尘。[40]张聿光从事多种商业活动，他为《民呼报》《民吁报》《民立报》等多家报纸绘制讽刺画、漫画和插图，他的作品每隔一天都会出现在报纸上。1914年加入上海美专的另一位美术家丁悚，除了报刊插图，他也在英美烟草公司工作，绘制线描广告和月份牌。1919年至1927年间，丁悚在上海美专担任美术学院的教务主任和教授西式绘画。1916年，张聿光从青年会夜画馆辞职，专心在上海美专任教。有张聿光担任校长，以及其他一些主要商业美术家担任教职，上海美专很快进入一个新的发展阶段。招收了更多的学生，其中包括曾是周湘学生的杨清磐（1895—1957）。[41]在张聿光的鼓励下，他教过的有才华的学生也加入上海美专，如谢之光。[42]这些著名的商业美术家的加入，确保了学校在商业美术培训方面更具有竞争力，通过高效地提供商业美术训练，上海美专服务于不断壮大的上海大众文化产业，上海美专的训练清晰地对准了上海的商业美术和大众文化。

上海美专20世纪20年代开始开设工艺图案科，以图案教学适应上海工商发展的需要，同时使学校更好地与社会、工商业有了更广泛的接触，这也是学校更好利用上海近代城市文化最好的资源，在近代上海城市文化的熏陶和影响下，上海美专工艺图案教学有了较好的社会条件和环境。从上海美专工艺图案科的设置来看，可以说社会环境与社会条件起的作用非常大，这个专业是面向社会发展起来的应用型学科，有着明显的社会因素。上海美专设立工艺图案系，就是为了适应与工商业密切联系的染织美术设计、书籍装帧、商标设计、广告设计、包装设计和店面装饰等商业美术的发展。当时上海工商业界对图案设计人员需求量大增，不仅有传统的染织、陶瓷手工业行业，还有一大批大型丝织厂在上海、苏州、杭州等地设立分厂，如锦云、美亚、伟成、振亚、丽华等，急需大量染织美术设计人员。据上海美专1912年至1918年的相关档案显示，为了适应上海工商业发展需要，在此期间每逢暑假学校均开始图案函授课程。上海美专的结构包括一个主要学院和一个附属科系，后者可以提供灵活的培训项目。[43]1913年成立的附属函授部，由于区分了主要课程和函授指导课程，学校就可以更加方便地根据社会对美术和设计需求的变化来扩张、改变或关闭附属部门。据统计，这些附属招生项目，而非学校的主要课程，吸引了更多的学生，从 1913 年到 1918 年，600 名学生参加了函授课程，远远超过了在校学生数量。[44] 学校根据市场需求变化调整其培训项目，通过高效地提供商业美术训练，不断地服务壮大起来的上海大众文化产业。主要学院和附属项目结构一道，使得上海美专在应对市场变化和吸引学生方面，比其他美术机构具有独特的优势。

上海美专于 1912 年初创时只设有绘画科选科与正科各一班，至 1920 年初开设了西洋画科、国画科、雕塑科、工艺图案科、高等师范科、普通师范科等，办学规模也有了很大的发展。1922 年各科正式划分为三部。第一部教学目的为：一以造就纯正美术专门人才，培养及表现个人高尚品德；一以养成工艺美术人才，改良工业，增进一般人美术趣味和水平，所以设国画科、西洋画科、雕塑科、工艺图案科等……[45] 到了1925 年 2 月，有资料记载，上海美专结合社会需要正式开设了工艺图案系。图案系的设立标志着上海美专由纯艺术领域向更广泛的实用艺术领域的拓展。"进入 20 世纪 30 年代，上海美专的办学机制更加完善，并确定了学校的培养目标：造就工艺美术人才，辅助工商业，发展国民经济，设立图案系，特别是此时在课余还出现了许多由学生自由组织的各种研究机构，如画学研究会、乐学研究会、工艺美术研究会、文学研究会、书学研究会、篆刻研究会，以及话剧、京剧等活动。至此，学校的教学与研究空气自由活泼。"[46] 以工艺图案科课程设置为例，必修科目则为基本图案、商业图案、工艺图案、装饰图案、写生便（变）化、素描、水彩画、用器画、透视学、色彩学、中国美术概论、西洋美术概论、图案通论、工艺制作、工艺美术史等；选修科目则为制图学、广告学、装饰雕塑、版画、中国工笔画、构图学、音乐、舞台装置等。从上海美专的办学机制、课程设置和培养目标的改变来看，这是社会需求带来的转变，也是学校面对社会需求做出的适应性变化。

3. 早期商业美术创作机构和培养方式

在资本主义迅速发展的同时也促进了商业的发展，商品经济日益繁荣，特别是上海，大众的消费需求空前高涨。例如和大众生活用品相关的染织业，染织品的花色一时成为都市流行时尚的标志，一时间染织行业需要大量的染织美术设计专业人才，这样染织美术设计也成为时髦的设计行业。又如城市经济的繁荣，商业美术如照相布景、舞台美术、书籍装帧、商业广告、商品包装等设计领域迅速发展，对商业美术人才的需求也很迫切。丰子恺是这样描述上海的商业文化景观：

在今日身入资本主义的商业大都市中的人，谁能不惊叹现代商业艺术的伟观！高出云表的摩天大楼，光怪陆离的电影院建筑，五光十色的霓虹灯，日新月异的商店样子窗装饰，加之以鲜丽夺目的广告图案、书籍封面、货物装潢，随时随地在那里刺行人的眼睛。总之，自最高摩天大楼建筑直至最小的火柴匣装饰，无不表现出商业与艺术的最密切关系，而显露着资本主义与艺术的交流的状态。[47]

当时国内尚无培养此类专业设计人才的学校，但社会对专业设计人才的需求巨大而迫切，传统的师徒相授的方式成了当时设计人才培养的主要方式。像商务印书馆、英美烟草公司广告部都招收练习生（学徒），自行培养商业设计人员，张光宇、叶浅予等就是在这样的商业培训下产生的近代著名的装帧设计家。

（1）专门从事商业美术创作的机构和培养设计人才的方式

商业美术家画室：商业美术家创办的画室是较早出现的一种重要的商业美术机构，画室的负责人是久负盛名的商业美术家，他们多以画室为名，从事商业美术创作。画室的负责人不仅有高超的绘画技能，也有很好的画室经营与管理能力，在复杂的社会环境中保持画室的独立运营。在这样的美术机构里，画室人员构成最为稳定，师徒传承得到了很好的继承。不同内容分工合作，促使效率提高。这些画室中最著名的是杭稚英画室。杭稚英画室在从事商业美术创作时采取分工合作的方式，整合画室中每个人的优点共同完成月份牌的制作：杭稚英构思、起稿，随后李慕白（1913—1991）绘人物，接着金雪尘（1904—1996）绘背景，最后再由杭稚英修改、润色、定稿。这种模式既保证了商业美术品的品质，又提高了作品绘制的速度。最后署名"杭稚英"也形成了品牌效应。20世纪20年代至40年代，以杭稚英署名的月份牌画多达1600幅。此外这个画室还绘制商品的商标、包装、书衣画等商业美术作品。

（2）工商企业内部设立广告部

出于商业竞争的需要，有实力的工商企业自行设了专门进行企业商品宣传的广告部。资本雄厚的企业以优厚的待遇聘请有高超绘画技巧和艺术修养的商业美术家为其进行商业美术创作。规模最大的是英美烟草公司。一些工商企业还通过聘请专门的教师开设培训班，培养商业美术人才。如商务印书馆聘请当时土山湾画馆的徐咏青主持图画部的工作，他积极主张商业经营，认为美术要为企业服务，并创办了"友人绘"培训班。

从这个培训部里走出来的著名商业美术家有杭稚英、倪耕野、万籁鸣、金雪尘、戈湘岚（1904—1964）等。

（3）广告公司

这一时期的广告公司分为两类：一是专门从事广告制作的广告公司，主要以经营和制作路牌广告和霓虹灯广告为主，如荣昌祥就是当时规模最大的路牌广告社，人称"广告大王荣昌祥"。另一类是专门的广告公司。据1928年出版的《上海工商业汇编》记载，当时上海的广告企业有20家，绝大多数为中国人经营。上海广告业的大发展时期是20世纪30年代前期，四大广告公司承揽了大部分的广告业务，他们是1918年成立的美国克劳广告公司、1921年成立的英国成立的美灵登广告公司、1926年成立的华商广告公司、1930年成立的联合广告公司。其中当时上海外国人所办的广告公司拥有雄厚的资金，上海市内以及沪宁、沪杭铁路两旁的广告牌，都有外国人办的广告公司控制，上海的广告捐客都听它指挥。[48] 广告公司也招收学徒工，优秀的人才会离开原有的广告公司自立门户。20岁的庞亦鹏（1901—1998）任华商广告公司美术部设计部主任期间，因绘制封面和插画而出名，其黑白美女画等广告成为一时的经典设计。抗日战争后，庞亦鹏自办"大鹏美术广告社"，各大厂商请他代理广告。

除了这些大的广告公司外，上海还有很多中小型广告公司和商业美术社团，为了解决日益增多的同行之间的业务纠纷，1927年一些中小型广告社发起组织中华广告公会。30年代的上海，中国商业美术家协会是规模最大的商业美术社团，除由商业美术家担任协会理事外，还聘请汪亚尘（1894—1983）、雷圭元、陈之佛、张辰伯（1893—1949）、颜文樑（1893—1988）、潘玉良（1899—1977）、郑可等人为会董，至1936年协会会员扩大至500余人，并在杭州、苏州、南京、武汉、北平、天津等地设有分会。[49]

（4）艺术设计先驱

在美术留学风潮中走出国门的美术留学生们，于20世纪20年代至30年代前后这段时间都学成归来，这一现象直接导致了美术社团蜂起、美术学校纷纷建立、美术出版物大量出现。有着留洋背景的艺术家回国创办商业美术事务所和开展现代设计教育，年轻的海归艺术家们在中国的艺术和设计舞台上上演了一幕幕激情澎湃的艺术历史剧。有着留洋背景的艺术家回国后，如陈之佛、庞薰琹等分别开办了商业美术事务所。

20世纪20年代至30年代，以商贸和轻工业为主流的上海市场经济迅猛发展，对设计人才的培养提出了更为强烈的要求，建立正规的艺术设计教育已成为商业市场的迫切需求。但这些行业的设计多为外国人或者模仿西方的设计形式，此时的商业文化话语权很大程度上操控在外国资本势力手中。1932年，庞薰琹从法国留学归国，发现："从上海到杭州，从上海到南京，沿铁路线都有大广告画，而这些广告牌子都是一个外国公司——惠灵顿广告公司经办的。"那时他创办了一所"大熊工商业美术社"，在上海国货公司筹办"工商业美术展览会"，并向一些工商企业推展和招徕工商设计业务，可很快就遭到惠灵顿公司的排挤和迫害，只得关门歇业。[50] 蔡元培（1868—1940）、雷圭元、李有行（1905—1982）等人以实业救国的构思和西方设计思想为指导，并团结了一批有识之士开展设计工作和设计教育，一时间许多美术家和工艺美术家积极参与工商美术设计活动。他们肯定工艺美术于民族振兴的现实意义，主张学习西方的设计经验但保留传统的精华，强调工艺生产为大众服务的方向和经济实用的价值取向，服装设计和工业产品造型设计等现代设计进入萌芽阶段。

1923年的上海有着得天独厚的商业环境，这一年陈之佛从日本学成归国后，为了提供工业品的艺术品质，创立了专业的商业美术事务所"尚美图案馆"。业务范围主要从事丝绸、布料的图案创作，许多厂商选用他们设计的图案生产工艺品，大为畅销，"尚美图案馆"很快在上海工商界声名鹊起。1925年开始陈之佛开始书刊装帧的职业生涯，他为鲁迅、茅盾、郁达夫、郭沫若等的著作和刊物绘制了大量的封面。他以装饰性图案表现书衣的主题与内涵应该是他工艺美术设计思想的影响，他认为："工艺的本身上，本来含有'美'和'实用'两个要素。"[51] 美与实用是工艺美术的两个要素，以装饰性的图案作为封面创作的表现要素，正是陈之佛提出的'美'的要素，而表现书刊主题与内涵是对"实用"要素的注解。他使用的图案要素很丰富，不仅有中国传统的图案，也有外国的图案。例如《东方杂志》第24卷第7号，是以埃及壁画上的图案作为这一期封面设计的装饰要素；而25卷第9号，是以波斯图案作为封面设计的装饰元素；第22卷第1号，以中国传统的画像石图案作为封面设计的装饰元素。20世纪西方文学进入中国后，对中国文学期刊的内容、定位都产生了很大的影响，由以往以消遣为主的"鸳鸯蝴蝶派"风格的期刊，向以西方文艺浪漫主义等思潮相结合的方向转变。在这样的背景下，书刊的封面画也发生了相应的转变。陈之佛在绘制两年的《小说月报》封面画的过程中，封面画与书刊内涵和思想得到了很好的统一。《小说月报》的封面画常常表现出宁静柔美的浪漫情怀，如18卷的第4期以水彩方式对女孩、花朵、星空等要素进行表现，呈现出浪漫纯美的视觉效果；18 卷第 6 期，画面以装饰性的手法、丰富艳丽的色彩，表现了长着翅膀的女性在开满鲜花、挂满果实的地方翩翩起舞。这些封面画本身就具有很高的审美艺术价值，画面将读者的情绪引向一个更高的地方，引发作者的兴趣和购买欲望。

　　1932 年庞薰琹与段平右（1906—?）、周多筹备创立了"大熊工商业美术社"，他们画了百余幅商业广告画，庞薰琹自己画了二三十张广告画，现在可见的是在《时代》画报上的广告三则：啤酒广告、香烟广告、埃及香烟广告，署名为庞薰琹、段平右、周多共同完成。《时代》画报关于这三则广告附有一段文字："商业美术，国人素为注意，即从事艺术者亦皆忽焉不详，偶然听说有数艺术专校拟添设工艺美术一科，迄未见诸实行，最近画家庞薰琹、段平右、周多三位，因见及此，特于上海大陆商场举行商业美术展览，陈列合作广告画数十幅，均为欧美最新式之技术表演，唯对与东方之意味稍差，望有以改之。"[52] 定在南京路的大陆商场中国国货公司举行商业美术展览。当时庞薰琹为展览写了一篇宣言，提出美术要走向十字街头，宣言印了一千份，一上午就发光了。[53]20 世纪 30 年代庞薰琹等人在上海举办的首次商业美术展览，首开中国美术展览之先河，广告画的表现技法和艺术观念，在当时的上海还是很新颖的，这次展览在中国现代艺术设计史上占有重要的地位，尽管展览被砸美术社被迫关闭，但广告画的风格特点在当时受到了媒体和大众的关注。当然，美术社被关闭原因也许很复杂，但可以看出这一时期上海设计公司之间的竞争无疑是很激烈的。

　　除了广告设计外，庞薰琹还从事过一些封面设计，如月刊《诗篇》《现代》《时代漫画》等杂志封面。

　　我这时已经看清楚，要靠卖油画生活，在我国是办不到的，是没有希望的。于是我开始画包装，画广告，第一次设计的包装是雷康鸡蛋，每十二只一匣。第一张广告画，也是一个公司的广告，好像是什么大电气公司。有一个中国公司也要求我画广告，可是提出的条件是二十几个商标全部都要画上，我拒绝了。我并且事前提出，"设计后不修改，不用我也不收设计费。"同时我又开始搞书籍封面设计。我设计的第一本书的封面是《诗篇》[54]，第一本杂志封面设计是《现代》。[55]

　　庞薰琹也曾为傅雷（1908—1966）的多部译著设计封面，如《夏洛外传》《文明》《傅雷家书》等。《水族》是庞薰琹1935 年为时代漫画创作的封面，画面中运用直白的手法，直接刻画了大海中大鱼的凶残和贪婪，小鱼的弱小和无助，象征着当时上海社会的真实情况，也间接表现了初到上海的年轻艺术家所面临的极度恶劣的生存环境。

庞薰琹在上海从事商业美术设计工作是他留学回国后开始的，其时间在1930年9月到1936年9月。他主要从事的是书刊装帧设计，因为书刊装帧与插图介于绘画与设计之间，是一种独特的设计门类，因此吸引了很多像庞薰琹这样具有西方留学背景的画家参与。他们在商业招贴、书刊装帧和漫画创作等多个领域，娴熟地运用西方的现代主义元素。客观而论，无论是庞薰琹还是陈之佛、张光宇，其商业美术设计工作在当时的中国还是十分微弱的。但是他们利用自己所学，支持民族工业的发展，抵制外国人在设计领域中的垄断的努力是值得肯定的。他们坚定而勇敢地探索中国现代设计道路的设计实践活动，其开创之功不可磨灭。陈之佛、张光宇、李毅士、庞薰琹等人均可视为中国现代工商美术和艺术设计实践的先驱。

二、刘既漂、陈之佛、庞薰琹

1. 刘既漂、陈之佛、庞薰琹等留学生与包豪斯

包豪斯早期在中国的传播起关键性作用的是一批海外归来的中国艺术家。1928年刘既漂被聘为新成立的国立艺术院图案科主任。在刘既漂的带领下，国立艺术院罗苑的改造即是将外来的设计思想和方法在本国的设计实践中的运用。在罗苑中国传统楼阁式的框架上，按照欧洲新式建筑法配置光线，修正门窗，并开天窗多口以足日光。[56] 刘既漂带领全校师生设计的西湖博览会工程，就是将中国建筑的"民族性"与欧洲近代前卫建筑相结合的这种新建筑的实验，"将新血液注入了中国图案教育的体系类"（雷圭元语），也是刘既漂关于"美术建筑"[57]的实践场。"西洋的作风是西洋人的。中国古式的作风是历史上的。生于现代的我们，便应该创作出一种新中国的建筑作风。一种现代的作风来……""……我们应该利用西洋物质文明之赐，增进我们民族生命的幸福。但我们亦应该输入他的物质，表现我国民族的个性的艺术。使他在世界文化上，占点相当地位。同时博得他种民族相当的敬礼。"[58]

20世纪初日本成为西方艺术教育引入中国的一个重要渠道，日本近代工业设计的发展给了中国人极大的启示和鼓舞。在日本学习工艺图案的陈之佛，是最早给中国读者描绘德国包豪斯的人。1929年陈之佛在《东方杂志》上发表的《现代表现派之美术工艺》便介绍了包豪斯。[59] 庞薰琹早年在法国学习纯

艺术，1929年庞薰琹到访柏林郊区，参观德国现代建筑，并谈及包豪斯的影响。[60]最早与包豪斯接触的中国两位艺术家都在国立杭州艺术院的图案系任教，虽然由于战争与政治动荡的现实，包豪斯的思想尚未进入中国早期的艺术设计进程和实践，但通过斋藤佳三、庞薰琹和陈之佛等人在国立艺术院的教学实践—设计与生活的统一，国立艺术院教学理念和包豪斯教学理念建立起了一种联系。

艺术与生活的关系是1925年的巴黎国际现代装饰艺术和工业艺术展览会给庞薰琹的感悟，这对庞薰琹影响之大之深远，伴随了他的整个一生。1925年当巴黎举行12年一次的"巴黎国际现代装饰艺术和工业艺术展览会"时，也许是历史的巧合，也许是命运的安排，19岁的东方青年庞薰琹漂洋过海遭遇了这次装饰艺术历史的际会。1925年8月，中国现代设计史上的小故事就在此发生了。巴黎国际现代装饰艺术和工业艺术展览会向这位庞薰琹打开了一扇通向艺术未来的大门！庞薰琹走进博览会的展览馆，立即被眼前美的世界所深深吸引。他说："一走进博览会的展览馆，眼都花了，不知往哪里看好，总之什么都好，什么都美，灯光又亮又好看。""没有见过这样那样的灯光，更没有见过各色灯光照射在喷水泉上，喷出来的水花也成了五颜六色。"[61]博览会引起他最大兴趣的则是展品都和大众的生活息息相关。

不过，引起我最大兴趣的还是室内家具、地毯、窗帘以及其他的陈设，色彩是那样的调和，又有那么多变化，甚至在一些机器陈列馆内，也同样是那样的美。这是我有生以来第一次认识到，原来美术不只是画几幅画，生活中无处不需要美！[62]

巴黎国际现代装饰艺术和工业艺术展览会对庞薰琹影响之大之深远，从他的回忆录可以见出：

也就从那时起，我心里时常在想，哪一年我国能办起一所像巴黎高等装饰美术学院那样的学院，那就好了！也就是从那时起，使我对建筑以及一切装饰艺术开始发生兴趣。[63]

还有一个对庞薰琹影响至深的设计理念—柏林的包豪斯设计。庞薰琹去柏林的主要目的是看德国现代舞蹈家玛丽·魏格孟（Mary Wigman，1886—1973）的告别演出。去柏林看包豪斯建筑是朋友雷维的建议。

雷维是学建筑的，他听说我要去柏林，向我建议去看看柏林近郊的一些新建筑。这个时期的德国、荷兰、瑞士等国的建筑，受包豪斯的影响很大。包豪斯是学校名称，1919年年由奥芬提乌斯创办的工艺学校。在建筑方面，他们推行"世界主义"的运动，他们主张采用现代化综合方式，抛去纯艺术与应用艺术分界的观念。这些理论与实践，我确实也渴望去看一看。[64]

关于建筑问题，庞薰琹曾去柏林市郊参观了多处私人住宅，有的已经建成，有的尚在建筑中，受包豪斯影响的建筑，表现在私人住宅方面是很明显的，首先每个建筑物在造型方面变化很大，屋顶采用了平顶，使建筑物的造型，得到了更自由的发展。室内布置完全抛弃了旧的传统。由于钢铁工业、玻璃工业的发展，大量地使用玻璃，使室内光线起到了根本性的变化，改变了"内外关"。钢铁使用到建筑家具等方面。当时塑料工业也已开始发展，无论在建筑上或家具上，烦琐的装饰不见了，同时在照明方面也取得了很大的进展。[65]

建立一所像巴黎高等装饰美术学院那样的学院是"薰琹的梦"。借着1952年—1953年的全国高等院校（系）的大调整，以"国家建设所迫切需要的科系专业，应分别集中或独立，建立新的专门学校"[66]为东风，华东分院实用美术系北迁与总部合并，共同筹建中央工艺美术学院。这是"南北工艺美术界大会师"'预示着我国工业美术事业即将繁荣发展"。[67]包豪斯的设计理念对庞薰琹的影响是巨大的，使其建立工艺美术学校方面的构思时有所凭依，不至于完全的空想。从1949年庞薰琹与陶行知探讨建立工艺美术学校的资料中，从教育理念、教学计划到具体的生活规划，我们可以看出包豪斯教育理念对庞薰琹的影响。包豪斯纯艺术与应用艺术无分界的观念，使学成回国的庞薰琹会毫无违和感地从事广告设计、书刊装帧、商业招贴和漫画创作等多个领域，娴熟地运用西方的现代主义元素。同时以自己的商业设计实践勇敢地探索中国现代设计之路，为今后他从事图案研究、装饰画研究以及中国传统装饰艺术的研究奠定了基础。

国立艺术院的教学理念始终基于对中西文化立场的判断和选择，故而图案系能在民族和世界的对话中表现出充分的文化自信。受过日本图案教育的陈之佛，他的著作和创作都是以继承、发扬和创新中国传统图案和工艺遗产为目标。他强调图案与生活的实践有紧密的关系，美术工业是艺术和日常生活实用品的结合，强调艺术是日常生活用品的一个内在要素，他的封面设计和染织图案设计在传统图案的基础上推陈出新。在国立杭州艺专任校长期间，陈之佛亲自任教图案专业，深深地影响了学生的专业志向。雷圭元 1929 年留学法国，接受现代主义熏陶，回国后借助西方的图案学研究体系，创造性地阐释了中国传统纹样的构成原理，从而建立了中国的图案学体系。这些学成回国的精英，没有全盘照搬包豪斯，而是结合中国当时的实际，借助西方的现代设计思想，创造性的探索出新的图案理念。如庞薰琹采用欧洲装饰艺术运动的一些思想，创办了中国第一所设计学院；陈之佛、雷圭元早期都受到包豪斯、西方现代主义的影响，创造了中国的传统图案体系。对于受到包豪斯设计影响的庞薰琹、陈之佛、雷圭元等学者，这是一种选择，是中国人面对世界的变化，结合中国不发达的工业设计的设计实际状况所做的选择。"在经济科技社会相对不发达时的开放而又自觉的主动行为，'误读'此时成为一种有意为之的选择，因为这样一群民族精英的'误读'者，学习他者文化的最终目的是为我所用，建立自己的适合价值体系。"[68]

如前面介绍分析的，这些传播包豪斯理念的中国设计师，都不同程度地参与到"杂志年"的封面设计中，尤以陈之佛等，在业界和广大读者中，产生很大的影响。

2. 斋藤佳三与包豪斯设计

说到中国高等美术教育的"现代设计"，或者更确切地说是"包豪斯设计"，是和斋藤佳三的名字分不开的。这位受聘于杭州西湖国立艺术院的日本教授，在现代世界设计艺术史上，值得大书一笔。斋藤佳三将西方现代设计教育理念等，率先带入到杭州国立艺专的图案教学中。[69]

明治二十年四月二十八日（1887 年 4 月 28 日），斋藤佳三[70]出生于由利郡矢岛町馆町[71]里数一数二的素封[72]家庭里。在矢岛藩[73]时代，他的家族属于御用商人。祖父在明治初期从理发师当上了村长，父亲忠一郎是县会议员，又担任初代邮局局长。有着姐姐和哥哥的斋藤佳三，在祖母的疼爱下成长。据说这位祖母，让年幼的斋藤佳三尝试在六曲屏风上自由绘画。有着绘画才能的斋藤佳三，在矢岛小学时期还尝试了很多威武的武士画作。著名的音乐家小松耕辅也就读于这所小学，因为与这位小松耕辅的相识，斋藤佳三才有了对音乐感兴趣的契机。

小学毕业之后，斋藤佳三只身离开家乡，进入了秋田中学。这所中学因为"校头"[74]极度严厉，引起学生的极大不满，最终导致了有影响的同盟罢工事件，包括斋藤佳三在内的一批优秀学生被退学。退学组的学生无奈一同前往东京发展，并结成了退校会互相鼓励。

到东京后的斋藤佳三，寄宿在神田开诊所的叔叔家。初中后进入东京音乐学校师范科。但不满足于只学习音乐的他，中途退学后又新入学于东京美术学校图案科。当时的美术学校，提倡自由，学生们过着无拘无束的生活。可能受到了这些影响，上课之余，斋藤佳三更热衷于作词作曲。同一届的同学有研究日本古典乐而闻名于世的町田佳声（1888—1981），著名染织家的广川松五郎（1889—1952），斋藤佳三与他们相识，并相互学习和鼓励。脍炙人口的《故乡》[三木露风（1889—1964）作词]便是斋藤佳三还在美术学校期间尝试的作曲，是青春期值得纪念的作品。受到好友的影响，《树立》等歌曲都是在这个时期创作的（图17）。

先后毕业于矢岛小学、东京音乐学校、东京美术学校图案科，这样的学习经历奠定了他在音乐和词曲制作、舞蹈剧家具、服装设计和舞台美术等各个设计领域的基础。大正二年（1912），完成毕业创作后的斋藤佳三前往一心向往的欧洲。随后到达目的地德国，斋藤佳三就读于柏林的国立美术工艺学校，师从艺术史学家、装饰家库区曼（Max Kutschmann，1871—1943）教授。学习之余，又在埃米尔·雅克 - 达尔克罗兹（Émile Jaques-Dalcroze，1865—1950）任教的音乐舞蹈学校学习，接触了关于"节奏"的理念。[75] 达尔克罗兹研创的韵律舞蹈（Eurhythmics）是通过运动培养节奏感的新式音乐教育法，对现代舞蹈界做出了重大的贡献。"对了，节奏也可以活用于设计方面"，这样的顿悟就如灵光闪现一样，带着这样的顿悟，斋藤佳三更加努力地学习设计。对于斋藤佳三来说，接触和学习像德国这样的欧洲文化有着一种统一近代日本文化的使命感：通过学习欧洲"表现主义"的手法，使自己能站在时代的前列去实践并且开辟日本设计的新时代。

三年后的大正三年（1914年），第一次世界大战爆发。斋藤佳三在内的一批留欧学生不得不立即回国，抱着无奈与难以割舍的心情，他与日本最早的西洋古典音乐作曲家山田耕筰（1886—1965）一起踏上了归途。结束了两年的留学生活，斋藤佳三再次踩上了东京的土地。

斋藤佳三回国后的第一件工作就是在日比谷做了以新纹样为主题的作品展，命名为节奏纹样。这是从第一次去欧洲，斋藤佳三一直在思考与诞生的新的设计思想，也是欧洲现代设计包括包豪斯设计的理念—为生活的设计。节奏纹样仿佛能感受到生命的充实感，不仅在室内装饰上，在生活各处，甚至在和服中也能充分感受到这种节奏感。

大正八年（1919年），三十二岁的斋藤佳三站在了东京美

图 17　斎藤佳三手写乐谱，斎藤佳三家属捐赠，东京艺术大学美术馆藏

图 18　斎藤佳三在德国考察期间手稿（1922—1923），斎藤佳三家属捐赠，东京艺术大学美术馆藏

术学校的教坛上，教授工艺学、服装史等科目。但他会经常把音乐挂在嘴边，并把音乐和设计相联系，连画根线条也会谈论到节奏，或者会留下"设计师是音乐的指挥者"之类的话。如果站在室内装饰的观点上思考这样的话，就容易理解。直到今天，平面设计和室内装饰等词汇，在设计界里才得以普及，但在几十年前他就已经将这些挂在嘴边。在无人涉足的设计领域，如最先开始的博览会会场的设计，到橱窗陈列展示、室内装潢、服饰，甚至舞台美术，斎藤佳三都留下了经典的作品。斎藤佳三称得上是名副其实的日本现代装饰艺术之父。

　　大正十一年（1922 年），作为东京美术学校的讲师，他再一次前往欧洲考察设计教育。考察期间访问了德国包括魏玛包豪斯在内的 22 所工艺学校，并将这 22 所学校的课程体系整理出来（图 18），同时也拜访了魏玛包豪斯任教的教师。这位对欧洲设计并不陌生的日籍设计师，经过学习和考察，欧洲的现代设计理念对他日后的设计实践产生了直接和重要的影响。在他离开东京期间发生了关东大地震，东京已不再是原本的面貌。唯独使斎藤佳三高兴的是：美国最重要的现代建筑大师弗兰克·劳埃德·赖特（Frank Lloyd Wright，1867—1959）设计的帝国酒店新馆竟然挺过了剧烈的地震。去欧洲考察前，受赖特委托，斎藤佳三负责了帝国酒店的日用器具等室内装饰工程并显露了他独特的设计。赖特为何会关注还没被世人知晓的大谷石[76]，为何用大谷石作建筑材料，至今无人知晓，但有可能是斎藤佳三的智慧在背后起了意外作用。而这家帝国酒店新馆落成发布会当日，就是那个噩梦般的地震来临之日。斋藤佳三面对眼前安然无恙的建筑，满腹的感慨，突然认知了"为了生活而艺术"的使命，为生活而设计的现代设计理念形成。那一刻他站在地震后正在重建的东京街头，因为使命感忍不住颤抖。

在斋藤佳三的倡导下，昭和二年（1927）帝国美术院展览会新成立了工艺部门。在帝展工艺部，展出了斋藤佳三的和室作品：在四畳半[77]的和室空间里搭配屏风、台灯和点缀装饰的小型桌。这件作品对过于守旧的评委而言是毫无艺术常识，不可理喻的。而且，小型桌上还能看见有铅粉的喷漆，这让评委更不满。如果是在今天，作品中拓展了日常生活的可能性，说不定还会被称为创意。但在几十年前，这只能被认为是低俗的趣味。斋藤佳三没有就此沉默，立即在《朝日》报上登载了自己的头像和对落选不满的文章。他的文字，严重打击了顽固守旧的评委。第二年即昭和三年（1928），评委也可能是受了上一届斋藤佳三作品落选受到苛责事件的影响，作品《饭后下午茶房间》（图19）成功入选。这之后，斋藤佳三陆续创作了和生活有着紧密关联的综合性艺术作品，如昭和四年（1929）创作的《可以放松的食堂》、昭和五年（1930）创作的《日本的寝室》、昭和七年（1931）创作的《钢琴为主的房间》（图20）。

在东京美术学校工作期间，斋藤佳三关于为生活的艺术的图案教学也没有完全被理解。耐人寻味的是，陈之佛留日期间的图案科教授岛田佳矣以其保守的图案观念主导着教学，斋藤佳三关于图案教学改革的被称为前卫的教学思想，并没有得以实施的机会。机缘巧合，1929年斋藤佳三受国立艺术院之聘来到了中国，来到了国立艺术院。在这个"希望外国的艺术家在可能的范围中来帮助我们共同担负艺术上的使命"和"不嫌艰难困苦地想把提倡艺术运动以促成东方之新兴艺术的担子肩负在肩头的一个艺术家或艺术教育家的结合"的"中国几乎是唯一的新兴学校"，[78]他的为生活的设计—包豪斯设计理念—改革图案教学的新思想找到了英雄用武之地。

图19 饭后下午茶房间，斋藤佳三，室内设计，1928 年

图20 有钢琴的房间，斋藤佳三，室内设计，1931 年

三、林风眠与斋藤佳三

中国的图案教育，从一开始就和日本有密切的关系。1918年国立北平美术专科学校成立，引入日本的图案教育体系，完成了图案科系统的教学目标、课程设置并使其成为高等教育的独立系科，被认为是中国图案教育的真正开端。在此之前，"师徒父子"的工艺传承形式尽管含有图案教育的成分，而且还留下了许多珍贵的"图谱"和"公样"，但因局限于自然经济的生产方式而无法使它成为系统的学科教育。晚清图画手工教育中的图案课程虽然已经以"图案"命名，但仅仅被作为图画手工教育体系的组成部分而含有图案教育的成分而已。1919年，教育部批准国立北平美术专科学校为高等美术学校，本科设中国画、西洋画、图案三系。图案教学已成为该校教学之重点，校内设有金工、印刷、陶瓷等实习工厂，传授蜡染、烧瓷、漆画等工艺技法，实现了图案与工艺制作实践的结合。在国立北平美术专科学校的带动和影响下，许多省立和私立美术院校纷纷成立工艺图案系科。1919年，吴梦非（1893—1979）、丰子恺、刘质平（1894—1978）以私人财力创办上海艺术专科学校，并于翌年正式成立，分普通师范与高等师范两部，是中国第一所高等美术师范学校。1920年，上海艺术专科学校已由初创时的绘画科一科发展到中国画、西洋画、工艺图案、雕塑、高等师范、初级师范六科。其他如武昌私立艺专、苏州美专等院校的图案专业，在借鉴国立美校的基础上大胆改良，以各具特色的教学体制而成为中国图案教育的重要组成部分。1928年3月26日，国立艺术院在杭州成立，引入了法国图案教育体系，"南学巴黎，北学东京"的格局对中国图案教育的发展产生了深刻的作用。[79] 而在林风眠的邀请下，斋藤佳三加盟国立艺术院图案教育，其意义在于直接将设计教育和大众生活紧密结合在一起，犹如蝴蝶效应，在中国现代化的进程中形成广泛的影响。

1. 林风眠与杭州国立艺专的图案教育

了解斋藤佳三和杭州西湖国立艺术院的因缘，有必要先看一下后者图案教育的沿革。1927年，蔡元培任最高学术教育行政机关大学院院长，在南京全国艺术教育委员会第一次会议上通过"筹办全国首届名胜展览会"和"筹建国立艺术大学"提案，会议认为欲使"欧洲文艺复兴，得重建于中国"，"须于长江流域，环境适宜。风景佳盛之地，先建立一艺术学院，次及其他各地"。[80] 学校定名国立艺术院，校址定在杭州西子湖畔，留学欧洲的林风眠任校长。1928年在国立艺术院的开学典礼上，蔡元培发表了与艺术院组织法中的第二条规定"本院培养专门艺术人才，倡导艺术运动，促进社会美育为宗旨"一致的演讲："大学院在西湖设立艺术院，创造美，使以后的人，都改其迷信的心为爱美的心，借以真正完成人们的生活。"林风眠在建院周年纪念刊《告全体同学书》中写道："我们所负的责任，是整个艺术运动，一是致力创作，使艺术常新；一是致力宣传，使社会了解艺术的趣味。"这里可以看出，国立艺术院的教学一方面强调艺术创作，一方面强调艺术与社会结合起来的教育思想，超越了"为艺术而艺术"的西方美术教育观念，凸显了美术与社会的关系，显示出20世纪中国社会对于美术教育和美术的需要。

国立艺术院开办之初设绘画、图案、雕塑、建筑四系，建筑系在筹备中。学校是当时国立美术学校学制最长的高等学府，修业年限为五年，预科两年、本科三年，招收旧制中学毕业生入学。同年秋开办研究部，增设了音乐研究会。1929年秋，学校改名为国立杭州艺术专科学校，学制三年，设立培养后备学生的艺术高中部，学制三年，招收初中毕业生入学，毕业后升入专科学习。学校的宗旨是"介绍西洋画；整理中国艺术；调和中西艺术；创造时代艺术。"国立艺术院和国立杭州艺专聚集了一批优秀的教师，为学校的发展提供了坚实的基础。学校开办之初有一批留学海外特别是留学欧洲的美术家，如留学法国、德国的林风眠；毕业于法国巴黎大学美术史系的美术理论家林文铮（1903—1990）；毕业于法国巴黎美术学院的西画系主任吴大羽（1903—1984）；留学法国的雕塑科主任李金发（1900—1976）；留学法国专攻建筑的图案科主任刘既漂……学校聘请外籍教师来学校任教，如聘请日本籍教授斋藤佳三教授图案；聘请俄罗斯的杜劳教授建筑；聘请索罗斯薛洛夫斯基教授雕塑；聘请法国籍克罗多（Andrè Claudot，1892—1982）教授油画；聘请奥地利普罗克教授乐器……学校还聘请了一批国内优秀的教师，如潘天寿（1897—1971）、雷圭元、姜丹书（1885—1962）等。学校教学方法和使用教材仿照法国巴黎美术学院，同时努力探索适合中国需要的教学之路。在蔡元培的影响下主张"艺术自由"，学习空气浓厚，艺术思想活跃。在林风眠强调的"一方面努力创作，把真的作品拿给大家看，一方面努力艺术理论的解释与介绍，帮助大家从事（艺术）与了解艺术的真面目"的氛围下，学校重视理论课与文化课，提倡课外艺术活动，重视举办各种展览，各种艺术团体纷纷成立。一时间出现了艺术运动社、艺术通讯社、西湖一八艺社、木铃木刻研究会、蒂赛图案社等

20 个社团。林风眠努力贯彻蔡元培的美术教育思想，并具体落实到学校的教学工作中，提倡中西融合、兼容并包，学校艺术气氛浓厚，艺术思想开放，培养出了众多艺术基础坚实、视野开阔、具有现代艺术倾向的美术家。

国立艺术院初设四大系，图案是其中的一个系，图案系的设立和蔡元培的实利主义教育一脉相承。蔡元培的实利主义思想源于清末的"尚实"的实业教育，也源于欧洲装饰艺术运动对大工业的艺术改造。他意识到通过生活的美育改造民智的重要性。实利主义教育"以人民生计为普通教育之中坚。其主张最力者，至以普通学术，悉寓于树艺、烹饪、裁缝及金、木、土工之中。此其说创于美洲，而近亦盛行于欧陆，我国地宝不发，实业界之组织尚幼稚，人民失业者至多，而国甚贫穷。实利主义教育，固亦当务之急者也"。蔡元培还是最早关注威廉莫里斯的中国思想家，他说："美术与社会的关系，是无论何等时代，都是显著的了。从柏拉图提出美育主义之后，多少教育家都认为美术是改进社会的工具。但文明时代分工的结果，不是美术专家，几乎没有兼营美术的余地……近如 Morris 痛恨于美术与工艺的隔离，提倡艺术化的劳动，倒是与初民美术的境象，有点相近。这是可以研究的问题。"[81] 蔡元培的实利主义教育的核心是将教育与生产、经济、民生相结合。

蔡元培 1918 年在《国立北京美术学校开学式演说词》中阐述了图案与图画的关系："图画之中，图案先起，而绘画继之。图案之中，又先有几何形体，次有动物，次有植物，其后遂发展而为绘画，合于文明史由符号而模型、而习惯、而各性、而我性之五阶段。惟绘画发达以后，图案仍与为平行之发展。"[82] 这体现了蔡元培对图案和装饰的价值有很高的评价，在《创立国立艺术大学之提案》中提出"大学预定组织为五院：（一）国画院，（二）西画院，（三）图案院，（四）雕塑院，（五）建筑院。[或将中、西画合并，则（一）绘画院，（二）雕塑院，（三）建筑院，（四）工艺美术院等四大院]。"[83] 作为实利主义的图案和建筑，与绘画教育所占的比重是一样的。

实利主义教育以清末以来的工业生产为背景，以振兴实业、发展民族经济和改良物质文化生活为宗旨，国立艺术院的图案科的设置，也是在这样的时代背景下担负起培养实用人才，教育救国的重任。图案系主任刘既漂在《对于国立艺术院图案系的希望》中认为："现在中国图案人才缺乏。即在教育方面而言，恐怕没有一个具体的图案学校。由此可见中国图案艺术之急需提倡也！这次西湖国立艺术院创设图案系，对于中国图案前途，当必有绝大的贡献。"[84] 林文铮认为："图案为工艺之本，吾国古来艺术亦偏重于装饰性，艺院创办图案系是很适应时代之需要的。""吾国之工艺完全操诸工匠之手，混守古法毫无生气。艺院图案系对于这一节应当负革新之责任，我们并希望图案系将来扩充为规模宏大之团案院。"[85] "我们深信中国工艺的复兴及日常生活的美化当有待乎未来的无数图案家。"[86] 从刘既漂、林文铮关于图案系的建立和对图案系学生的期盼可以看出，国立艺术院图案系的创立是应当时工业工商业的需要，图案人才稀缺；国立艺术院的图案系区别于传统手工艺的传承、晚清及民国早期一般的技能训练和手工艺的学习杂糅在一起的中国早期的图案教育，国立艺术院的图案相当于今天的设计概念；图案系的创立表明图案专业教育进入高等专业教育的发展轨迹，与职业教育、普通教育等各种教育类型并存的相对完善的教育层次结构。

评价一个学科的起点和高度，参考的是这个学科的课程设置和师资的配比，还有学生的实践和所取得的成绩。国立艺术院的图案设计是应当时工商业的需求而设立的，所以在课程设置上分为基本图案和专门图案，也可以理解为设计基础课和设计专业课，在培养学生的设计基本功的同时有效和市场需求相对应。基本图案是基本功的训练，掌握的是图案的语言和形式美的规律和法则。而专门图案是按照不同产品的材料、工艺和消费特点以及工业大生产的可能进行的不同类别的专业训练，涵盖印刷、染织、陶瓷、漆器、金器、木器、建筑装饰等与现代设计相似的分门类教学内容。[87] 从 1934 年《国立杭州艺术专科学校一览》[88]，可以看出图案专业的课程内容概况，各学科教学分为实习主科和理论副科。理论副科各专业基本相同，有中国美术史、西洋美术史、美学、解剖学、透视学、国文、日文、党义、几何画、军事训练、博物、音乐、体育、色彩学。从理论副科设置的课程来看，涵盖了设计基础课的大致的门类，确保了国立艺术院的学生在进入专业学习时，具备了理论和实践的基础知识。基本图案主要安排在高级艺术科的第三学年学习。图案专门部的专门图案学习安排在第一学年，学习印刷、染织、陶瓷图案，第二学年学习漆器、金器、木器图案，第三学年学习建筑装饰图案。而基础图案主要安排在高级艺术科的第三学年学习。从图案科的课程设置来看，特别是基本图案和专门图案的课程设置，都是和当时社会的实际需要相关联，而从学科的角度来看，图案科的教学在大的框架上已奠定了现代设计学科的基础。

国立艺术院图案科的师资配备是林风眠的世界视野的体现：图案科的教师有外籍教师、留洋归来的刘既漂、王子云、雷圭元、孙福熙；有外籍教师日本籍斋藤佳三、成田虎次郎，[89]俄籍杜劳、薛洛夫斯基；本土的商业设计著名的艺术家陶元庆、李朴园、姜丹书。这样的师资力量组合，体现了林风眠大艺术的国际视野。据画家吴冠中（1919—2010）回忆，无论是任课老师，艺术主张还是课程设置，"当时国立艺专近乎是法国美术院校中国分校"。[90]图案科的教学不仅有刘既漂为代表的法国现代主义时期的图案方法，也有俄国图案教师为代表的古希腊到文艺复兴时期的装饰手法，还有以雷圭元为代表的中国古典民族民间图案手法，"学生们就在这三种流派中锻炼，吸取所长"[91]，世界设计理念和中国本土设计理念很好地融合在了国立杭州艺专的图案教学中。

以博览会命名的1929年的西湖博览会是中国近代历史上首次举办的展览。它与同年西班牙举办的万国博览会，一起被誉为世界级的大型博览会"世界两大展览会，同时举行，东西相映，猗欤盛哉"。[92]在西湖博览会的项目中，刘既漂不仅担任了设计委员会下设的职务，还设计了包括展览会入口的大门，丝绸馆、教育观、艺术馆、博物馆、卫生馆等所有入口设计，还有音乐亭、西湖博览会纪念塔、问讯处、一号码头（与陈庆合作）、北伐阵亡将士纪念塔等设计。西湖博览会大门是他和李宗侃（1901—1972）一起设计的，"正面高三层，为西洋式，色如湖波，美妙悦目。后面为宫殿式，画栋雕梁，气象壮伟"。[93]刘既漂尝试着把民族美术风格的设计元素嫁接到现代建筑形式之中，如教育馆的大门设计，整体上是西方纪念性建筑的外形和富有几何意蕴的装饰艺术，但也同时运用了中国传统建筑的柱基、梁架和重檐等元素，表现了民族个性。西湖博览会是刘既漂关于美术建筑的一个实验场，"我想表现美术建筑的机会到了，不顾一切，完全抱着义务的态度，不断地干……我希望这次西湖博览会可以给国人了解美术建筑的机会"。[94]我们从1929年《申报》对于西湖博览会的大门的描写可以看出来，西湖博览会的建筑设计，成了那个时代关于美术建筑的一个示范。李朴园也曾对西湖博览会建筑的形、色、线、图案有过很高的评价："在建筑构图上，用线的纯朴，造型的巍峨，著色的峻丽，是中国建筑界从来不曾一见的作风；在图案构图上，色的调和，线的变化，都是表现他人之所未表现，应用他人所未应用的东西！"[95]刘既漂也从事书刊设计，他设计的《菊子夫人》《红黑》等书和杂志的封面，在文字上应用几何笔画的现代美术字，颜色上对比强烈。如《红黑》杂志的封面，红和黑两字运用轻巧和粗重对比字体，颜色上也用了对比强烈的色彩，笔画用几何形替代，强调波折感和方向感，充满了装饰主义的风格。

图案科教师陶元庆在中国绘画、图案、书刊装帧、美术教育等方面都有建树，是一位在中西绘画融合中探索民族性的艺术家。他早年在上海《时报》工作，专门研究过狄楚青（1873—1939）收藏的日本图案资料，后在上海艺术专科师范学校学习，这所学校是偏重日本体系的。[96] 他和绘画虽然采用西方的技法，但表现的却是东方的情调。他的学生这样形容他的课："他到国立艺术院任教后，平时阅读西方特别是现代派的艺术，将中西融合起来，因此他的课总让学生感到新奇与有趣。"[97] "具有自己民族的概括简练的'浑厚'气质，同时又吸收了西方几何形体结构的装饰风格。"[98] 鲁迅对陶元庆艺术中的世界性和民族性有这样的评价，"他以新的形式，尤其是新的色来写出他自己的世界，而其中仍有中国向来的魂灵—要字面免得流于玄虚，则就是：民族性"。[99] 鲁迅真是读懂了陶元庆的艺术，正因为这种默契，鲁迅的很多著作都是指定让陶元庆设计封面，因此留下了一幅幅中国书装艺术史上的杰作，如《苦闷的象征》（图21）、《坟》《彷徨》等。陶元庆还为好友许钦文《故乡》设计封面，这帧被鲁迅称为"大红袍"的图像永远留存在中国的书装设计史上。可惜，他一生漂泊，只活了短暂的36年，便离开了人世。

1929年上半年刘既漂完成西湖博览会的建筑群设计后，辞去国立艺术院图案系主任的职位，去上海筹办大方建筑公司；1929年8月陶元庆犯了伤寒医治不当去世；青年助教雷圭元和文艺理论教师孙福熙于1929年2月去法国留学。在教师紧缺的情况下，同年林风眠聘请日籍教授斋藤佳三负责图案科的教学。这位日籍教授曾于1913年和1923年两度前往德国访学，每次时间长约一年，访学期间学到的不仅是美术，音乐，舞蹈等艺术领域的知识，还包括和生活文化相关的街道景观、居住空间、服饰、物品、玩具、海报、传单、标签，甚至饮食、化妆等各方面文化，这些都深深纳入了这位年轻多才的艺术家心中。斋藤佳三将德国包豪斯教育理念带到了中国设计教育领域，使中国的设计教育从此步入了世界现代设计的行列。斋藤佳三的教学实践，使国立艺术院的图案教学和世界现代设计教育特别是包豪斯的设计教育联系在了一起。

2. 斋藤佳三与国立艺术院

在参加日本帝国美术院展览会的第三年也就是1929年，斋藤佳三被中国浙江省杭州市西湖畔的国立艺术院邀请并聘为1929年9月新成立的图案系的主任教授。同年11月就任后，在第二年离任。在这仅仅一年短暂的时间里，斋藤佳三居住在中国，每天和渴望学习现代设计的中国年轻学生交流并给予引导。

对于斋藤佳三的到来,国立杭州艺专的学生充满了期待:"自从斋先生应了本校之聘；来指导我们的消息传开之后,我们的灵魂,总是天天在烟水茫茫的东海之滨盼望着,等待着,一直至斋先生到校之日。"[100]关于斋藤到离开日本到杭州国立艺术院的具体时间,郑巨欣教授在《斋藤佳三执教国立杭州艺专始末》里考证为1929年11月中旬。[101]斋藤佳三就任于这样一个充满艺术气息的艺术院校,当时就任后,斋藤佳三在家书中写道:"本人在本月初到达当地,已经是九月新学期开始了。见到师生对在下的到来满怀期待和等待已久的样子,在下也感到一点儿紧张,即日起开始整理有些混乱的原教授细目表(讲课用的明细讲义)。确立明天要实施的一系列教案,树立起巩固方针。"通过书信可以了解到,整理依旧处于混乱状态的图案系教案,并确立起新的方针,这些是斋藤佳三将开始的授课内容。丘玺[102]这样描述斋藤佳三:

图案系日籍教授斋藤佳三来自东京帝国大学美术院。年约四十多岁。他仪容端庄,行动潇洒,看上去是一位富有修养的艺术家,他对图案要求新颖变化,作品有浓郁的日本风格,他又是一位通俗歌曲的作家,曾把耳濡目染的杭州乡土风味化为音乐形象,创作出一首首动听的歌曲编撰成册,加上他新颖美丽的装帧图案(图22),很快地在东京、上海行销一时。像西湖上小贩叫卖声:"桂花白糖条头糕"都曾进入他的歌曲中广为流传。[103]

图21 《苦闷的象征》书影,陶元庆,1925年,私人藏

图22 斋藤佳三,杭州《西湖湖畔干果子叫卖》速写,1930年,斋藤佳三家属捐赠,东京艺术大学美术馆藏

斎藤佳三先生　　春丹

前書教育—歓迎詞に替えて

芸術教育—〈空(空気)のキハクな我国に於て〉、一般の人は図案に対する認識もないと云って位である。我々は昨今一ヶ年余図案を習った者にとっても各指導者が図案の理論的講述が甚少なかったために、図案とは何ぞやと云ふ疑問に一寸は答は出来ない。斎先生がこの本校の招聘に応じて我々を指導すると云ふ消息が伝って来てから我々の霊魂は毎日煙水モウとした東海の浜を忘れて先生の御来校までまっていた。斎先生と教室で初めて相接した時、先生の荘重にして而も柔軟な態度と短所の下から流れ出るような……えゝ。先生の高深的学問と修養を物語っている。先生は斎先生であるといって、章花を写生するやうに植物学者と等しい眼を以て自然を観察する様にせよと云ひ、我々は魚の様に随意に策を振うかく様にやさしくはないといって、自し先生の話によってなしたならば図案の基本的練習であるとの教へである。先生が平日もっちり四時間教室にあて我々を指導する事は之は外国人の違ふ処ではないか？先生が毎日一時間あまりの図案理論に関する講話があり、それを袁先生から口頭で中訳して貰ふ事を要求する。之等の理論は私の指導から経たとは難れ、然し誰かに之は図案認識の膚浅的中国人にとってもられたる処があるのものである。之からは先生の毎日教室に於ての講義を述べる。

第一、衣に関し。
凡生活様式範囲に属するものは凡図案の領域である。生活様式の重要部分は即ち衣食住。衣は、社会に上中下の流の別があるから、各階級の衛用する処のものは従てちがふ。又之を構成する材料の相違から、例へば〈綢糸、毛織、綿織物の如し〉。それから又、各国衣服様式の不同〈例へは中国、米国及各国衣服形式の不同〉、それから又、男と女と子供の区別により其様式も又異なる。各国衣服様式をして尚最近と近き将来の各国の風尚に起原する。図案家は各国の風尚に根拠をして尚最近と近き将来の嗜好を予想する事を要す。然る後にあらゆるパ流行の図案を作る事は出来ない。風尚によって流行する事はもを詳細に述べる。

图23　斋藤佳三在国立杭州艺专的讲义，斋藤佳三家属捐赠，东京艺术大学美术馆藏

就任两个月后的斋藤佳三这样看待中国的美术界：

现在的中国画坛，用虫做比喻的话，正处于第二或第三的休眠期。将其破茧成蝶的正是国立艺术院的运动。[104]

从去年国立艺术院成立以来，开始教绘画、雕刻、图案、音乐。一旦考入国立艺术院的绘画科，必须学习作为基础修养的油画与南画[105]，这与我国艺术院校相比有着不同特色……教授与讲师们都很年轻，充满了活力。这与日本明治二十年美术学校刚被纳入文部省直辖下的时代十分相似……日本花费二三十年的时间，逐渐开拓了今日的艺术界局面，相信中国会在更短的时间内，达到与我国相同的现状，并取得超越日本的发展。因此不可轻视中国的发展，要全身心地对学生进行指导。[106]

斋藤佳三将自己的母校东京美术学校的绘画教育体系与国立杭州艺术体系一一对比后，认同了中国艺术院校的教育方法中的合理性，他把中国的女性艺术家们和艺术结合起来谈论，并且预言在如此教育体系下诞生"新东洋画"的可能性，"中国的这种教育创新，一定会让中国成为特有的新东洋画的创作地"。关于斋藤佳三在国立杭州艺术专科学校教授图案的教学情况，分别是以春丹署名的连载在 1929 年《国立杭州艺术专科学校周刊》第七、第八、第九、第十一期上的《斋藤佳三先生在教室里的演讲》系列（斋藤佳三先生在教室里的讲话被翻译成日文，图 23）。从这篇连载文字可以看出，斋藤佳三来杭之前，国立艺专很少开图案理论课。

在艺术空气稀薄的中国，一般对于"图案"可说没有认识，就是学过一年多图案的我们。因为过去的指导者少有图案理论的讲述；"什么是图案'这个问题一时也答解不出来。"[107]

斎藤佳三的图案教学以理论结合实践来进行的。

他每天都有一个多小时关于图案理论的讲述，然后结合理论进行写生，他要我们写生花鸟，和植物学家一样的研究，和科学家一样的观察自然，我们虽觉得没有从前那样随便挥写几笔来的惬意，然而是依他的话做了，因为他告诉我们这是图案基三的练习。[108]

季春丹文字中整理的图案理论，比如第一部分斎藤佳三对图案的概念定义，源于他第二次德国考察包括包豪斯学校等22所设计学校后形成的新的设计理念—为生活的设计理念；他的图案概念，指的是包括衣、食、住等方面，也包括人类为自己和他人的需求，考虑空间、时间、行为三要素的生活样式的图案，为生活而设计的图案。这个理念和他昭和三年（1928）入选帝展作品《饭后下午茶房间》的设计理念一脉相承，包括入选后陆续创作的和生活有着紧密关联的综合性艺术作品的，如《可以放松的食堂》《日本的寝室》《钢琴为主的房间》。图案的分门类介绍和图案必须通过工种加以实施：如木工、金工、土工等，这些都是和人的生活息息相关的技艺人，他们的劳动成果是为着大众生活的需要。通过图案教育，提高这些生活品的审美要素，也就是改善了大众的生活品质。"为了大众生活的便利，为了社会经济的发展，为了民众购买的快感，整体大众的幸福指数也油然生起。'工艺'就是因为创造出来的幸福感，具有了独立的地位。"[109]

从斎藤留下来的讲义手稿（图24），图案分为手艺手工图案、染色图案、家庭装饰图案、妇人和小孩用品图案（指妇女的衣服）、商业用图案（印刷、容器、包装、橱窗）、工艺图案。分类里的手艺手工图案分为：A.袋物类、B.织物类、C.刺绣类、D.小盒子、E（无法识别）（图25）；商业用图案分为印刷、包装、广告。从讲义稿的分类来看，为国立杭州艺术专科学校的图案课程设置提供了一个参考范例，我们可从1934年《国立杭州艺术专科学校一览》中课表上课程名称可以看到，印刷、染织、陶瓷图案，漆器、金器、木器图案，建筑装饰图案等课程。这些在斎藤的图案理论课和讲义里都有相对应的工种分类。1930年夏天，结束了国立杭州艺专合约的

图24 斋藤佳三在国
立杭州艺专的讲义，斋
藤佳三家属捐赠，东
京艺术大学美术馆藏

图25 斋藤佳三在国
立杭州艺专的讲义，斋
藤佳三家属捐赠，东
京艺术大学美术馆藏

斋藤佳三到了上海，准备继续发展自己的事业，后因经济、政治等原因最后离开上海回到日本。在国立杭州艺专短短的不到一年时间内，斋藤佳三每天接触前来拜谒的中国年轻学子。据记录，斋藤在杭州艺专就任期间，与 374（图案系约 80）名学生及中国教师、外籍教师等众多人接触交流。[110] 斋藤佳三在杭州艺专授课的影响等材料因为中、日局势的紧张及中日战争的爆发而缺失，也因此斋藤佳三与杭州艺专的联系隔断。斋藤佳三的杭州艺专图案教学的影响我们可以从上海 20 世纪 30 年代的封面设计实践中寻到一些踪迹。1928 年 12 月，美国女记者艾格尼斯·史沫特莱（Agnes Smedley，1892—1950）得到德国《法兰克福报》中国特派记者的机会，1930 年加入了鲁迅的社团。她的自传《大地的女儿》（1927）于 1932 年 11 月翻译出版（史沫特莱著，林宜生译），该书的封面（图 26）表现的是在一束从下面射出的闪电般的光影中，一个女性影像在飞舞。这一值得注意的画面，与斋藤佳三设计的《创作舞蹈、音乐、乐剧》创刊号封面（1932）（图 27）画面构成元素非常相似，虽然《大地的女儿》在表现手法上显得更幼稚，但在人物形态及设计理念上两者极为相似。女性的身影图案，原本就是斋藤受到德国影响而喜欢运用的一种表现方式。《大地的女儿》封面上的字母组合记号，也与斋藤佳三封面上使用的 S 字母与 K 字母，或是加入组合中的佳三的文字有相似之处。从发行的年份和作品的等级来看，很难想象《大地的女儿》封面的设计风格没有受到

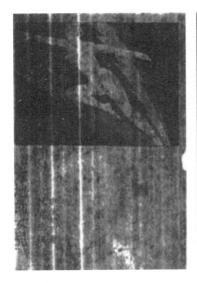

图26 《大地的女儿》
书影，1932年11月翻
译出版，史沫特莱著，
林宜生译

图27 《创作舞蹈、音
乐、乐剧》创刊号封面，
斋藤佳三，1932年

图28 《大地的女儿》
书影，1935年，私人藏

《创作舞蹈、音乐、乐剧》封面设计的影响。作为当时中国的封面画设计，《大地的女儿》与普遍风格稍有不同。综上所述，《大地的女儿》这一封面，也可以认为是受到斋藤佳三的影响下的某位作者所创作的作品。推测具备这种可能性看法的人物时，自然就会想到在国立艺术院就读过的学生们。虽然还不能十分确定，但可以推测，这位作者受到了受德国影响的斋藤佳三设计影响。这是一本会说德语的美国著名女记者的著作，在这本书的封面上这些因素都被激活了。但这一封面，在左翼文化的运动文脉中，显得格格不入。事实上，由同一作者设计的封面（图28）和在1937年重版但不同作者负责的封面（图29）中，两者都采用了版画运动的方式。也就是说只有1932年的初版的封面与别的封面有着不一样的画风。正因为这一封面画的存在，是否可以证明——斋藤佳三的图案课程的影响力，甚至可以延伸到和左翼文化运动这样与他初衷不同的文化动向中去。

　　虽然斋藤佳三在杭州任教的时间不到一年（1929年11月中旬至1930年6月），但他的教学对图案系的发展产生了很大的影响。斋藤佳三教过的学生如蔡振华、丘玺等，有的担任了其他专业院校的图案专业老师，有的在商业设计领域取得了很好的成绩。正是在斋藤佳三的教学实践下，使包括国立杭州艺专在内的中国现代设计跻身于世界现代设计之林，并成为世界现代设计的有机组成部分。

　　3. 林风眠纯艺术和实用艺术并举的教学思想
　　林风眠1920年至1925年巴黎留学期间，欧洲正流行着"新艺术运动"（New Nouvean）。1924 年他便开始游学德国，其间研究北欧绘画，后来回到法国又倾心莫迪格里阿尼（Amedeo Modigliani，1884—1920）和野兽派的马蒂斯（Henri Émile Benoît Matisse，1869—1954），可以看出林风眠一直在思考着情感与形式的表达关系。新艺术运动风格兴起的整体背景是美术工艺运动，运动主旨是反对从古罗马到文艺复兴、巴洛克、洛可可等系列"典雅"艺术的贵族化倾向，提倡清新的、简朴的、大众化的形式。在法国，中世纪的、日本的、中东的艺术得到了艺术家的追捧，尤其是日本的浮世绘和陶瓷艺术。林风眠、李金发、刘既漂、吴大羽、李凤白（1903—1984）、王代之、曾一橹、邱代明、李树化（1901—1991）等 1924 年春组织的"霍普斯会"（后改名为海外艺术运动社），5 月与美术工艺社一起筹备旅欧美术展览会，可以看出林风眠的早期绘画受到了新艺术运动的洗礼和学术活动圈子的基本趣味倾向。

1926 年春林风眠回国，就任于北京国立美术专门学校校长。热情的、激进的林风眠对着艺术怀着一种强烈的社会责任感，他用自己的艺术表现去发言，强调美术的形式，只因这形式视觉上具有冲击力，饱含着情绪。林风眠寻找着自身情感和形式之间表达的统一，形式的"力"成为林风眠早期艺术的主题。林风眠认为艺术是为情绪冲动而创作的，东方艺术"常常因为形式不发达，反而不能表现情绪上之所需求，把艺术限于无聊时消倦的戏笔"。西方的艺术，形式比较发达，中国艺术的出路，就在于调和两者，互补长短，他甚至认为这也是世界新艺术的前景。[111] 从这句话里我们可能认为林风眠是一个为艺术而艺术的全盘西化者，其实他是一个主张中西融合、纯艺术与实用艺术并进的艺术教育家。国立艺术院在成立时就设立了图案系，即是设计学科创设的标志。留学法国的刘既漂任图案系主任，1929 年西湖博览会林风眠亲自担任艺术馆主任、图案系主任刘既漂带领学校师生参与博物馆的设计；1929 年刘既漂离职去上海创立自己的公司，这一年林风眠开先河聘任日籍教师斋藤佳三负责图案系的教学；1930 年在东京举办的国立西湖艺展，展出作品 300 余件；1934 年国立艺专在上海的法租界举办的大规模作品展，作品包括图案、染织、陶瓷、漆画、室内装饰、建筑装饰等，这些都是林风眠纯艺术和实用艺术并举的教学思想。

林风眠具有整体的现代艺术（包括设计）教育观，深谙现代艺术与设计之间的关系，这是在蔡元培的美育思想框架内发展而来的。蔡元培的"美育救国""以美育代宗教"的美育，其实是我们今天所说的"设计"。1912 年年底，蔡元培在《文化

图29 《大地的女儿》
书影，1937年，私人藏

图30 1930年赴日展
览手册封面，斋藤佳
三家属捐赠，东京艺
术大学美术馆藏

运动不要忘了美育》一文中提出要办《工艺美术学校》，这是他看到了欧美装饰运动对大工业艺术的改造，意识到了通过生活美育改造民智的重要性和深远意义。1916年4月，他在对那些旨在学习西方科学和美术的法国华工学校师资班的学生，讲授"装饰者，最普通之美术"的道理，他所论述的最普通的美术和装饰，就是"设计"——设计能改善民生改变世界。1928年蔡元培聘请年轻的林风眠任国立艺术院的校长，无疑，林风眠是他思想的知音和同道。

　　1928年，在蔡元培的支持下，林风眠与林文铮等人在杭州创办国立艺专，林风眠继续大力提倡新艺术运动，明确提出艺术运动的两大观念，"第一，要从创作本身着眼，怎样才可以使艺术时时有新的气象，俾不致为旧的桎梏所限制；第二，要从享乐者的实际着眼，怎样才可以使大家了解艺术，使大家可以从艺术的光明中，得到人生合理的观念，同正当感情的陶冶。"[112] 前者是强调艺术自身的更新问题和原创性，后者是强调艺术实际存在的意义和艺术的人众化、社会化。这恰恰是现代艺术的两个基本观点。从图案科的设立、图案科教师的聘用、图案科教师参与的实践活动、展览的这些今天所说的设计艺术门类的作品来看，林风眠国立艺专时期是纯艺术和实用艺术并举的教学思想。

　　1929年林风眠开先河聘任日籍教师斋藤佳三负责图案系的教学。虽然没有资料显示林风眠和斋藤佳三在1929年之前有过交往，现留存的一件林风眠的手写小楷墨书《愿艺术在两国交流》，即是林风眠和斋藤佳三友谊的历史见证。日本明治维新以后全盘接受西方的思想，现代主义艺术和艺术教育，包括包豪斯教育思想的现代设计教育进入日本美术教育。斋藤佳三不仅是在日本这样的环境中培养出来的现代设计家，而且他曾两次去德国柏林学习和考察德国的设计教育。一次是 1912 年 12 月至 1914 年一月去柏林学习，第二次是 1923 年 11 月去考察德国的设计教育。1923 年至 1925 年，此时正是包豪斯魏玛时期，因为德国经济形势逐渐好转，包豪斯开始了一段理性的、带有构成主义色彩的科学探索。斋藤佳三去德国考察时期正是魏玛包豪斯课程设置和教学方法调整最合理的时期，他先后考察了德国 22 所工艺学校，包括到魏玛包豪斯参观，拜见包豪斯的教员康定斯基和保罗·克利等。在国立杭州艺专任职期间，斋藤佳三虽是以指导老师的立场关怀着中国的年轻艺术家们，也非常认可这些青年艺术家的艺术气魄。在这种友好交流中，在斋藤佳三多方面的协调中，中华民国国立杭州艺专展在日本上野举行（1930 年 7 月 6—15 日），展示教师作品约 300 幅；包括斋藤佳三本人，学院有 10 名教师赴日（图 30）。这是中国历史上首次以国立艺专的名义举办的赴日美术展览，在艺术界和民间都产生了很大的影响。展览期间，斋藤佳三招待林风眠等一行，并重点参观考察了东京美术学校和东京高等工业美术学校（今东京工业大学）。

四、学以致用：国立艺专图案设计教育及其影响

实利主义教育是清末以来的工业生产为背景，以振兴实业、发展民族经济和改良物质文化生活为宗旨。国立艺术院图案系的设立是以大工业机器生产为前提，课程大多应社会实际要求而设立，国立艺术院图案系的教学目的从一开始就定位为振兴中国经济，改良人民生活，促进社会的进步。从学生自发组织的蒂赛图案社曾在上海南京路国货商场展览的作品品类来看，瓷器、地毯、印刷、木器、漆器、装饰、宣传等，这都是和人们生活息息相关的物件，通过这样的设计实践，来改善人们的生活品质。雷圭元为非图案系学生研究图案而设的"实用美术研究会"，1934 年 3 月在上海环龙路 11 号中法友谊会举办第四次展览会，作品就包括很多图案设计作品。当时的报章的开幕式报道以图案设计等更切实际点题，这样写道："图案之应用于染织、陶瓷、漆器、广告、建筑诸端，尤足启人振兴国货改进工业思想，造福社会匪浅。"[113]

振兴中国经济，改良人民生活，促进社会的进步，这是国立艺术院图案系的教学目的，艺术与生活的关系从国立艺术院的图案系设立之初就建立起了联系，这也是林风眠实用艺术与纯艺术并重的办学理念。和中国的现代艺术的变革来自西方艺术的影响一样，中国的现代设计的产生和发展也来自包括包豪斯在内的西方现代设计的影响。国立艺术院图案科建立之初的师资来源和流派就是包容世界的，如受过法国现代主义图案方法的刘既漂、教建筑图案和舞台装饰课程的俄国图案教师杜劳、曾在上海著名广告公司美灵顿做首席设计师的俄籍教师薛洛夫斯基、日籍图案教授斋藤佳三，陈之佛、庞薰琹、雷圭元、李有行等都在这里留下了深深的足迹。国立杭州艺术院图案科的建立，标志着中国图案教育走上了高等专业院校的教育之路。中国早期的工艺美术家、设计师很多从这里起步。早期从图案系毕业的学生，很多担任了其他院校图案专业的系主任和骨干教师，也有的在设计行业担任重要的角色，如郑月波（1908—1991）、蔡振华、郑明盘等。

　　中国美术学院与包豪斯的渊源，从实用艺术和纯艺术思想并重的林风眠1929年聘请受过德国现代设计教育的日籍教师斋藤佳三开始。关于斋藤佳三1922年访德时对包豪斯课程体系的具体介绍，有待新的材料和研究。但斋藤佳三给国立艺术院带来了包豪斯关于艺术与生活统一教学理念，他将德国包豪斯教育理念带到了中国设计教育领域，使中国的设计教育从此步入了世界现代设计的行列。斋藤佳三的教学实践，使国立艺术院的图案教学和世界现代设计教育特别是包豪斯的设计教育联系在了一起。从他在杭州艺专的讲义、教学内容及艺术实践，艺术与生活的关系一直是他努力去探讨和实践的设计理念，这也是他留给国立艺术院最宝贵的财富。关于国立杭州艺专的图案和图案系就是今日所说的设计和设计系。"图案是贯穿着学习全过程的，图案就是设计（DESIGN），而设计就是将技术与艺术熔为一炉的。"[114]设计系这一名称的确定可以从斋藤佳三的图案讲义、图案理论中得到佐证。斋藤佳三在1930年6月离开杭州的教学工作，两年半后即1933年他的文章中，改变了中国艺术的评价："革新对于这个国家来说，也处于进化的阶段。打破旧的套路，进行文明维新，谈论三民主义的新纲领时，无论是政治、产业、文艺一切都将有一个新纪元。然而，这本应该是全新的中华民国的国民及其精神，不知何时开始与过去的中国国民并无分别。"如此最终批判了革命精神的退缩，甚至断言"在商业美术方面，也找不出可以特别铭记的人"。[115]斋藤佳三在国立杭州艺专的讲义图案分类中商业用图案应该就是他所说的商业美术，斋藤佳三把设计中相关的各个领域称为商业美术，所以当时他作为教授就职的国立杭州艺术专科学校的图案系，说成是今日的设计系一点也不为过。

关于斋藤佳三对中国"革命精神的退缩"和对中国设计"在商业美术上找不出一个可以提别铭记的人"评价，和他之前认识看似相反，但实际上并不像字面所说的这么简单。斋藤佳三在职任教时的国立杭州艺术专科学校，恰好燃起了中国近代美术史上最重要的运动时期。根据《艺术摇篮》和《20世纪30年代，上海鲁迅展》画册上记载，在1929年1月22日，二十多名学生组织了名为"西湖一八艺社"的美术团体，在无产阶级文化运动的影响下，学生们分裂后结成了"一八艺社"，社团中有各专业的学生参与，其中核心人物陈卓坤（1908—2002）是1928年春季入学的图案系学生。与他同一期图案系的18名学生也在其中。我们可以推测，对于斋藤佳三任教时的图案系的上届学生们来说，一八艺社的存在感非常大。斋藤佳三在杭任教期间，"一八艺社"与上海的以鲁迅为中心的美术运动有着密切关联。在此期间，鲁迅通过内山完造（1885—1959，内山书店）购入了好几套版画集，编辑出版了《近代木刻选集第一集》（1929年1月），《近代木刻选集第二集》（1929年3月），翻译出版卢那察尔斯基《艺术论》《文艺与批评》（都是1929年）、普列汉诺夫《艺术论》（1930年），这些著作为1931年启动的木刻版画运动逐奠定了基础。"一八艺社"的社员，学习鲁迅翻译的《艺术论》《文艺与批评》，以及用鲁迅编集的版画集研究版画技法，也一起参与了1930年8月在上海成立的培养出了一批中国版画运动的核心成员的"中国左翼美术家联盟"。对于这样的"一八艺社"学生们来说，斋藤佳三也许是敬而远之的。回过头来看，斋藤曾目睹了"一八艺社"日益成长的发展状况，为什么在离任三年后，才转向批判中国"商业美术"以及整个中国本身呢？如丘玺所说如果斋藤佳三在上海住过的话，在那个时期里，他可能已遇到了鲁迅。将德国艺术家斯特·爱温贝克（Ernst Ewerbeck）的木版画介绍到日本的斋藤佳三，本应该对木版画运动关心的他，不仅无视了"一八艺社"，还无视了上海的木版画运动，这可能因为他目睹了中国艺术和设计的新机遇，反而更意识到作为日本人自身的气概和危机感。

将设计和生活建立起一种关系是国立艺术院图案系创办之初的教学理念，如今中国美术学院艺术设计学院依然秉承着这样的教学与实践结合的理念。2011年中国美术学院引进世界上最大、最完整的西方设计收藏——"以包豪斯为核心的西方近现代设计系统收藏"——包豪斯谱系的收藏,这是学院引进世界现代设计的思想库,它不仅仅是一批收藏,而是思想——设计与生活统一的思想。"我们今天引进的不仅是一批藏品,也不仅是一个学校,我们引进的是一个新思想的源头,是一种促进社会更新的理想运动。"[116] 其中有 300 多件包豪斯及包豪斯相关的物品,这些和人们生活相关的陶瓷类餐具、家具(一大部分是椅子)、器皿、灯具、饰品等,是包豪斯关于设计与生活统一最好的例证。对于中国的设计师和设计专业的学生来说,这是和世界现代设计思想源流面对面的交流,这将为中国设计师提供一种非常好的研究和借鉴经验。

经过包豪斯百年历程,我们回头审视当年斋藤佳三和其他教员在杭州西湖国立艺专的现代设计教育,足以看出包豪斯的理念,曾间接地影响和改变了中国现代民众的生活,也改变了他们生活着的世界。随着社会的发展,艺术设计以前所未有的广度和深度改变着人们的生活方式,设计不仅标志着经济发展水平,也展示着一个国家和地区的文化视野和价值取向。设计在提高生活质量和体现中国创造意识上具有越来越重要的现实意义,中国美术学院全景式的西方现代设计源流藏品将提供给中国观众面对原作进行直观交流的机会,为现代设计教育和创意生产提供鲜活的现场观摩,从而了解西方现代设计与生活方式的关系,琢磨和研究中国设计和生活的关系。无论社会如何变迁,设计教育如何发展,包豪斯通过设计教育完成社会改造、服务大众生活的设计教育理念,都应该成为解决中国当代设计教育问题的借鉴。

第三节 小结

把图案教育和当时社会的实际生活需要相关联,这是包豪斯设计的理念之一。由于中国的工业大生产不发达,设计与工业的结合受到阻碍,结合中国的设计环境,中国的教育家将西方现代设计的思想和中国的图案教育相结合。从国立北京美术专科学校、上海美专、国立艺术院的图案学科的角度来看,图案科的教学在大的框架上已奠定了现代设计学科的基础。而国立艺术院因为林风眠纯艺术和实用艺术并举的教学思想,受过德国现在设计体系教育的斋藤佳三在国立艺术院开始了他关于为生活的设计的现代设计教育实践,至此国立艺术院的设计教学和大众媒体的封面设计加以结合,正是一种重要的应用,由此与西方包括包豪斯在内的现代设计联系起来。而"杂志年"封面设计所呈现的多元状况,直接诉诸广大读者的需求，尤其是他们努力奋争，憧憬明天的梦想。其波及面之广，用"蝴蝶效应"来比喻，是十分恰当和真切的。显而易见，马克思主义关于艺术与生活的关系的认识，对于我们重新看待包豪斯在中国高等艺术教育图案设计的历史，有着现实的意义。

注释

1. （英）弗兰克·惠特福德.包豪斯 [M].林鹤.译.北京：生活·读书·新知三联书店，2001.
2. Breuer, 1908, p.203. 转引自汪建军.穆特休斯的美学纲领与德国现代设计思想之源头 [M].杭州：中国美术学院出版社，2018：144.
3. 汪建军.穆特休斯的美学纲领与德国现代设计思想之源头 [M].杭州：中国美术学院出版社，2018：166.
4. （英）卡梅尔·亚瑟.包豪斯 [M].颜芳.译.北京：中国轻工业出版社，2002.
5. （德）华尔德·格罗比.新建筑与包豪斯 [M].张似赞.译.北京：中国建筑工业出版社，1979：5.
6. （瑞士）汉斯·梅耶.在包豪斯的应聘简历中节选，1927 年 [M] // 陈江峰，李晓隽.译.弗兰克·惠特福特.包豪斯——大师和学生们.北京：艺术与设计出版社，2003：221.
7. Whitford, Frank, Bauhaus, quoted form Naylor, Gillian: The Bauhaus Reassessed—Sources and Design Theory, E. P. Dutton; First Edition edition, 1985, p.98.
8. Naylor, Gillian: Form and Function, quoted form Naylor Gillian: The Bauhaus Reassessed—Sources and Design Theory, 1985, pp. 99-100.
9. 邵宏主编.西方设计：一步为生活制作艺术的历史 [M].长沙：湖南科学技术出版社，2010：339.
10. Malevich, Kasimir. The Non——Objective World, Chicago: Paul Theobald and Company, 1959.
11. （加）哈罗德·伊尼斯.传播的偏向 [M].何道宽.译.北京：中国人民大学出版社，2003：14.
12. 孙中山.建国方略 [M].沈阳：辽宁人民出版社，1994：257.
13. （加）麦克卢汉.人的延伸——媒介通论 [M].何道宽.译.成都：四川人民出版社，1992：194. 尤尔根·哈贝马斯 (Jürgen Habermas，1929-) 提出的公共领域的问题，公共领域背后的框架也是现代性。西方现代性产生后，西方的中产阶级社会构成了一种所谓的"民间社会"，有了公共社会之后才会产生一些公共领域的场所可以使不同的阶层、不同背景的人对政治进行理性的、批判性的探讨。谈天的空间、舆论的空间与印刷的空间逐渐构成了所谓的公共领域。从哈贝马斯的立场来讲，公共领域的造成基本依靠的仍旧是印刷媒体—报纸和小说。民族国家的想象空间和公共领域的空间，其构成基本上都与印刷媒体有关。印刷媒体的功用有赖于其抽象性和散播性，印刷媒体制造出的空间事实上是可以无限扩大的，不像面对面的空间，一份报纸究竟有多少读者是很难精确计算的。（德）尤尔根·哈贝马斯.公共领域的结构转型 [M]曹卫东等译，上海：学林出版社，1999.
14. （美）本尼迪克特·安德森.想象的共同体——民族主义的起源与散布 [M].吴叡人.译.上海：上海人民出版社，2005.
15. 项翔.近代西欧印刷媒介研究——从古登堡到启蒙运动 [M].上海：华东师范大学出版社，2001：119.

16. 伍联德 . 为良友发言 [J]. 良友，1928（25）.

17. （美）梅尔文·L·德弗勒等 . 大众传播通论 [M]. 北京：华夏出版社，1989：162.

18. （美）卡罗琳·凯奇 . 杂志封面女郎 [M]. 曾妮 . 译 . 天津：天津人民出版社，2006：4.

19. 李砚祖 . 视觉传达设计的历史与美学 [M]. 北京：中国人民大学出版社，2000：40.

20. 余秉楠 . 美术字 [M]. 北京：人民美术出版社，1980：13.

21. 王承振 . 中国现代美术字的起源与流变 [D]. 苏州大学，2009.

22. 时璇 . 视觉·中国近现代平面设计发展研究 [M]. 北京：文化艺术出版社，2011：131.

23. 时璇 . 视觉·中国近现代平面设计发展研究 [M]. 北京：文化艺术出版社，2011：130.

24. 季铁，周旭 . 字体设计 [M]. 北京：人民美术出版社，2007：30.

25. 钱君匋 . 我对鲁迅的回忆 [M] // 人民美术出版社编 . "鲁迅与美术"研究资料 回忆
    鲁迅的美术活动续编，北京：人民美术出版，1981：181.

26. 唐弢 . 谈封面画 [M] // 孙艳，童翠萍 . 书衣翩翩 . 北京：生活·读书·新知三联书店，
    2008：5.

27. 杨永德 . 鲁迅装帧系年 [M]. 北京：人民美术出版社，2001.

28. 鲁迅 . 陶元庆氏西洋绘画展览会目录（序）[M] // 集外集拾遗 . 北京：人民美术出版社，
    1925.

29. 李伟铭 . 图像与历史—20 世纪中国美术论稿 [M]. 北京：中国人民大学出版社，
    2005：39.

30. 丰子恺 .《钱君匋装帧画例》缘起 [J]. 新女性，1928（10）.

31. 参阅朱凤竹编 . 美术图案画 [M]. 上海形象艺术社，1933.

32. 鲁迅 . 前记 [J]. 译文，1934.

33. 陈之佛 . 图案概说 [J]. 中学生，193（10）.

34. 如吴蒲若认为"图案是吾人对于事物把自己的思想表现于图上之请"。吴蒲若 . 图案
    法的研究 [J]. 艺风，1934（1）；林俊德将装饰与图案画并归为装饰图案画，与图画
    形成并列的一对概念。林俊德 . 装饰图案画与图画的区别 [J]. 艺风，1934（11）.

35. 夏燕靖 . 陈之佛创办"尚美图案馆"史料解读 [J]. 南京艺术学院学报（美术与设计版），
    2006（2）.

36.《申报》，1981-9-22.

37.《民立报》，1910-12-28.

38.《申报》，1910-7-2.

39. 陈抱一 . 洋画运动过程略记 [M] // 陈瑞林编 . 现代美术家陈抱一 . 北京：人民美术出
    版社，1998：99.

40.《申报》，1914-7-14；1914-7-19.

41.《美术》，1918（1）.

42. Laing, Ellen Johnston. Selling Happiness Calendar Posters and Visual Culture in Early-
    Twentieth-Century Shanghai, Honolulu: University of Hawai's Press, 2004, p.141.

43. 见刊登在《申报》上的上海图画美术院和函授部广告两则，1913-1-28.

44. 见刊登在校刊《美术》上学生数据表，1918（1）.

45. 刘海粟 . 上海美专十周年回顾 [M] // 刘海粟艺术文选 . 上海：上海人民美术出版社，
    1987.

46. 袁志煌 . 刘海粟艰苦缔造的上海美专 [M] // 中国人民政治协商会议上海卢湾区委员
    会文史资料委员会编 . 卢湾史话（第一辑）. 上海：上海古籍出版社，1989.

47. 丰子恺 . 商业美术 [M]. 上海：商务印书馆，1935.

48. 庞薰琹 . 我热爱工艺美术教育 [M] // 庞薰琹工艺美术文集 . 北京：中国轻工业出版社，
    1986：29.

49. 茅子良主编 . 上海美术志 [M]. 黄可、吴景 . 译 . 上海：上海书画出版社，2004：284.

50. 庞薰琹 .《第一次广告画展》稿本 [M]. 庞薰琹文选：论艺术 设计 美育 . 南京：江苏
    教育出版社，2007.

51. 陈之佛.对于中国美术工艺的感想 [J].装饰,1997(2):58.

52. 庞薰琹.庞薰琹 [M].南京:江苏教育出版社,2006:51.

53. 张爱民.庞薰琹艺术与艺术教育研究 [M].北京:清华大学出版社,2010:89.

54. 《诗篇》月刊是 20 世纪 30 年代中期的一本文学期刊,由著名的文学家邵洵美、朱维基创办,从陈子善的《迪昔辰光格上海》一书中可以说明,庞薰琹曾经是《诗篇》月刊的创办人之一。"20 世纪 30 年代中期,(林徽因)又与邵洵美、朱维基、庞薰琹等人合作创办《诗篇》,影响不小。"陈子善.迪昔辰光格上海 [M] 南京:南京师范大学出版社.2005.《诗篇》以发表诗歌和译作为主,也刊登诗论、诗评,该刊的诗作较多地受到西方唯美主义和象征主义思潮的影响,反映出为情、为美的文艺观点。

55. 庞薰琹.就是这样走来的 [M].北京:生活·读书·新知三联书店,2005:129.

56. 《申报》,1928-2-25.

57. 刘既漂 1929 年完成西湖博览会设计项目,又辞去了国立艺术院图案系主任一职,正在筹办上海的大方建筑公司。但他对于"美术建筑"一直耿耿于怀,难以割舍。他认为,设计西湖博览会是"为着中国美术建筑界出口气",可是社会因教育不普遍,所以还是将工程误认为是建筑,所以他撰写《美术建筑与工程》一文,是想让更多人了解"美术建筑"。

58. 刘既漂.美术建筑与工程 [J].旅行杂志,1929,3(4):3—5.

59. 张道一.尚美之路——陈之佛文集(代序)[M] // 张道一选集.南京:东南大学出版社,2009:276.

60. 庞薰琹.就是这样走来的 [M].北京:生活·读书·新知三联书店,2005:42—43.

61. 庞薰琹.就是这样走来的 [M].北京:生活·读书·新知三联书店,2005:42.

62. 庞薰琹.就是这样走来的 [M].北京:生活·读书·新知三联书店,2005:42.

63. 庞薰琹.就是这样走来的 [M].北京:生活·读书·新知三联书店,2005:43.

64. 庞薰琹.就是这样走来的 [M].北京:生活·读书·新知三联书店,2005:111.

65. 庞薰琹.就是这样走来的 [M].北京:生活·读书·新知三联书店,2005:112.

66. 张彬.浙江教育史 [M].杭州:浙江教育出版社,2006:702.

67. 袁韵宜.庞薰琹传 [M].北京:北京工艺美术出版社,1995:156.

68. 杭间.中国设计与包豪斯——误读与自觉误读 [C] // 许江主编.包豪斯与中国:中国制造与创新设计国际学术会议论文集.杭州:中国美术学院出版社,2011:61.

69. 郑巨欣.斋藤佳三执教国立杭州艺专始末 [J].新美术,2016,37(11):43—52.

70. 斋藤佳三的、求学经历等参见 长濑直谅.装饰美术之父:斋藤佳三 [M].秋田县总务部宣传课编.秋田的先觉 培养近代秋田的人们,秋田县秋田市山王 4 丁目 1 番 1 号发行,1971.

71. 地名表记,按原则用新的市町村名。某些地名必要的话按旧市町村名。

72. 素封:在日本指,没地位、土地,但有极大财产的家族。但不同于暴发户。

73. 矢岛藩:江户至明治时代初期的藩之一。

74. 校头:相当于中国主管教学的副校长。

75. 埃米尔·雅克 - 达尔克罗兹,瑞士作曲家,教育家。创立节奏教育体系,称为体态律动。

76. 大谷石:世界上只有宇都宫市大谷地区出产大谷石。预测约 2300 万年前由自然现象诞生。岩石学上名称为流纹岩质溶解凝灰岩。

77. 一畳:是日本榻榻米的数量计算单位,相当于中国的 1.62 平方米。

78. 林风眠.愿艺术在两国交流。林风眠的手写小楷墨书,现留存东京艺术大学资料室。

79. 1938 年,四川省立艺专成立,它改变了图案教变了以往以笼统的"图案"命名的工艺教育,分别设置了服用、家具、漆工三科,使原来混淆的专业设置实现了分科教育。如果说中国图案学在此之前尚处于探索和发展阶段,那么,四川省立艺专图案系的分科教育可视为图案教育步入完善阶段的标志。

80. 本校沿革校址设备 [J].阿波罗,1934(13).

81. 蔡元培.蔡元培美学文选,转引自杭间.设计"国美之路"之思想脉络 [M] // 吴海燕主编.设计卷.设计东方.道生悟成.杭州：中国美术学院出版社，2017：XII.

82. 蔡元培.国立北京美术学校开学式演说词 [M] // 高平叔编.蔡元培全集（第三卷）.北京：中华书局，1984：287.

83. 蔡元培.创办国立艺术大学之提案 [M] // 北京：中华书局.蔡元培全集（第六卷），1984：133.

84. 《摩登》，1928-2-20.

85. 林文铮.为西湖艺院贡献一点意见 [M] // 中国美术学院七十年华.杭州：中国美术学院出版社，1998：131.

86. 林文铮.本校艺术教育大纲 [M] // 中国美术学院七十年华.杭州：中国美术学院出版社，1998：131.

87. 图案科专业的课程内容，参见民国十八年四月《国立艺术院第一届周年纪念特刊》，1929：16—17.

88. 参见民国二十三年年《国立杭州艺术专科学校一览》，浙江省档案馆，全宗号 56，目录号 1，卷号 27.

89. 丘玺提到到成田虎次郎，"是斋藤教授的助教，是一位日籍讲师，身体健壮，沉默寡言，对基础课程入二方连续，四分连续等，要求很严，可惜在校时间很短。"记母校的外籍教师 [M]//.宋忠元主编.艺术摇篮：浙江美术学院六十年 [M].杭州：浙江美术学院出版社，1988：69.

90. 吴冠中等.烽火艺程 [M].杭州：中国美术学院出版社，1998.

91. 雷圭元.图案教学的回忆 [M].宋忠元主编.艺术摇篮：浙江美术学院六十年.杭州：浙江美术学院出版社，1988.

92. 凌独见.西湖博览会记 [J].商业杂志，1929.

93. 《申报》，1929-5-26.

94. 刘既漂.西湖博览会与美术建筑 [J].东方杂志，1929.

95. 李朴园.美化社会的重担由你去担负 [J].贡献，1928.

96. 金小明.陶元庆的画集.书装零墨 [M].北京：人民日报出版社，2014：23.

97. 郑朝.图案系教授陶元庆 [M] // 国立艺专往事.杭州：中国美术学院出版社，2013：27.

98. 程尚俊.我的第一位图案老师陶元庆 [M] // 艺术摇篮·浙江美术学院六十年，杭州：浙江美术学院出版社，1988：63.

99. 鲁迅.当陶元庆君的绘画展览时：我所要说的几句话 [M] // 而已集，北京：人民文学出版社，1927.

100. 季春丹整理.斋藤佳三先生在教室的讲话 [J].国立杭州艺术专科学校周刊，1929（7）.

101. 郑巨欣.斋藤佳三执教国立杭州艺专始末 [J].新美术，2016，37（11）：43—52.

102. 丘玺，江苏人。笔名尼金、万之。1937年起，任中国戏剧界抗敌救国联合会云南分会理事等职。1949年后，在上海戏剧专科学校教授舞台技术。1966年调任上海徐汇沪剧团，为中国剧协会员、上海影协会员。主演和导源的剧目有《山河泪》《茶花女》等。创作和改编的剧目有《青春的火花》等。

103. 记母校的外籍教师 [M]//.宋忠元主编.艺术摇篮：浙江美术学院六十年 [M].杭州：浙江美术学院出版社，1988：69.

104. 东京《都新闻》，1930-2-7（昭和5年）.

105. 南画：南画日本绘画因受中国南北宗论影响而称"文人画"为"南画"，并形成宗派。

106. 《都新闻》，1930-2-7（昭和5年）.

107. 季春丹整理.斋藤佳三先生在教室的讲话 [J].国立杭州艺术专科学校周刊，1929（7）.

108. 季春丹整理.斋藤佳三先生在教室的讲话 [J].国立杭州艺术专科学校周刊，1929（7）.

109. （日）斋藤佳三著，章之珺译.图案构成法 [M] // 吴海燕主编.国美之路大典·设计卷·匠心文脉.杭州：中国美术学院出版社，2017：13.

110. （日）长田谦一.斋藤佳三1930——杭州 / 上海的经验 [M] // 斋藤佳三的轨迹，东京：

印象社出版，2006：61.

111. 林风眠 . 东西艺术之前途 [J]. 东方杂志，1926，23（10）[M] // 朱朴编 . 现代美术家
画论 作品 生平·林风眠 . 上海：学林出版社，1996：3—10.

112. 林风眠 . 我们要注意——国立艺术院纪念周讲座 [J]. 亚波罗，1928（1）.

113. 《申报》，1934-3-2、1934-3-3.

114. 邱陵 . 慕名而来 [M] // 艺术摇篮·浙江美术学院六十年 . 杭州：浙江美术学院出版
社，1988：183. 邱陵是 1944 年考入国立艺术专科学校图画科，距离斋藤佳三任教期
间已过去 14 年，但图案科受包豪斯影响的教学理念，却从他的回忆录中依稀可寻：
"当时也并没有广泛介绍德国包豪斯的教学体系，更没有多少机会将设计与生产实际
联系起来，但是，我觉得我们的优点就是抓设计，这与纯艺术是大不相同的。例如：
装潢设计联系广告及印刷品，染织设计结合印花布、壁挂及地毯，陶瓷设计结合器
皿的造性、纹样及烧制……，室内装潢设计，则结合学习古希腊的柱头及室内家居
陈列布置，学会看平面图、立面图，尺寸比例都十分严格。……所有这些设计都不
以绘画作为衡量的尺度，而以设计水平的高低为标准，我以为这是实用美术的生命
所系，也是实用美术能否发展前进的关键。"

115. （日）长田谦一 . 斋藤佳三 1930——杭州 / 上海的经验 [M] // 斋藤佳三的轨迹，东京：
印象社出版，2006：59.

116. 许江 . 思想库 动力源 世界观 [C] // 许江主编 . 包豪斯与东方：中国制造与创新设计
国际学术会议论文集 . 杭州：中国美术学院出版社，2011：1.

结语

"杂志年"、上海摩登与社会艺术史

　　20 世纪初，包括传统文人在内的设计者，一直在传统中寻找中国书刊封面图像的发展的方向，探索通过设计实践将传统艺术转换到书刊封面上的可能性。直到 20 世纪 20 年代至 30 年代，随着文化交流的深入和外来技术的传播，借鉴西方现代艺术风格和现代设计形式才成为设计的常态。书刊封面图像的现代性转换，是对图像中传统资源、西方资源进行整合与再现的历史。

　　20 世纪 30 年代始，在鲁迅先生的领导下，左翼文化艺术运动空前活跃。1934 年出现的众多文艺生活杂志，成为其有机的组成部分，形成"杂志年"现象。作为印刷文化的现代延伸，"杂志年"的独特之处在于各种刊物与诸如上海、广州、北京，甚至东京等都市的读者之间的广泛关联。鲁迅的文艺创作和艺术实践，在某种程度上代表了中国文化精英现代性思维对大众传媒的整体影响，是现代文学和大众媒体传播的艺术新趋势。文化氛围是改变书籍封面图像的重要外力，每次的转型都促使设计师自觉地寻找和书籍主旨相统一的图像语言。书籍封面图像在实践中不断发展、整合与更新，从西方艺术引入图像、设计理念、手法，谋求与中国文化的契合，最终创造出具有时代气息和民族特征的优秀书籍设计作品是"杂志年"重大的视觉文化贡献。

　　从 1927 年到 1937 年是中国现代史上一个重要的时期，史称"中华民国的黄金十年"。上海凭借口岸城市的特殊身份以及优越的地理位置，迅速成为中国乃至远东的工业、商贸、金融和经济中心，跻身于东南亚以至世界大都市的行列，中国现代设计也由此登上历史舞台。工艺美术成为与纯美术平等的概念，标志着工艺美术设计已进入到市场、经济运作和大众审美的视野。书刊因其特殊的实用性，一方面必须起到唤起读者的购买欲，另一方面又将都市文化环境中的时尚传播开来。吻合整体设计潮流又充满现代性的封面设计满足了公众需求又引导了大众审美。商业性和大众性因此受到设计师的空前关注，书籍封面从此作为图案的一种，和商业广告设计、月份牌等商业美术一样，承担起大众艺术启蒙的职责，将艺术与生活结合，推动了为生活而艺术的发展，弘扬了包豪斯的设计理念。

从历史的观点来看，如果没有包豪斯，就没有我国今天的艺术设计教育和艺术设计的整体局面，因为包豪斯教育理念的核心是为生活的艺术，通过设计教育这一途径完成理想社会的改造。不过，包豪斯设计理念的实现背景是工业革命以及机器大生产，中国当时的旧有工艺以及师徒制生产方式与此大相径庭。于是中国知识分子将西方现代设计理念转移到图案设计和图案教育上。可以说包豪斯对中国设计的影响最早是从图案教学和工艺美术教学开始的。在实业救国的大环境下，设计师还将西方现代设计理念落实到报纸杂志等图像设计上，作为对西方现代设计的回应和实践。同时，现代派观念通过杂志封面等实用美术设计领域，在中国社会文化建设和都市文化发展中起到了推波助澜和提高人们生活品质的作用。

本文以"杂志年"现象为观察点，勾勒了上海商业文化发达的现实，包括杂志封面设计在内的商业美术以最典型的视觉方式，为上海的市民塑造了一种现代意识和现代观念，艺术设计与大众生活走到了一起。"杂志年"也因此成为"黄金十年"中的文化亮点。落实在众多杂志的封面设计上，包豪斯的理念直接与广大的读者沟通，发挥视觉启蒙作用，促成中国民众靓丽的"现代转身"。

通过对艺术与社会生活关系的考察，可以看出包括包豪斯在内的西方现代设计观念以一种间接的方式影响了中国早期的图案教育，特别是中国美术学院的早期图案教育。中国美术学院从国立艺术院建立初起设置图案科，到聘请法国留学回来的刘既漂负责图案系，再到聘请日籍教师斋藤佳三，全面体现了林风眠中西融合、纯艺术与实用艺术并进的办学理念，这和包豪斯的价值观一脉相传。由于战争、政治等原因的影响，包豪斯设计教学虽然没能以原貌进入中国，但是其艺术与生活统一的理念一直伴随中国早期设计教育，尤其是国立艺术院的图案教学。如今，包豪斯教学模式已经深入中国高等教育体系，设计界对包豪斯的研究也日益深入，但由于缺少直面包豪斯作品的经验，设计界和设计专业的学生对包豪斯设计的理解大多依赖转译和图片复制，难免产生误读。中国美术学院以包豪斯为中心的西方近现代设计收藏，则给设计者提供了面对面的交流，更能启发设计师关于设计与生活统一的中国设计制造。

可以说，正是有了国立艺术院的早期图案教育实践，有了与包豪斯设计与生活统一理念的碰撞，才使中国早期的图案教育成为世界现代设计的有机组成部分。如今设计与生活统一的理念已经融入中国美术学院艺术设计的教学之中，以包豪斯为中心的西方近现代设计收藏为原点，我们可以延伸思考范围，为中国的设计教育寻找更多的可能性。同时人们在研究艺术史的时候——无论是纯艺术还是应用艺术——对马克思主义艺术社会学将获得更为深入的理解。正是这个在中国现代艺术非常重要却长期被忽视的层面，本文的考察为艺术史学科的发展展示了新的研究面向。更准确地说，就是运用马克思主义方法来具体处理社会艺术史的个别与一般的关系。不论"杂志年"何其短暂，它如黑暗中划破浩茫夜空的一道流星，成为艺术社会学史上认识设计教育和大众生活关系的难得范例。1934年"杂志年"众多杂志封面的设计所取得重要的成就，在于它们努力吸引尽可能多的读者，特别是来自社会底层的工人阶级。这在"中华民国的黄金十年"是非同寻常的文化建树，它不仅有力地强化了我们对"包豪斯学派在社会中真正代表了什么"的诠释，而且更重要的是体现出马克思主义艺术社会学方法的普世价值，激发我们用更宏观的眼光来考察现代世界艺术史。不论是纯艺术还是应用艺术，在进入20世纪"人人都是艺术家"的新时代，设计教育、大众媒体和现代消费文化融为一体，极大地丰富了我们对艺术与生活关系的认识，也成为本文研究"杂志年"的价值所在和历史启示。

图版目录

第三章

参考文献

原始文献

[1] 国立艺专.1928年国立艺专学生名册，浙江省档案馆资料，L056-001-0047.

[2] 国立艺专.1940年艺专一览，浙江省档案馆资料，L056-001-0101.

[3] 国立艺专.1947年艺专毕业纪念刊及校庆20周年纪念活动，浙江省档档案馆资，L056-001-0109档案馆资料。

[4] 国立艺专.国立艺术专科学校一览，浙江省档案馆资料，L056-001-0027.

[5] 民国时期国立艺专自办期刊：《阿波罗》《艺星》《亚丹娜》，浙江省档案馆资料.

[6] 平津10校学生自治会为抗日救国争自由宣言[J].全民月刊，1936（1、2）.

[7] 中国第二历史档案馆藏教育部卷宗。

[8] 东京艺术大学美术馆藏斋藤佳三家属捐赠斋藤佳三在杭州授课期间的书信和讲义。

中文研究论著（包括译著）

[1] （匈）阿诺德·豪泽尔.艺术社会史[M].居延安．编译.上海： 学林出版社，1987.

[2] 阿英.晚清小说史[M].北京：东方出版社，1996.

［3］阿英.1935年评《周作人书信》[M]∥阿英全集(第八卷).合肥：安徽教育出版社，2003.

［4］（英）安东尼·吉登斯.现代性与自我认同[M].上海：上海三联书店，1998.

［5］包礼祥.近代文学与传播（上卷）[M].上海：上海文艺出版社，2001.

［6］（英）巴克森德尔.意图的模式[M].曹意强.等译.杭州：中国美术学院出版社，1997.

［7］蔡元培.蔡元培教育名篇[M].北京：教育科学出版社，2007.

［8］蔡元培.国立北京美术学校开学式演说词[M]∥高平叔编.蔡元培全集（第三卷）.北京：中华书局，1984.

［9］蔡元培.创办国立艺术大学之提案[M]∥北京：中华书局.蔡元培全集（第六卷），1984.

［10］曹聚仁.我与我的世界[M].北京：人民文学出版社，1983.

［11］曹意强.巴克桑德尔谈欧美艺术史研究现状[J].新美术，1997(1).

［12］长征.短论杂志年[J].幽燕,1934，3（9）.

［13］陈抱一.关于西洋画上的几个问题[J].国画月刊，1935，1（4）.

［14］陈抱一.洋画运动过程略记[M].陈瑞林编.现代美术家陈抱一[M]∥.北京：人民美术出版社，1988.

［15］陈伯海主编.上海文化通史[M].上海：上海文艺出版社，2001.

［16］陈伯熙著.民国史料笔记丛书[M].上海：上海书店出版社1999.

［17］陈独秀.宪法与孔教[J].新青年，1916，2（3）.

［18］陈独秀.答佩剑青年[J].新青年，1916，2（1）.

［19］陈平原，夏晓虹编注.图像晚清[M].天津：百花文艺出版社，2006.

［20］陈瑞林.20世纪中国美术教育历史研究[M].北京：清华大学出版社，2006.

［21］陈瑞林.澳门早期美术与历史记忆[J].湖南省博物馆馆刊，2007（4）.

［22］陈瑞林.城市文化与大众美术[J].清华大学学报(哲学社会科学版)，2009（4）.

［23］陈瑞林.油画作为中国艺术样式的机构化[J].清华大学学报，2006（5）.

［24］陈瑞林.中国现代艺术设计史[M].长沙：湖南科学技术出版社，2005.

［25］陈瑞林编.现代美术家陈抱一[M].北京：人民美术出版社，1988.

［26］陈树萍.北新书局与中国现代文学[M].上海：三联文化传播有限公司，2008.

［27］陈学恂主编.中国近代教育大事记[M].上海：上海教育出版社，1981.

［28］陈烟桥.上海美术运动[M].上海：大东书局，1951.

［29］陈扬等编.大众文化研究[M].上海：上海三联书店，2001.

［30］陈真，姚洛.中国近代工业史资料（第四辑）[M].北京：生活·读书·新知三联书店，1957.

［31］陈子善.迪昔辰光格上海[M]南京：南京师范大学出版社.2005.

［32］陈之佛.表号图案[M].上海：天马书店、1934.

［33］陈之佛.图案（第一集）[M].上海：开明书店，1929.

［34］陈之佛.图案法 ABC[M].上海：ABC 丛书出版社，1930.

［35］陈之佛.图案构成法[M].上海：开明书店，1937.

［36］陈之佛.图案教材[M].上海：天马书店、1935.

［37］陈之佛.美术工业的本质与范围[J].一般，1928，（1-4）

［38］陈之佛.图案概说[J].中学生，1930(10).

［39］陈之佛.美术工艺与文化[J].青年界，1932(5).

［40］陈之佛.现代表现派之美术工艺[M]∥陈之佛文集.南京：江苏美术出版社，1996.

［41］陈之佛.对于中国美术工艺的感想[J].装饰，1997（2）.

［42］程尚俊.我的第一位图案老师陶元庆[M]∥艺术摇篮·浙江美术学院六十年，杭州：浙江美术学院出版社，1988.

［43］担保订阅启示[J].质文，1936-2(2).

［44］（美）戴安娜·克兰.文化生产：媒体与都市艺术 [M].赵国新.译.南京：译林出版社，2001.

［45］点石斋主人.请各处名手专画新闻启[N].申报，1884-6-4.

［46］《电声》，1938(1).

［47］丁聪.转蓬的一生[M]∥范桥，张明高，张真选编.二十世纪文化名人散文精品：名人自述.贵阳：贵州人民出版社，1994.

［48］丁振、秦伟编绘.现代图案[M].东方美术社，1932.

［49］丁羲元.任伯年年谱[M]天津：天津人民美术出版社，2018.

［50］董炳月."文章为美术之一"——鲁迅早年的美术观与相关问题[J].文艺批评，2015（4）.

［51］董大中.鲁迅日记笺释，一九二五年[M].台北：秀威资讯，2007.

［52］杜成宪，丁钢.20世纪中国教育的现代化研究[M].上海：上海教育出版社，2004.

［53］范景中.国立艺专时期（1928—1949）[J].新美术，1998（1）.

［54］范烟桥.小说杂志的封面[J].最小报，1922（2）.

［55］方汉奇.中国近代报刊史[M].太原：山西人民出版社1981.

［56］方式光.论民初孙中山的实业建国思想[J].广东社会科学，1986（4）.

［57］（美）费正清编.剑桥中华民国史[M].杨品全等.译.北京:中国社会科学出版社，1994.

［58］飞影阁主.新出飞影阁画报[N].申报，1890-10-14(4).

［59］冯雪峰.论文学的大众化[J].文学，1933，1（1）.

［60］丰陈宝，丰一吟，丰元草.丰子恺文集（艺术卷四）[M].杭州：浙江文艺出版社，浙江教育出版社，1990.

［61］丰华瞻，殷琪编.丰子恺研究资料[M].银川：宁夏人民出版社，1988.

［62］丰子恺.《钱君匋装帧画例》缘起[J].新女性，1928（10）.

［63］丰子恺.构图法 ABC [M].世界书局，1928.

［64］丰子恺.商业美术[M].上海：商务印书馆，1935.

［65］（英）弗兰克·惠特福德.包豪斯[M].林鹤.译.北京：生活·读书·新知三联书店，2001.

［66］符静.上海沦陷时期的史学研究[M].北京：社会科学文献出版社，2010.

［67］傅怡静.国立杭州艺专赴日办"西湖艺展"考论[J].美术研究，2010（1）.

［68］高平叔.蔡元培全集（第三卷、第六卷）[M].北京：中华书局，1988.

［69］高信.民国书衣掠影[M].上海：上海远东出版社，1985.

［70］葛元煦.沪游杂记[M].郑祖安.标点.上海：上海书店出版社，2006.

［71］顾方松.工艺美术系简史[J].新美术，1988（1）.

［72］顾平.中国近代学校美术教育考略[J].盐城师范学院学报（哲学社会科学版），1998(4).

［73］顾庆祺编绘.实用装饰图案[M].上海形象艺术社，1936.

［74］郭秋惠."点石"：《点石斋画报》与1884—1898年间的设计问题[M].北京：清华大学出版社，2008.

［75］郭思慈，苏珏.中国现代设计的诞生[M].上海：东方出版中心，2008.

［76］（德）华尔德·格罗皮乌斯.新建筑与包豪斯[M].张似赞.译.北京：中国建筑工业出版社，1979.

［77］黄世华.对于商业美术的意见[J].中国美术会季刊，1936，1（3）：92.

［78］黄镇伟.中国编辑出版史[M].苏州：苏州大学出版社，2003.

［79］季春丹整理.斋藤佳三先生在教室的讲话[J].国立杭州艺术专科学校周刊，1929（7）.

［80］季铁，周旭.字体设计[M].北京：人民美术出版社，2007.

［81］纪晓岚.论城市本质[M].北京：中国社会科学院出版社，2002.

［82］焦自严.《平面图案学》《图案学插图》讲义，约1934—1935年，中央美术学院图书馆藏.蒋华.中国美术字研究——现代文字设计的中国路径 [D].北京：中央美术学院设计学院，2009.

［83］姜德明.书衣百影——中国现代书籍装帧选（1906—1949）[M].北京：生活·新知·读书三联书店，1999.

［84］金坚.早期设计教育中的"图案"概念[J].新美术，2007（4）.

［85］金小明.刘既漂.建筑与书装艺术实践[J].博览群书，2011（4）.

［86］金小明.陶元庆的画集.书装零墨[M].北京：人民日报出版社，2014.

［87］靳埭强，杭间主编.中国现代设计与包豪斯[C].北京：人民美术出版社，2014年.精装月份牌畅销[J].明灯（上海），1928（138）：31.

［88］静子.疯狂了的世界[N]《申报·自由谈》，1933-5-13.

［89］俊逸.都市风景线[N].新上海，1933-11-15.

［90］（英）卡梅尔·亚瑟.包豪斯[M].颜芳.译.北京：中国轻工业出版社，2002.

［91］（美）卡罗琳·凯奇.杂志封面女郎[M].曾妮.译.天津：天津人民出版社，2006.

［92］孔令伟.风尚与思潮——清末民国初中国美术史的流行观念[M].杭州：中国美术学院出版社，2008.

［93］孔令伟.近代中国的视觉启蒙[J].文艺研究，2009（8）.

［94］孔令伟.现代知识分子与中国现代艺术运动：1912—1949 [J].广州美术学院学报.2011（4）.

［95］郎述.商业美术[J].美术生活，1934（3）：23.

［96］《良友图画杂志》[M].上海：良友图书公司，1926—1945.

［97］老棣.文艺之变迁与小说将来之位置[J].中外小说林，1907（6）.

［98］雷圭元.工艺美术技法讲话[M].南京：正中书局，1936.

［99］雷圭元.回溯三十年来中国之图案教育[J].国立艺术专科学校第二十年校庆特刊，1947.

［100］雷圭元.图案教学的回忆[M].宋忠元主编.艺术摇篮：浙江美术学院六十年.杭州：浙江美术学院出版社，1988.

［101］李宝元.广告学教程[M].北京：人民邮电出版社，2002.

［102］李锋.二十世纪前期上海设计艺术研究[D].南京：东南大学，2004.

［103］李国庆.民国时期书籍装帧艺术研究[D].武汉：湖北工业大学，2008.

［104］李广田.闻一多选集·序[M]//新文学选集编委会.闻一多选集.上海：开明书店，1951.

［105］李华兴编.民国教育史 [M].上海：上海教育出版社，1997.

［106］李衡之.各书局印象记 （续） 二十三上海杂志公司[N].申报，1935-7-13.

［107］李康化.漫画老上海知识阶层[M].上海：上海人民出版社，2003.

［108］李亮之.包豪斯——现代设计的摇篮[M].哈尔滨：黑龙江美术出版社，2007.

［109］李明君.中国美术字史图说[M].北京：人民美术出版社，1996.

[110] 李频.大众期刊运作[M].北京：中国大百科出版社，2003.

[111] 李朴园.美化社会的重担由你去担负[J].贡献，1928，3（6）.

[112] 李欧梵.鲁迅与现代艺术意识[J].鲁迅研究动态，1986（11）.

[113] 李欧梵.上海摩登——一种新都市文化在中国（1930—1945）（增订版）[M].毛尖.译.杭州：浙江大学出版社，2017.

[114] 李欧梵.未完成的现代性[M].北京：北京大学出版社，2005.

[115] 李毅士.我们对于美术上应有的觉悟[N].时事新报，1923-6-24.

[116] 李世庄.20世纪初粤港月份牌画的发展[C]//国际学术研讨会组织委员会编.广东与二十世纪中国美术国际学术研讨会论文.长沙：湖南美术出版社，2006.

[117] 李天纲.人文上海——市民的空间[M].上海：上海教育出版社，2004.

[118] 李伟铭.图像与历史——20世纪中国美术论稿[M].北京：中国人民大学出版社，2005.

[119] 李砚祖.视觉传达设计的历史与美学[M].北京：中国人民大学出版社，2000.

[120] 李岩炜.张爱玲的上海舞台[M].上海：文汇出版社，2003.

[121] （日）利光功.包豪斯——现代工业设计运动的摇篮[M].刘树信.译.北京：北京轻工业出版社，1988.

[122] 梁光泽.油画风景的开拓者[J].艺术家，1999（8）.

[123] 林风眠.愿艺术在两国交流。林风眠的手写小楷墨书，现留存东京艺术大学资料室。

[124] 林风眠.东西艺术之前途[J].东方杂志，1926，23（10）[M]//朱朴编.现代美术家画论 作品 生平·林风眠.上海：学林出版社，1996.

[125] 林风眠.我们要注意——国立艺术院纪念周讲座[J].亚波罗，1928（1）.

[126] 林默涵.高举左联的火炬[N].文艺报，1990-3-3.

[127] 林南.日本第二普罗列塔利亚美术展览会 [J]. 现代小说文艺通信，1930，（3）3.

[128] 林文铮.本校艺术教育大纲[M]//中国美术学院七十年华.杭州：中国美术学院出版社，1998.

[129] 林文铮.为西湖艺院贡献一点意见[M]//中国美术学院七十年华.杭州：中国美术学院出版社，1998.

[130] 林语堂.中国新闻舆论史[M].刘小磊.译.上海：世纪出版集团，2008.

[131] 林银雅.陈之佛图案教学思想研究[J].南京艺术学院学报(美术与设计版)，2006（2）.

[132] 刘峰，范继忠.民国（1919—1936）时期学术期刊研究述评[J].北京印刷学院学报，2008（3）.

[133] 刘桂林.中国近代职业教育思想研究[M].北京：高等教育出版社，1997．

[134] 刘海粟.上海美专十周年回顾[M]//刘海粟艺术文选.上海：上海人民美术出版社，1987.

[135] 刘既漂.美术建筑与工程[J].旅行杂志，1929，3（4）.

[136] 刘既漂.西湖博览会与美术建筑[J].东方杂志，1929.

[137] 刘瑞宽.中国美术的现代化：美术期刊与美展活动的分析（1911—1937）[M].北京：生活·新知·读书三联书店，2008.

[138] 刘晓路.各奔东西：纪念近代留学东洋和西洋的中国美术先驱们[J].新美术，1993(3).

[139] 刘运峰.鲁迅跋序集[M].济南：山东画报出版社，2004.

[140] 刘政洲，邓晓慧.20世纪30年代"杂志年"兴起的历史背景研究[J].今传媒，2013（11）.

[141] 鲁迅在《申报·自由谈》撰文用的笔名[M]//上海鲁迅纪念馆.申报·自由谈1932.12-1935.10，1981.

[142] 鲁迅.拟播布美术意见书[M]//鲁迅全集（第八卷）.北京：人民文学出版社，1981.

[143] 鲁迅.随感录四十三[M]//张望编.鲁迅论美术（增订本）.北京：人民美术出版社，1982.

[144] 鲁迅.陶元庆氏西洋绘画展览会目录（序）[M]//集外集拾遗.北京：人民美术出版社，1925.

[145] 鲁迅.当陶元庆君的绘画展览时我所要说的几句话[M]//《新文学史料》丛刊编辑组编.新文学史料（第二辑）.北京：人民文学出版社，1979.

[146] 鲁迅.《新俄画选》小引[M]//鲁迅全集·集外集拾遗.北京：中国人事出版社，1998.

[147] 鲁迅.1930年11月19日给崔真吾的信[M]//鲁迅全集（十）书信.北京：人民文学出版社，1956.

[148] 鲁迅.蕗谷虹儿画选小引[M]//刘运峰编.鲁迅序跋集（下卷）.济南：山东画报出版社，2004.

[149] 鲁迅.前记[J].译文，1934.

[150] 鲁迅.致金肇野（1934年12月18日）[M]//鲁迅书信集（下卷）.北京：人民文学出版社，1976.

[151] 鲁迅.木刻创作法·序（1933年11月9日）.原载《南腔北调集》[M]//鲁迅全集(第四卷).北京：人民文学出版社，1981.

[152] 鲁迅.论旧形式的采用[M]//鲁迅全集（第六卷），北京：人民文学出版社，2005.

[153] 鲁迅.1935年2月4日致使李桦信[M]//鲁迅全集10书信集（下）.北京：人民文学出版社，1976.

[154] 鲁迅.集外集拾遗[M].北京：人民文学出版社，1973.

[155] 陆丹林.谈新派画 [J].国画月刊，1935，1（5）.

[156] 陆丹林.艺术展览读后感[J].艺风，1934，2（9）.

[157] 罗小华.中国近代书籍装帧[M].北京：人民美术出版社，1990.

[158] 吕思勉.吕思勉遗文集（上）[M].上海：华东师范大学出版社，1997.

[159] 林俊德.装饰图案画与图画的区别[J].艺风，1934（11）.

[160] 凌独见.西湖博览会记[J].商业杂志，1929.

[161] 马公寓、李善静编.应用图案[M].北京：中华书局，约1930.

[162] 马国亮.良友忆旧——一家画报与一个时代[M].上海：生活·读书·新知三联书店，2002.

[163] 马国亮.如此上海[J].良友，1933，2（74）.

[164] 马海平.图说上海美专[M].南京大学出版社，2012.

[165] 马立诚.无产阶级文学运动的战斗旗帜——左联[N].工人日报，1980-4-5.

[166] 马孟晶．耳目之玩：从《西厢记》版画插图论晚明出版文化对视觉性的关注[J].美术史研究集刊，2002（13）

[167] 马士.中华帝国对外关系史（第一卷）[M].北京：生活·新知·读书三联书店，1957.

[168] 马长财.营销与广告秘诀[M].北京：中国广播电视出版社，1996.

[169] （英）迈克·费瑟斯通.消费文化与后现代主义[M].刘精明译.南京：译林出版社，2000.

[170] （加）麦克卢汉.人的延伸——媒介通论[M].成都：四川人民出版社，1992.

[171] 麦放明.回眸国立艺专（国立艺专视觉资料）[M].广东：信摘集印，2000.

[172] 毛泽东选集（第三卷）[M].北京：人民出版社，1951.

[173] 《摩登》，1928-2-20.

[174] 茅子良主编.上海美术志[M].上海：上海书画出版社，2004.

[175] （美）梅尔文·L·德弗勒等.大众传播通论[M].北京：华夏出版社，1989.

[176] 倪贻德.倪贻德艺术随笔 [M].上海：上海文艺出版社，1999.

[177] 聂振斌选编.中国现代美学名家文丛·蔡元培卷[M].杭州：浙江大学出版社，2009.

[178] 潘公凯主撰.中国现代美术之路[M].北京：北京大学出版社，2012.

[179] 潘君祥等.近代中国国情透视[M].上海：上海社会科学院出版社，1992.

[180] 潘耀昌编.二十世纪中国美术教育[M].上海：上海书画出版社，

1999.

[181] 潘耀昌编著.中国近现代美术教育史[M].杭州：中国美术学院出版社，2002.

[182] 潘知常，林玮.大众传媒与大众文化[M].上海：上海人民出版社，2002.

[183] 庞菊爱.《申报》跨文化广告与近代上海市民文化的变迁：1910-1930年[D].上海：上海大学，2008.

[184] 庞薰琹.就是这样走过来的[M].北京：生活·新知·读书三联书店，2005.

[185] 庞薰琹.我热爱工艺美术教育[M]//庞薰琹工艺美术文集.北京：中国轻工业出版社，1986.庞薰琹.《第一次广告画展》稿本[M].庞薰琹文选：论艺术 设计 美育.南京：江苏教育出版社，2007.

[186] 庞薰琹.庞薰琹[M].南京：江苏教育出版社，2006.

[187] 齐秋生.走向现代的都市女性形象——从《良友》画报看20世纪30年代的上海都市女性[D].广州：暨南大学，2004.

[188] 丘玺.记母校的外籍教师[M]//.宋忠元主编.艺术摇篮：浙江美术学院六十年[M].杭州：中国美术学院出版社，1988:69.

[189] 邱陵.慕名而来[M]//艺术摇篮·浙江美术学院六十年.杭州：浙江美术学院出版社，1988.

[190] 钱存训.中国纸和印刷文化史[M].桂林:广西师范大学出版社，2004.

[191] 钱君匋.钱君匋装帧艺术[M].香港：商务印书馆（香港）有限公司，1992.

[192] 钱君匋.我对鲁迅的回忆[M]//人民美术出版社编."鲁迅与美术"研究资料 回忆鲁迅的美术活动续编，北京：人民美术出版，1981.

[193] （清）钱泳.履园丛话. [M]北京：中华书局，1979.

[194] 乔丽华."美联"与左翼美术运动[M].上海：上海人民出版社，2016.

[195] 卿汝辑.美国侵华史（第二卷）[M].北京：中国书籍出版社，1990.

[196] 清末民初报刊图画集成.国家图书馆缩微中心，2003.

[197] 蘧园.负曝闲谈[M].长春：吉林文史出版社，1987.

[198] 全国中文期刊联合目录（1833—1949）增订本书目[M].香港：文献出版社，1881.

[199] 邵宏主编.西方设计：一步为生活制作艺术的历史[M].长沙：湖南科学技术出版社，2010.

[200] 邵洵美.珂佛罗皮斯[J].十月谈，1933（10）.

[201] 上海百年文化史(第二卷)[M].上海：上海科学技术文献出版社，

2002.

[202] 上海研究中心编.上海700年[M].上海：上海人民出版社，1991.

[203] 上海市档案馆编.租界里的上海[M].上海：上海社会科学院出版社，2003

[204] 时代美术社对全国青年美术家宣言，原载《萌芽》第1卷第4期（1930年4月1日）[M]//自李桦、李树声、马克编.中国新兴版画运动五十年.沈阳：辽宁美术出版社，1982.

[205] 时璇.视觉·中国近现代平面设计发展研究[M].北京：文化艺术出版社，2011.

[206] 申报馆主人.第二号画报出售[N].申报，1884-5-17.

[207] 沈伯经.上海市指南[M].上海：中华书局，1934：36.

[208] 沈雁冰.1921年9月1日致周作人信[M]//中国现代文学馆编.茅盾书信集[M].天津：百花文艺出版社，1987.

[209] 宋恩荣，李剑萍.民国教育史及其研究中的几个问题——李华兴主编《民国教育史》读后[J].历史研究，2000（3）.

[210] 宋汉升编.平面图案[M].保定育德消费公社，1933.

[211] 宋建明.匠心文脉——中国美术学院设计艺术教80年[M].杭州：中国美术学院出版社，2008.

[212] 宋应离.中国期刊发展史[M].开封：河南大学出版社，2000.

[213] 宋原放主编.中国出版史料（现代部分）[M].济南：山东教育出版社，2006.

[214] 宋忠元主编.艺术摇篮：浙江美术学院六十年[M].杭州：浙江美术学院出版社，1988.

[215] 孙冰.丰子恺艺术随笔[M].上海：上海文艺出版社，1999.

[216] 孙福熙.秃笔淡墨写在破烂的茅纸上[J].北新周刊，1926（4）.

[217] 孙福熙.望梅止渴[J].艺风，1933，1(1).孙中山.建国方略[M].沈阳：辽宁人民出版社，1994.

[218] 素素.浮世绘影：老月份牌中的上海生活[M].北京：生活·读书·新知三联书店，2000.

[219] 唐隽.我们的路线[J].美术生活，1934，1(1).

[220] 唐弢.谈封面画[M]//孙艳，童翠萍.书衣翩翩.北京：生活·新知·读书三联书店，2008：5.

[221] 田自秉编.中国工艺美术史[M].北京：北京知识出版社，1988.

[222] 童翠萍，孙艳.书衣翩翩[M].北京：生活·读书·新知三联书店，2006.

[223] 屠诗聘.上海市大观[M].上海：中国图书杂志公司,1948.

[224] 万象座谈：杂志年[J].万象，1934（2）.

[225] 汪建军.穆特休斯的美学纲领与德国现代设计思想之源头[M].杭州：中国美术学院出版社，2018.

［226］汪向荣.日本教习[M].北京：商务印书馆，2014.

［227］王伯敏.中国版画史[M].上海：上海人民美术出版社，1961.

［228］王伯敏主编.中国美术通史（第七卷）[M].济南：山东美术出版社，1988.

［229］王承振.中国现代美术字的起源与流变[D].苏州：苏州大学，2009.

［230］王海.20世纪二三十年代中西杂志比较——兼论林语堂的杂志观[J].国际新闻界，2008（9）.

［231］王儒年.《申报》广告与上海市民的消费主义意识形态[D].上海：上海师范大学，2004.

［232］王受之.世界平面设计史[M].北京：中国青年出版社，2011.

［233］王双梅.历史的洪流——抗战时期中共与民主运动 [M].桂林：广西师范大学出版社，1994.

［234］王文泉，赵呈元.中国现代史[M].徐州：中国矿业学院出版社，1988.

［235］王宸昌等编.美术年鉴[M].上海：上海社会科学院出版社，2008年影印1948.

［236］王玉生，王雷，朴雪涛等编著.蔡元培大学教育思想论纲[M].北京：光明日报出版社，2007.

［237］王增进.关于“知识分子”词源的若干问题[J].经济与社会发展，2003(1).

［238］魏猛克.关于木刻[N].申报·自由谈，1934-6-19.

［239］魏猛克.旧皮囊不能装新酒[N].申报·自由谈，1934-3-24.

［240］魏猛克.普通话与“大众语”[N].申报·自由谈，1934-6-26.

［241］魏绍昌编.鸳鸯蝴蝶派研究资料（上）[M].上海：上海文艺出版社，1984.

［242］文坛展望[J].现代，1934，5（2）.

［243］闻一多.出版物底封面[J].清华周刊，1920（187）.

［244］闻一多.女神之地方色彩[N]//林平兰编.闻一多选集（第一、二卷）.成都：四川文艺出版社，1987.

［245］翁剑青.形式与意蕴[M].北京：北京大学出版社，2006.

［246］伍联德.为良友发言[J].良友，1928（25）.

［247］吴方正.西洋绘画的中国再诠释——由《申报》资料看中国现代化的一些视觉面向[J].台湾“中央大学”人文学报，2002（25）.

［248］吴冠中等.烽火艺程[M].杭州：中国美术学院出版社，1998.

［249］吴果中.《良友》画报与都市文化[M].长沙：湖南师范大学出版社，2007.

［250］吴果中.民国《良友》画报封面与女性身体空间的现代性建构[J]湖南师范大学社会科学学报，2009（5）.

[251] 吴海燕主编.国美之路典·大设计卷·道生悟成[M].杭州：中国美术学院出版社，2017.

[252] 吴海燕主编.国美之路典·大设计卷·匠心文脉[M].杭州：中国美术学院出版社，2017.

[253] 吴嘉陵.清末民初的绘画教育与画家[M].台北：秀威资讯科技，2006.

[254] 吴蒲若.图案法的研究[J].艺风，1934（1）.

[255] 吴山.中国工艺美术大辞典[M].南京：江苏美术出版社，1999.

[256] 吴廷俊.中国新闻史新修[M].上海：复旦大学出版社,2008.

[257] 吴晓琛."杂志年"的思考——从《人间世》看30年代上海期刊编辑特点[J].科技咨询导报，2006（14）.

[258] 吴玉琦.中国职业教育史[M].长春：吉林教育出版社，1991.

[259] 夏燕靖.上海美专工艺图案教学史考[M]刘伟冬，黄惇主编.上海美专研究专集.南京：南京大学出版社，2010.

[260] 夏曾佑.小说原理[J].绣像小说，1903（3）.

[261] 谢婷婷.从《太白》停刊说起[J].南方文坛，2011（5）.

[262] 忻平.从上海发现历史——现代化进程中的上海人与社会生活（1927—1937）[M].上海：上海人民出版社，1996.

[263] 忻平.梦想中国：30年代中国人的现实观和未来观[J].历史教学问题，2001(6).

[264] 项翔.近代西欧印刷媒介研究——从古登堡到启蒙运动[M].上海：华东师范大学出版社，2001.

[265] 熊明安著.中华民国教育史[M].重庆：重庆出版社,1990.

[266] 熊月之.西学东渐与晚清社会[M].上海：上海人民出版社，1994.

[267] 熊月之主编.上海通史晚·清文化[M].上海：上海人民出版社，1999.

[268] 瞿秋白.关于革命的反帝大众文艺的工作，[J].文学导报，1932，1（6、7）.

[269] 徐大风.上海的透视[J].上海生活，1939（3）.

[270] 徐复观.中国艺术精神[M].上海：华东师范大学出版社，2001.

[271] 徐琛．坎坷行进——二十世纪前半叶中国工艺美术述要[J].装饰，2000(4).

[272] 徐铸成.报海旧闻[M].上海：上海人民美术出版社，1981：8.

[273] 许纪霖.公共性与公共知识分子[M].南京：江苏人民出版社，2003.

[274] 许康，黄伯尧.《科学》杂志的创立、编辑与特点[J].编辑学报，1996，8 (2).

[275] 许江.思想库 动力源 世界观[C]//许江主编.包豪斯与东方：中国制造与创新设计国际学术会议论文集.杭州：中国美术学院出版

社，2011

[276] 许幸之.左翼美术家联盟成立前后[M]∥李桦、李树声、马克编.中国新兴版画运动五十年.沈阳：辽宁美术出版社，1982.

[277] 许钦文.鲁迅与陶元庆[M]∥《新文学史料》丛刊编辑组编.新文学史料（第二辑）.北京：人民文学出版社，1979.

[278] 艺专之艺术团体[J].亚丹娜，1931（1）.

[279] 杨成寅、林文霞记录整理.雷圭元论图案艺术[M].杭州：浙江美术学院出版社，1992.

[280] 杨光辉等编.中国近代报刊发展概况[M].北京：新华出版社1986.

[281] 杨红林.日本侵华终结"黄金十年"[N].环球时报，2006-6-8.

[282] 杨嘉祐.上海：老房子的故事[M].上海：上海人民出版社，1999.

[283] 杨绳信.中国版刻综录[M].西安：陕西人民出版社，1987.

[284] 杨永德.鲁迅装帧系年[M].北京：人民美术出版社，2001.

[285] 杨文君.杭稚英研究.[D]上海：上海大学，2010.

[286] 姚辛.左联史[M].北京：光明日报出版社，2006.

[287] 姚辛编.左联画史[M].北京：光明日报出版社，1999.

[288] 姚辛编著.左联词典[M].北京：光明日报出版社，1994.

[289] 叶灵凤.杂论书籍装帧和插绘[N].星岛日报，1941.

[290] 一九三三年的上海杂志界[M]∥上海通志社编.上海研究资料（近代中国史料丛刊，三编第四十二辑）.台北：文海出版社，1984.

[291] 于洋.作为策略与资源的"融合"方案——重读民初画坛的"中西融合"论 [J].美术研究.2008(4).

[292] 余之.摩登上海[M].上海：上海书店出版社，2003.

[293] 余秉楠.美术字[M].北京：人民美术出版社，1980.

[294] 郁风.漫画：中国现代美术的先锋[M]∥历史上的漫画[M].济南：山东画报出版社，2002.

[295] 俞剑华.最新立体图案法[M].上海：商务印书馆，1929.

[296] 俞剑华.最新图案法 [M].上海：商务印书馆，1926.

[297] 郁慕侠.上海鳞爪[M].上海：上海书店出版社，1998.

[298] 袁志煌.刘海粟艰苦缔造的上海美专[M]∥中国人民政治协商会议上海卢湾区委员会文史资料委员会编.卢湾史话（第一辑）.上海：上海古籍出版社，1989.

[299] 袁韵宜.庞薰琹传[M].北京：北京工艺美术出版社，1995.

[300] 袁熙旸.中国艺术设计教育发展历程研究[M].北京：北京理工大学出版社，2003.

[301] （美）约翰·凯利.走向自由——休闲社会学新论[M].赵冉.译.昆明：云南人民出版社，2002.翟左扬.大众传媒与上海"小资"形象建构[D].上海：复旦大学，2004.

[302] 张爱民.庞薰琹艺术与艺术教育研究[M].北京：清华大学出版

社，2010.

[303] 张彬.浙江教育史[M].杭州：浙江教育出版社，2006.

[304] 张道一.设计在谋[M].重庆：重庆大学出版社，2007.

[305] 张道一.尚美之路——陈之佛文集（代序）[M]//张道一选集.南京：东南大学出版社，2009.

[306] 张鸿声.上海文艺地图[M].北京：中国地图出版社，2012.

[307] 张静庐辑注.中国近现代出版史料（第一册、第二册）[M].上海：上海书店出版社，2003.

[308] 张炼红."海派京剧"与近代中国城市文化娱乐空间的建构[J].中国戏曲学院学报，2005（8）.

[309] 张书彬.《鲁迅日记》中魏猛克索引（48次）及回信[M]//魏猛克作品集（1911—1984），长沙：湖南人民出版社，2013：405—406.

[310] 张晓凌.中国美术现代性的起源[J].美术报.2012（971）.

[311] 张雁.蔡元培高等艺术院校办学理念探微——以国立艺术院为中心[J].河北师范大学学报（教育科学版），2007（2）.

[312] 张燕华，周晓光.论道光中叶以后上海在徽茶贸易中的地位[J].历史档案，1997(11).李春雷.20世纪二三十年代中国新闻学学科的建立[J].河北大学学报：哲学社会科学版，2007，32（1）.

[313] 张泽贤.民国书影过眼录[M].上海：上海远东出版社，2004.

[314] 张忠民.近代上海城市发展与城市综合竞争力[M].上海：上海社会科学院出版社，2005.

[315] 郑朝.美育之求索——浙江美术学院初创十年[J].新美术，1983（4）.

[316] 郑朝编撰.西湖论艺林风眠及其同事艺术文集[M].杭州：浙江美术学院出版社，1999.

[317] 郑朝主编.漫歌怀忆：中国美术学院八十华诞回忆录[M].杭州：中国美术学院出版社，2008.

[318] 郑朝.图案系教授陶元庆[M]//国立艺专往事.杭州：中国美术学院出版社，2013.

[319] 郑工.演进与运动：中国美术的现代化（1875—1976）[M].桂林：广西美术出版社，2002.

[320] 郑红彬.调和中西以创中国新建筑之风——刘既漂的"美术建筑"之路及其解读[J].南方建筑，2013（6）.

[321] 郑巨欣.斋藤佳三执教国立杭州艺专始末[J].新美术，2016，37（11）.

[322] 郑洁.美术学校与海上摩登艺术史界：上海美专1913—1937[M].孔达.译.上海：上海书店出版社，2017.

[323] 郑逸梅.清末民初文坛轶事[M].上海：中华书局，2005.

[324] 中国美术学院编.艺术苗圃[M].杭州：中国美术学院出版社，1994.

［325］中国美术学院编委会编.中国美术学院七十年[M].杭州：中国美术学院出版社，1998.

［326］中国美术学院雕塑系编.雕塑春秋[M].杭州：中国美术学院出版社，1998.

［327］中国现代文学馆编.茅盾书信集[M].天津：百花文艺出版社，1987.

［328］中国五星玻璃公司合成玻璃料器号大廉价赠品二十一天，[N].申报，1927-1-9.

［329］中共中央马克思恩格斯列宁斯大林著作编译局.马克思恩格斯选集（第一卷）[M].北京：人民出版社，1972.

［330］中华人民共和国出版史料（第四辑）[M].上海：学林出版社，1985.

［331］中央教育科学研究所编.中华民国教育法规选编[M].南京：江苏教育出版社，1990.

［332］赵景深.我与文坛[M]上海：上海古籍出版社，1999.

［333］赵文.《生活》周刊与城市平民文化[M].上海：上海三联书店，2010.

［334］周励深.商业美术[J].立言画刊，1941（143）：25.

［335］周博.北京美术学院与中国现代设计教育的开端——以北京美术学校《图案法讲义》为中心的知识考察[J].美术研究，2014（1）.

［336］朱凤竹编.美术图案画[M].上海形象艺术社，1933.

［337］朱华.20世纪30年代中国的报刊与科学宣传——以《科学世界》和《科学时报》为例[J].河北大学学报：哲学社会科学版，2007，32（1）.

［338］朱孔芬编.郑逸梅笔下的艺坛逸事[M].上海：上海书画出版社，2002.

［339］朱孝岳，孙建君.沉重的起步——我国近代工艺教育历程述略[J].装饰，1988（3）.

［340］朱有瓛.中国近代学制史料[M].上海：华东师范大学出版社，1987.

［341］朱自清.论雅俗共赏[J].观察，1947，3（11）.

［342］诸葛铠.裂变中的传承[M].重庆：重庆大学出版社，2007.

［343］诸葛铠.图案设计原理[M].江苏美术出版社，1991.

［344］庄素娥.十九世纪广东外销画的赞助者——广东十三行行商[C]//石守谦，陈葆真等编.区域与网络·近千年来中国美术史研究国际学术讨论会论文集.台北：台湾大学艺术研究所，2000.

［345］最新月份牌[J].兴华，1934，31（49）:23.

［346］邹依仁.旧上海人口变迁的研究[M].上海：上海人民出版社，1980.

外文文献

[1] Banham, Reyner. *Design by Choice*. London: Academy Editions, 1981.

[2] Banham, Reyner. *Theory and Design in the First Machine*. Cambridge: The MIT Press,1980.

[3] Brembeck, Cole S. *Social Foundations of Education Enviornmental Influences in Teaching and Learning*, New York,Wiley: Michigan State University Press,1971.

[4] Britton, R. S. *The Chinese Periodical Press*, 1800—1912, Taibei: Ch'eng-wen, 1933.

[5] Cohen, Joan. *Painting the Chinese Dream: Chinese Art Thirty Years after the Revolution*, Northampton: Smith College Museum of Art, 1982

[6] Croizier, Ralph."Art and Society in China: A Review Article", *Journal of Asian Studies*, 1990, vol. 49, no.3, pp. 587-602.

[7] Danzker,Jo-Anne Birnie;Lum,Ken; Zheng,Shengtian.*Shanghai Modern,1919-1945*. Museum Villa Stuck, host institution; Kunsthallezu Kiel, host institution. 2004.

[8] Dreyfuss, Henry. *Design for People*. New York: Allworth Press, 2003.

[9] Droste, Magdalena. *Bauhaus.* Berlin: Taschen Gmbh, 2006.

[10] Giedion, Siegfried. *Walter Gropius.* New York: Dover Publications,1992.

[11] Gough, Maria.The Artist as Producer:Russian Constructivism in Revolution. Berkeley: University of California Press, 2005.

[12] Hu Shih.The Cultural Conflict in China（中国今日的文化冲突）[J].China Christian Year Book, 1929. Shanghai.

[13] Johnson, Stewart J. American Modern,1925—1940: Design for a New Age. New York: Harry N. Abrams, 2000.

[14] Julier, Guy. The Thames and Hudson Dictionary of 20th Century Design and Designers. London: Thames and Hudson Ltd. 1997.

[15] Kao, Mayching. China's Response to the West in Art: 1898—1937, Department of Art, Stanford University. 1972.

[16] Ko, Dorothy. Teachers of the Inner Chambers: Women and Culture in Seventeenth-century China. Stanford: Stanford University Press, 1994.

[17] Kuo, Jason C. ed. Visual Culture and Shanghai School Painting, New York: New Academia Publishing, 2001.

[18] Laing, Ellen Johnston, Selling Happiness Calendar Posters and Visual Culture in Early-Twentieth-Century Shanghai, Honolulu: University of Hawai's Press, 2004

[19] Lin Yutang, A History of the Press and Public Opinion in China. Shanghai: Kelly and Walsh, Limited, 1936.

[20] Lorenz, Edward N. The Predictability of Hydrodynamic Flow. Transactions of the New York Academy of Sciences. 1963, 25 (4): 409—432.

[21] Malevich, Kasimir. The Non—Objective World, Chicago: Paul Theobald and Company, 1959.

[22] Meikle, Jeffrey. Twentieth Century Limited: Industrial Design in America,1925-1939, Phiadelphia: Temple University Press, 2001.

[23] Naylor, Gillian: The Bauhaus Reassessed, Sources and Design Theory, E. P. Dutton; First Edition edition, 1985

[24] Papanek, Victor. Design for the Real World. 2nd edition, Chicago: Academy Chicago Publishers, 1985.

[25] Papanek, Victor. Design for the Real World—Human Ecology and Social Change. New York: Pantheon Books, 1971.

[26] Ross, Denman Waldo. A Theory of Pure Design. Boston: Houghton Mifflin,1909.

[27] Sakai Tadao. Confucianism and Popular Educational Works. in William de Bary, ed. Self and

[28] Sparke, Penny. An Introduction to Design&Culture in the Twentieth Century. Unwin Hyman Ltd., first published, 1986.

[29] Society in Ming Thought, New York: Columbia University Press, 1970.

[30] Taylor, Brandon. Collage: the Making of Modern Art, London: Thames and Hudson, 2004.

[31] Tumer, Jane. ed.The Grove Dictionary of Art,Oxford: Oxford University Press, 1996.

[32] Woodham, Jonathan. Twentieth Century Design.Oxford: Oxford University Press, 1997.

[33] （日）长濑直谅.装饰美术之父：斋藤佳三 [M].秋田县总务部宣传课编.秋田的先觉 培养近代秋田的人们，秋田县秋田市山王 4 丁目 1 番 1 号发行，1971.

[34] （日）长田谦一.斋藤佳三 1930—杭州 / 上海的经验 [M].斋藤佳三的轨迹，东京：印象社出版，2006.

[35] （日）吉田千鹤子.斋藤佳三与林风眠 [M] // 近代中国美术史的胎动.东京：勉诚出版，2013.

附录：

20世纪30年代早中期左翼文学艺术出版杂志一览

刊名	刊物性质	编辑发行	创刊时间地点	主稿人及文艺作品	出版情况	其他
《大众文艺》	文学月刊	郁达夫、夏莱蒂编辑，上海现代书局发行	1928年9月20日创刊	主要撰稿人有鲁迅、郭沫若、郑伯奇、沈端先、华汉、钱杏邨、画室、冯乃超、郁达夫、沈起予、叶沉、许幸之、莞尔、潘汉年、陶晶孙、杨邨人等。日本革命作家尾崎秀实（笔名白川次郎、欧佐起）、山上正义（笔名林守仁）也发表过文章。努力推行大众文艺，先后组织过关于大众文艺的两次规模较大的笔谈。也努力介绍世界各国新兴文学，出过两期"新兴文学专号"。	共出2卷，每卷6期，共12期11本（2卷5、6期为合刊）。1930年5月1日和《文艺讲座》《拓荒者》《萌芽月刊》《现代小说》《新文艺》《社会科学讲座》《新思潮》《环球旬刊》《巴尔底山》《南国月刊》《艺术月刊》《新妇女杂志》等13家左翼刊物联合发行《五一特刊》，随刊物赠送。	同年6月1国民党中央党部以"左联外围刊物"罪名查禁该刊

刊名	刊物性质	编辑发行	创刊时间地点	主稿人及文艺作品	出版情况	其他
《沙仑》	文艺月刊。新兴戏剧、美术、电影、音乐、文学的综合志	沈端先主编，沙仑社出版	1930年6月16日创刊	作者有叶沉、冯乃超、许幸之、沈端先、沈起予等。较高的学术性和较强的战斗性是它的特色。本期发表戏剧、电影、音乐、美术、文学论文12篇、小说散文6篇、剧本3个及文艺通信、报道多篇。其中《戏剧运动的目前误谬及今后的进路》（叶沉）和《中国美术运动的展望》（许幸之）两篇论文号召"艺术要更深深地浸透到无产大众去"，要求"新兴美术运动，要和新兴阶级的革命运动合流"，目的是"促成革命成功"。小说《福音堂》《地下生活的一页》，通信《寄给山东实验剧院的朋友》等，宣扬了反帝爱国思想和献身革命事业的精神，富有时代气氛。卷末有"RAdio"，是刊物"传达消息的小玩意"，刊出了报道《左翼作家联盟的成立》及《中国左翼作家联盟的理论纲领》《时代戏剧社出现》，向读者推荐了进步刊物《新思潮》《环球周刊》等。	仅出1期	1930年9月，国民党当局以"普罗文艺宣传"的罪名查禁该刊
《拓荒者》	文学月刊。第3期起为中国左翼作家联盟机关刊	钱杏邨、蒋光慈主编，上海现代书局出版	1930年1月10日创刊	作品与理论并重，创作与翻译并重，发表过殷夫《我们的诗》，洪灵菲《大海》《家信》，森堡《爱与仇》，建南《盐场》，戴平万《陆阿六》《村中的早晨》，钱杏邨《鲁迅》（文学史论）、《中国新兴文学中的几个问题》等作品，译文有列宁的《论新兴文学》（成文英译）、列裴耐夫《伊里几的艺术观》（沈端先译）、《罗莎·卢森堡的俄罗斯文学观》（沈端先译）等。该刊重视世界各国的革命文学动态，发表过《小林多喜二的〈蟹工船〉》（若沁）等一系列报道和介绍。补白多用摘自苏联、日本等国新兴文学作品的片段，使读者为之耳目一新，数量之多，质量之佳为当时各新文学刊物之最，诗人冯宪章译述的这类文学补白，形成了该刊一大特色。	每月1期，1930年5月10日第1卷4、5期合刊出版后停刊，共出5期4册	

刊名	刊物性质	编辑发行	创刊时间地点	主稿人及文艺作品	出版情况	其他
《萌芽》	文学月刊。同年3月1日1卷3期起为中国左翼作家联盟机关刊	萌芽社编辑（实际由鲁迅主编，冯雪峰、柔石助编），光华书局发行	1930年1月1日创刊	作者有鲁迅、冯雪峰、张天翼、柔石、沈端先、冯乃超、吴黎平、白莽、冯宪章等。以发表马克思主义文艺理论和创作为主，先后刊出过《在马克思葬式上的演说》（恩格斯作，致平译）、《马克思论出版的自由与检阅》（洛扬译）、《巴黎公社论》（侍桁译）、《巴黎公社的艺术政策》以及《"硬译"与"文学的阶级性"》（鲁迅）、《对于左翼作家联盟的意见》（鲁迅）等重要论文，还发表过《溃灭》（苏联A·法兑耶夫作，鲁迅译）、《醉了的太阳》（苏联F·革拉特珂夫作，沈端先译）、《中国农村生活片段》（美A·Smedley作，邵明译）及《奶妈》（魏金枝）、《为奴隶的母亲》（柔石）、《小母亲》（白莽）等翻译和创作。该刊注重社会批评，重视杂文，辟有"社会杂观"栏，专门登载抨击黑暗、针砭时弊的杂文。鲁迅《流氓的变迁》《新月批评家的任务》《习惯与改革》《非革命的急进革命论者》《我们要批评家》《张资平氏的"小说学"》《"好政府主义"》《"丧家的""资本家的乏走狗"》等杂文都发表在这里。 从1卷3期成为中国左翼作家联盟的机关刊之后，新辟"国外文化事业研究"专栏，专门介绍苏联社会主义经济建设、文化建设的成就，报道各种文化动态。努力介绍世界进步美术，刊登过高尔基、法捷耶夫、革拉特珂夫的照片、画像，格罗斯、台尼、柳濑正梦的漫画以及《贫农委员会会议》《红军会议》等油画。《新地》分"论文""文艺作品""余载"3栏，论文栏发表《我们为什么不是和平主义者》（JosefLenz作，贺非译）、《文化问题》（卢波勒作，倩霞译），《中国无产阶级文艺运动与"左联"成立的意义》（乃超）、	1930年4月被国民党当局查禁，但同年5月1日仍坚持出版了1卷5期，并和《文艺讲座》《拓荒者》《现代小说》《新文艺》《社会科学讲座》《新思潮》《环球旬刊》《巴尔底山》《南国月刊》《艺术月刊》《大众文艺》《新妇女杂志》等13家、左翼刊物联合出版《五一特刊》。1930年6月改名《新地》出版《萌芽月刊》5期，《新地》1期，共出6期	刊名美术字由鲁迅设计

刊名	刊物性质	编辑发行	创刊时间地点	主稿人及文艺作品	出版情况	其他
《萌芽》	文学月刊。同年3月1日1卷3期起为中国左翼作家联盟机关刊	萌芽社编辑（实际由鲁迅主编，冯雪峰、柔石助编），光华书局发行	1930年1月1日创刊	《〈艺术论〉译序》（鲁迅）等。文艺作品栏续载长篇《溃灭》（A·法兑耶夫作，鲁迅译）和三幕剧《五卅》（方文），短篇小说《老祖母》（秋枫）、《笑的海》（巘涛），地方通讯《在施粥场上》（沈子良）。诗选中刊出《战争》（K·F）、《"五一"纪念》（樱华）、《少年先锋》（陈正道）、《群众》（杉尊）、《春》（少怀）、《让我们向太阳之神祈祷吧》（虹贯）、《归家》（鸥弟）、《夜戽》（唐锡如）等。余载栏刊登杂文13篇及《左翼作家联盟的两次大会记略》《中国社会科学家联盟成立》《艺术剧社被封斗争》《中华艺术大学被封》《自由运动大同盟消息》等重要史料。	1930年4月被国民党当局查禁，但同年5月1日仍坚持出版了1卷5期，并和《文艺讲座》《拓荒者》《现代小说》《新文艺》《社会科学讲座》《新思潮》《环球旬刊》《巴尔底山》《南国月刊》《艺术月刊》《大众文艺》《新妇女杂志》等13家、左翼刊物联合出版《五一特刊》。1930年6月改名《新地》出版《萌芽月刊》5期，《新地》1期，共出6期	刊名美术字由鲁迅设计
《文艺研究》	文艺理论刊物	鲁迅编辑，上海大江书铺发行	1930年2月创刊	创刊号卷首有《例言》说明该刊"专载关于研究文学，艺术的文字，不论著译，并且延及文艺作品及作者的介绍和批评。""文字的内容力求其较为充实"，凡泛论空谈及启蒙之文，倘是陈言，俱不选入"。"前人旧作，倘于文艺史上有重大关系，划一时代者，仍在介绍之列"。"所载诸文，此后均不再印造单行本子"。本期刊物介绍泰纳、车勒芮绥夫斯基、普列汉诺夫、梅林、玛察、冈泽秀虎等论文7篇，卷末刊登了26页精心设计的书籍广告，分别介绍《艺术论》（鲁迅译）、《现代欧洲的艺术》（雪峰译）、《现代的造型艺术》（雪峰译）、《野蔷薇》（茅盾）、《母亲》（沈端先译）等大江版书籍。一本书的卷末，集中刊登如此多的优秀作品介绍，是罕见的，堪称书籍广告艺术的一大盛举。	仅出版一刊。原定"每年2月、5月、8月、11月15日各出一本，每4本为1卷"，但第1卷第1本出版即被禁	

刊名	刊物性质	编辑发行	创刊时间地点	主稿人及文艺作品	出版情况	其他
《艺术》	戏剧、电影、文学综合月刊	编者沈端先，出版者艺术社	1930年3月16日创刊	执笔者有郑伯奇、叶沉、许幸之、冯乃超、戴平万、麦克昂（郭沫若）等左翼作家。《中国戏剧运动的道路》（郑伯奇）、《戏剧与时代》（叶沉）、《新兴美术运动的任务》（许幸之）和《普罗文艺的大众化》（麦克昂）等文对推动当时的文艺运动起过积极作用，是珍贵的文艺史料。末有《编后》1篇，报道中国自由运动大同盟成立的消息，全文刊出《中国自由运动大同盟宣言》。此外还有各种书籍广告7则。	仅出1期	1930年国民党当局以"中国左翼文化总同盟机关刊物"罪名查禁此刊
《巴尔底山》	文学旬刊	李一氓主编	1930年4月11日在上海创刊	主要撰稿人有鲁迅、潘汉年、华汉、冯雪峰、沈端先、冯乃超、朱镜我、白莽、洪灵菲、柔石等。刊载杂文短论，抨击黑暗政治，批判反动文化，宣传苏维埃革命是刊物的特色。先后发表过《起来，纪念五一劳动节！》（谷荫）、《米价问题》（L. S）等文，指出，"只有社会主义是历史发展的前程"，号召"发动反对军阀的斗争，消灭军阀地主豪绅"，争取工农解放。	5月1日出版1卷2、3号合刊，5月11日出版1卷4号，5月21日出版1卷5号，共出5期	刊名系"Partisan"（游击队之意）的译音

刊名	刊物性质	编辑发行	创刊时间地点	主稿人及文艺作品	出版情况	其他
《五一特刊》			1930 年 5 月 1 日出版	上海《文艺讲座》《拓荒者》《萌芽月刊》《现代小说》《新文艺》《社会科学讲座》《新思潮》《环球旬刊》《巴尔底山》《南国月刊》《艺术月刊》《大众文艺》《新妇女杂志》等 13 种左翼刊物的联合版，随各刊附送。共刊登 7 篇文章：《左翼作家联盟"五一"纪念宣言》、列宁《无产阶级的五月节》(ZEN 译)、《今年五一国际的意义》(彭康)、《今年的五一》(冯乃超)、《拥护苏维埃区域代表大会》(洪灵菲)、《由五一想起四一二》(陈涛)、《五一纪念中两只"狗的跳舞"——王独清与梁实秋》(灵声)。冯乃超提出了"七小时劳动制"的口号；洪灵菲号召用实际斗争削弱敌人的力量，支援苏区的斗争；陈涛要求"坚决的'以血还血'，准备第四次暴动！"		
《文化斗争》	中国左翼文化总同盟（文总）机关刊。周刊。		1930 年 8 月 15 日在上海创刊	该刊的使命是："在两个政权决死斗争的现在"，"树起马克思、列宁主义的旗帜，建立正确的革命理论，争取广大的青年群众，起来为苏维埃政权斗争！"刊物的具体工作是："发扬马克思、列宁主义的理论，""加紧与一切非马克思主义、假马克思主义的斗争"，加紧"苏维埃文化运动的理论与实际"的宣传等。潘汉年《本刊出版的意义及其使命》创刊号发表了《反对帝国主义进攻红军》(谷荫)、《取消派与社会民主党》(谷荫)、《拥护苏维埃代表大会》(社会科学家联盟)、《无产阶级文学运动新的情势及我们的任务》(1930 年 8 月 4 日"左联"执行委员会通过)、《反社会民主主义宣传纲领》(中国社会科学家联盟)、《"左联"中心机关杂志征求直接订户》。1 卷 2 期发表《参加九七示威》(赫林)、《文化上的托罗茨基主义》(子贞)、《〈动力〉底反动的本色》(谷荫)、《中国左翼作家联盟在参加全国苏维埃区域代表大会的代表报告后的决议案》以及《左翼作家联盟为建立机关杂志〈前哨〉向广大革命群众的通告》等。	1930 年 8 月 22 日出版第 2 期，目前仅见此 2 期	1930 年 第 3 季度被国民党当局以"鼓吹阶级斗争"的罪名查禁

刊名	刊物性质	编辑发行	创刊时间地点	主稿人及文艺作品	出版情况	其他
《世界文化》	中国左翼作家联盟机关刊	世界文化月刊社编辑，上海泰东书局出版	1930年9月创刊	创刊号发表了《中国目前思想界底解剖》（谷荫）、《"左联"成立的意义和它的任务》（冯乃超）、《中国社会科学运动的意义》（梁平）、《苏联社会主义建设的伟大发展》（烈文）4篇论文，以及鲁迅译的《无产阶级革命文学论》、刘志清（柔石）报道全国苏维埃区域代表大会的通讯《一个伟大的印象》。《编辑后记》宣称："《世界文化》是这个对立斗争中产生出来的文化之忠实报道者。它要成功为中国文化领域中最大无线电台。它报告资本家阶级的残酷统治（白色恐怖、法斯蒂化），也报告无产阶级的互济运动。它报告中国的无产阶级的阶级斗争，也报告各国的解放运动。它报告无产阶级文化的发展，也报告歪曲、反对、压迫无产阶级文化的各种实情。它报告国内文化上种种组织和建设。"	仅出1期	鲁迅筹办定名并联系出版，1933年2月，国民党当局以"宣传阶级斗争"的罪名查禁此刊
《文艺新闻》	文艺周刊	袁殊、楼适夷主编	1931年3月16日在上海创刊	主要报道文化消息，也发表少量文学作品与评论。该刊首先冲破国民党当局的新闻封锁，透露李伟森、胡也频、柔石、殷夫、冯铿5位"左联"盟员作家被害的消息，刊出了5烈士遗像。此后又陆续报道了蒋光慈、李尚贤、冯宪章等左翼作家和左翼文艺工作者逝世的消息。该刊第12号以征答的形式，宣扬左翼作家郭沫若、茅盾，征答的问题是："哪一个作家给我的印象最好？哪一个作家给我的印象最坏？"共发表了4位读者的答案，"给我的印象最好"的作家是郭沫若、沈雁冰（茅盾），认为郭沫若"人格高尚，有一贯的反抗精神"，"思想能随时代而向上，前进。"沈雁冰（即茅盾），他的人格高尚，"作品伟大深刻"。"给我印象最坏的作家"则是张资平，"他的人格卑鄙，"只会"写多角恋爱""骗读者的钱"。刊物也巧妙地揭露了国民党当局围剿左翼文化的罪行和朱应鹏等御用文人的丑恶嘴脸。努力宣传抗日，鼓舞民众斗志，是该刊的重要任务。	共出60期（其中13期为'一二八'事变时的战时特刊《烽火》）	1931年11月，国民党当局以"反动文艺刊物"罪名查禁该刊，但该刊蔑视禁令，坚持出版，直到1932年6月20日停刊，1932年8月国民党当局又以"反动刊物"罪名再次查禁该刊

刊名	刊物性质	编辑发行	创刊时间地点	主稿人及文艺作品	出版情况	其他
《文艺新闻》	文艺周刊	袁殊、楼适夷主编	1931 年 3 月 16 日在上海创刊	1931 年九一八事变一发生，编辑部立即组织人员走访鲁迅、郑伯奇、郁达夫、陈望道等知名作家，并开辟专栏，发表他们的谈话记录，揭穿日本帝国主义的侵略阴谋。1932 年一·二八事变时，编辑部又闻风而动，组织人马上火线采访，出版《烽火》战时特刊，发表了许多通信报道，动员民众抗击敌人，保卫国土。该刊也支持学生爱国运动，曾登载过上海学联捉拿镇压学运的反动头目的通缉令。 该刊还报道了一八艺社、左翼美联、春地画会、北平左翼剧联等左翼文艺团体的活动和《冰花》《摩尔宁》等左翼刊物出刊的消息，向读者介绍了绥拉菲摩维支、村山知义、格罗斯等外国作家、艺术家的生平创作。	共出 60 期（其中 13 期为"一·二八"事变时的战时特刊《烽火》）	1931 年 11 月，国民党当局以"反动文艺刊物"罪名查禁该刊，但该刊蔑视禁令，坚持出版，直到 1932 年 6 月 20 日停刊，1932 年 8 月国民党当局又以"反动刊物"罪名再次查禁该刊
《文学生活》	文学月刊	文学生活社编辑，上海联合书店发行	1931 年 3 月 1 日创刊	撰稿人大多是"左联"盟员，有张天翼、沈起予、白薇、魏金枝、穆木天、侍桁、蓬子等。本期发表了小说《二十一个》（张天翼）、《碑》（沈起予）、《天地之死》（白薇）、《自由在垃圾桶里》（魏金枝），诗《奉天驿中》（穆木天），还发表了童话《蚕儿和蚂蚁》（叶圣陶）。编者对张天翼的《二十一个》十分推崇，在《编者的话》里介绍道："张天翼先生是一位难得的新进作家，他的小说不仅在技术方面是成功的，而感动人的力量也极大，所以我们特地在此地推荐一下。"	创刊号出版后即被禁，仅出 1 期	

刊名	刊物性质	编辑发行	创刊时间地点	主稿人及文艺作品	出版情况	其他
《前哨》	中国左翼作家联盟机关刊,为"纪念战死者专号"	《前哨》编辑委员会编	1931年4月25日出版(此为版权页所注之出版日期,实际延至7、8.月间才出版),	撰稿人有鲁迅、冯雪峰、钱杏邨等。发表了《中国左翼作家联盟为国民党屠杀大批革命作家宣言》和《为国民党屠杀同志致各革命文学和文化团体及一切为人类进步而工作的著作家思想家书》,强烈抗议国民党当局屠杀李伟森、胡也频、柔石、殷夫、冯铿和宗晖等左翼作家,艺术家的暴行,还刊载鲁迅、文英等的檄文和6位烈士的小传、遗照以及殷夫、柔石、冯铿、胡也频的遗作。刊物的出版发行极端困难。冯雪峰、楼适夷、周熙(江丰)、应修人、曾岚、孟通如等参加了它的出版发行工作。鲁迅、冯雪峰是《前哨》的主持者,刊物编完后,鲁迅全家和冯雪峰全家合影留念。早在1930年8月,"左联"就决定出版"中国无产阶级文学运动之总的领导机关杂志"《前哨》,组成了包括鲁迅、茅盾、冯雪峰、沈端先、阳翰笙、丁玲、郑伯奇、沈起予等人在内的编委会,受瞿秋白和"左联"党团的直接领导,并拟在同年10月初出版。同年8月2日《文化斗争》1卷2期刊出了《左翼作家联盟为建立机关杂志〈前哨〉向广大革命群众的通告》,后因形势所迫,刊物未能准期出版	仅出版1期	因"白色恐怖"严重,《前哨》难以继续出刊,从第2期起,改名《文学导报》印行
《文学导报》	中国左翼作家联盟机关刊	由《前哨》改名,《前哨》被查禁后,1931年8月5日出版的该刊1卷2期即改此名。		撰稿人有萧三、史铁儿(瞿秋白)、石萌(茅盾)、洛扬(冯雪峰)、晏敖(鲁迅)等"左联"领导人。曾发表《世界无产阶级革命作家对于中国"白色恐怖"及帝国主义干涉的抗议》《革命作家国际联盟为国民党屠杀中国革命作家宣言》等国际进步力量声援我国左翼文学运动的文件,还发表过几种"左联"的文件和鲁迅、茅盾、瞿秋白批判"民族主义文学"的杂文,是权威性的左翼理论指导刊物。	共出8期	1931年11月,国民党当局以"反动文艺刊物"的罪名查禁此刊

刊名	刊物性质	编辑发行	创刊时间地点	主稿人及文艺作品	出版情况	其他
《北斗》	中国左翼作家联盟机关刊	丁玲主编	1931年9月20日创刊	撰稿人有鲁迅、瞿秋白、茅盾、冯乃超、适夷、张天翼、丁玲、冯雪峰、耶林、穆木天、阿英、周起应、阳翰笙等。发表过《我们不再受骗了》（鲁迅）、《笑峰乱弹》（瞿秋白）、《水》（丁玲）、《大林和小林》（张天翼）等作品。重视文学的大众化问题，组织过征文，发表过一些重要论著和很好的意见，对推进文学大众化运动起过良好的作用。该刊遵循"左联"的行动纲领和工作方针，注意培养文学新人，扩大文学队伍，成绩卓著。主编者广泛联系作者，举行创作座谈，发表新人新作，艾青、李辉英、葛琴、彭慧、杨之华等人在这里发表过他们最初的作品。刊物也很注意文坛动向，重视创作评论，发表过批评姚蓬子创作不良倾向和剖析鸳鸯蝴蝶派文学的重要论文。茅盾和鲁迅为美国伊罗生译编《草鞋脚》一书开列的《中国左翼文艺定期刊编目》介绍《北斗》时指出："这是那时期唯一的公开的左翼文艺刊物。这个月刊也是'左联'领导的。执笔者除了'左联'的作家外，也有'自由主义'的中间作家。这是和以前《拓荒者》等不同的地方。以前《拓荒者》对于'自由主义'的中间作家是取了关门的态度，而《北斗》则是诱导的态度。《北斗》的重要内容除创作外（可惜创作这方面，好的很少），是文艺理论的介绍和短小尖锐的批评小论（杂感）。《北斗》在青年中间很有些相当的影响"。	共出8期	1933年5月，国民党当局以"助长赤焰，摇撼人心"的罪名查禁此刊

刊名	刊物性质	编辑发行	创刊时间地点	主稿人及文艺作品	出版情况	其他
《十字街头》	中国左翼作家联盟机关刊，小报型文艺期刊	鲁迅主编，叶以群等参加编辑	1931年12月11日在上海创刊	发表杂文和大众文艺作品，刊载过鲁迅的《好东西歌》《公民科歌》《南京民谣》和《言词争执歌》等脍炙人口的大众化作品和《友邦惊诧论》等杂文，还发表过L.S.(鲁迅)答"Y及T先生"(沙汀和艾芜)《关于小说题材的通信》JK(瞿秋白)致鲁迅的《论翻译》和瞿秋白杂文《(铁流在巴黎》和《满洲的"毁灭"》。此外,《怒吼吧,中国!》(林瑞精)、《锦州失陷了》(杨德麟)、《文化上的任务》(李太)等文章,都喊出了反帝抗日的时代最强音,是具有时代精神特色的左翼文学刊物。	1931年12月25日出版第2期,1931年1月5日出版第3期,第1、2期为半月刊,第3期改为旬刊,第3期出版后被迫停刊	第2期起,刊名由鲁迅题写
《文学》	中国左翼作家联盟理论机关杂志。半月刊		1932年4月25日创刊	根据"左联"秘书处同年3月9日扩大会议《关于"左联"理论指导机关杂志〈文学〉的决议》创办,目的是"负起建立中国马克思列宁主义的文艺理论的任务"。"时时刻刻的检查各派反动文艺理论和作品,严格的指出那反动的本质"。"必须每一篇文章都针对着当前的'左联'的工作,""文字必须做到斗争的、简洁而明确的"。本期发表3篇文章:《上海战争和战争文学》(同人)、《大众文艺的现实问题》(史铁儿)、《论文学的大众化》(洛扬)。	仅出第1卷第1期	
《秘书处消息》	内部刊物	"左联"秘书处出版	1932年3月15日印行第一期	主要内容有1932年3月9日秘书处扩大会议通过的《关于"左联"目前具体工作的决议》《关于"左联"改组的决议》《关于"左联"理论指导机关杂志〈文学〉的决议》《关于新盟员加入的补充决议》和《各委员会的工作方针》的决议;同年3月13日秘书处会议通过的《关于三一八的决议》,由秘书处署名的《秘书处关于竞赛工作的一封信》和秘书处给"左联"全体同志的信《我们创办了工农小报》以及同年3月12日订定、由"左联"书记签字的《和剧联及社联竞赛工作的合同》。	所见仅此1期	半月刊,土纸油印本。封面刊名用方形空心美术字,封里为目录。文字38页。

刊名	刊物性质	编辑发行	创刊时间地点	主稿人及文艺作品	出版情况	其他
《文化月报》	中国左翼文化总同盟（文总）机关刊。政治、经济、文化综合性月刊	陈质夫编辑	1932年11月15日在上海创刊	刊登了《国联调查团报告书的分析》（王彬）、《论国际形势》（吴恕译）、《请看王礼锡的"列宁主义"》（敢言）、《论苏俄革命纪念与新五年计划》（李耀平）、《五年计划中的社会主义的文化革命》（嵩甫译）等，重点是批判"李顿报告书"和宣传苏联第一个五年计划的伟大成就。王彬的文章指出："国联调查团的报告书"，"没有一点正义公道的气息"，"是一篇国际帝国主义强盗瓜分中国的宣言"。李耀平的文章欢呼苏联人民15年来的伟大胜利，声援江西苏区的革命斗争，指出"国民党最近三四个月来的大举围剿'共匪'是帝国主义直接支持的"。还发表了中国左翼作家联盟为纪念高尔基文学创作40周年而发的贺词《高尔基的四十年创作生活——我们的庆祝》，鲁迅的杂文《论"第三种人"》和译文《苏联文学理论及文学批评的现状》（署洛文译），及德国革命诗人约·培赫尔的长诗《我歌颂五年计划》（张元译），丁休人（应修人）歌颂苏区生活的童话《金宝塔银宝塔》。	仅出创刊号1期即被查禁，第2期以《世界文化》之名出版	卷首《本报启事》表示，要"坚决地担负着为大众的胜利而斗争的任务"
《无名文艺》	文学月刊	编辑人叶紫、陈企霞，出版者无名文艺社	1933年6月1日在上海创刊	创刊号撰稿人有叶紫、黑婴、岛西（彭家煌）、刘锡公、汪雪湄、宋琴心、白兮（钟望阳）、陈企霞、丁锦心等。彭家煌并非无名作家，但为支持刊物，不吝赐稿，并不取稿酬。该刊出版后，白兮曾送呈鲁迅一册请教，鲁迅以中国民谚"留得青山在，不怕没柴烧"相赠，鼓舞该刊注意策略，坚持战斗。在此之前出过《无名文艺旬刊》2期。原还打算出版"无名文艺丛书"，收入《离叛》（叶紫）、《赤道上》（黑婴）等书，后未果。	仅出1期	因经济枯竭停刊

刊名	刊物性质	编辑发行	创刊时间地点	主稿人及文艺作品	出版情况	其他
《文艺月报》	文学月刊	北平出版，文艺月报社主编（1卷3号改署陈北鸥、金谷），北平立达书局发行	1933年6月1日在北平创刊	撰稿人也多为上海与北平"左联"盟员，如茅盾、金丁、穆木天、何菲、白晓光（马加）、陈北鸥、徐盈、张永年等。发表过《文学的党派性》（张英白）、《"第三种人"的出路在哪里》（金丁）、《大众艺术的认识》（山岸又一原作，尹澄之译）、《资本主义下的大众文学》（川口浩作，里正译）、《女作家丁玲》（茅盾）等论文；《骚动》（张瓴）、《春汛》（徐盈）等小说；《吉尔吉兹人的歌》（穆木天）、《火祭》（白晓光）、《灾》（何菲）等诗歌。还发表了吴组缃、罗浮对茅盾名著《子夜》和《春蚕》的评论。是北平"左联"领导的一份重要刊物。	1933年7月15日出版1卷2号，11月1日出版1卷3号，共出3期	封面、装帧仿照上海《文学月报》
《科学新闻》	中国左翼作家联盟北方部机关刊	端木蕻良、方殷、臧云远编辑。参加该刊工作的还有韩保善，江篱、俞竹舟等	1933年6月24日创刊	作者有螺旋（端木蕻良）、丁宁、突微、基凌、杜森等。刊载反映国内外左翼文化运动的短评和消息。第1号刊载《丁玲被暗杀！》消息一则，第2号发表编辑部《丁玲的死》和《丁玲:〈夜会〉》（姚动）等，表示对丁玲的悼念。第3号登载了《茅盾被捕！？》的消息，鲁迅曾致函该刊编者端木蕻良辟谣。	1933年7月1日出版第2号，7月22日出版第3号、7月29日出版第4号（"八·一反战斗争日特辑号"）。第4期出版后被查禁	四开小报形式的周刊

刊名	刊物性质	编辑发行	创刊时间地点	主稿人及文艺作品	出版情况	其他
《戏剧集纳》	广州左翼剧联机关刊		1933 年 7 月 15 日创刊	第 1 号主要内容是抗议国民党反动派秘密绑架左翼女作家丁玲和潘梓年及杀害另一左翼作家丁九（应修人），报告营救丁、潘的有关情况。第 1 版汪瑾的专文《只要我们略一低头，略一回顾……》，痛斥国民党反动派继屠杀李伟森、柔石、胡也频、殷夫、冯铿等左翼作家之后，又秘密绑架丁玲、潘梓年，杀害应修人的滔天罪行。同时发表《文化界为营救丁、潘宣言》及《为著作家丁玲潘梓年募捐！》2 个文件。第 4 版全部版面发表时燕的长文《我们的作家是怎样被绑？怎样跌死？我们将怎样去营救？怎样去保障？》、旅冈的评论《丁玲的创作》及丁玲作品编目。时燕的文章对丁、潘被绑以及应修人牺牲的经过记载颇详，也报道了文化界人士营救丁、潘的活动。旅冈的文章称赞丁玲是一位"为着我们无数的劳苦大众的解放而努力的"作家，抗议反动派的绑架。	该刊仅出 1 期即被禁	4 开报纸型刊物
《文艺》	文学月刊	编辑兼出版者现代文艺研究社，发行人王怀和，上海华通书店发行	1933 年 10 月 15 日创刊	创作为主理论为辅。主要撰稿人有叶紫、何家槐、何谷天、（周文）夏征农、欧阳山、谷非（胡风）、尹庚、草明、艾芜、聂绀弩，吴奚如、丘东平、杨潮、华蒂（以群）、沙驼（于伶）、胡楣（关露）等。发表的重要作品有小说《火》（叶紫）、《水棚里的清道夫》（欧阳山）、《倾跌》（草明）、《两条路》（聂绀弩）、《微笑》（吴奚如）、《从美洲带来的故事》（尹庚）等；论文《苏联艺术的发展》（卢那卡尔斯基的演说词）、《我的自传》（A·绥拉菲摩维支著依凡译）、《创作方法之现实的基础》（鹿地亘作，林琪译）、《伟大优美的事业展开在我们面前》（高尔基作，华蒂译）等。1934 年至 1935 年茅盾、鲁迅为美国伊罗生编辑《草鞋脚》一书开列的《中国左翼文艺定期刊编目》中说："这个刊物完全是'左倾'的青年作家的园地。主要的内容是创作。最优秀的青年作家的作品在这刊物上发表了不少"。	共出 3 期	1933 年 11 月 15 日出版 1 卷 2 号，1933 年 12 月 15 日出版 1 卷 3 号后被查禁

刊名	刊物性质	编辑发行	创刊时间地点	主稿人及文艺作品	出版情况	其他
《北辰报·荒草》	北平文学周刊	荒草社编,负责实际编务的是北平"左联"盟员路一、金肇野等	1934 年 1 月 15 日创刊	主要撰稿人有周怀求(周小舟)、辛人、林林、路一、许仑音、王亚平、林稚英、周涛等。刊登马克思主义和苏联文艺理论、苏联文艺介绍较多,如《关于高尔基》(行迟)、《现代资本主义与文学》(苏联戴纳莫夫作,周怀求译)、《最近的苏联文学》(升曙梦著,许仑音译)、《第一次全俄作家大会通信》(今译)、《关于创作技巧》(高尔基作,林林译)等。其中《现代资本主义与文学》连载 27 期,是该刊的重点作品。该刊一大特色是大力介绍新兴木刻,发表金肇野、许仑音、(段)干青、王华、未名的木刻作品,介绍麦绥莱勒、法复尔斯基、希仁斯基、亚历克舍夫、梅斐尔德等外国进步版画家,还出版过两期,"荒草木运专刊"(33、34 期),推进了北平新兴木刻运动的发展,是鲁迅开拓的中国新兴木刻运动的热烈响应者和支持者。	每星期一出版。1934 年 12 月 3 日第 47 期出版后停刊	
《春光》	文学月刊	陈君冶、庄启东编辑,春光书店出版	1934 年 3 月 1 日在上海创刊	撰稿人中有许多"左联"盟员作家,如王任叔、白薇、王东平、沙汀、艾芜、何家槐、李辉英、郁达夫、征农、洪深、草明、许幸之、陈君涵、张天翼、郑伯奇、穆木天、魏金枝、魏猛克、冰山等。叶圣陶、王统照、郑振铎、巴金、老舍、丰子恺等著名作家也在这里发表作品。重视文艺理论,发表过《论朱湘》《论巴尔扎克》等论文,开展过"中国目前为什么没有伟大的作品产生"的讨论。也尽力支持青年作者,发表他们的创作,是培养青年作家的重要园地,艾青的成名作《大堰河——我的保姆》就发表在这里。 该刊受到鲁迅的重视和关怀。先生在致友人的书信里常提起《春光》,对它的内容"并不怎么好—也不敢好,不准好"表示惋惜与愤慨。1935 年美国伊罗生编选英译现代中国小说集《草鞋脚》,茅盾和鲁迅为他开列的《中国左翼文艺定期刊编目》中列入了此刊。	1934 年 5 月被禁,共出 3 期	

刊名	刊物性质	编辑发行	创刊时间地点	主稿人及文艺作品	出版情况	其他
《中华日报·动向》		聂绀弩主编，叶紫助编	1934年4月11日至同年12月28日出版	内容以杂文论评为主。撰稿人中有鲁迅、高荒（胡风）、耳耶（聂绀弩）、臧其人（吴奚如）、柳七（叶紫）、彭家煌、苦手（欧阳山）、羊枣（杨潮）、式加（路丁）、方之中、李辉英、达伍（廖沫沙）、魏猛克、黄新波、张天虚、杜谈、白夸（钟望阳）、黎夫（夏征农）、白丁（王球）、欧查、蒋弼、齐速、勇余、江家为等中国左翼作家联盟成员。鲁迅发表思想评论，聂绀弩、夏征农等进行社会批评，杜谈、大保、方之中发表诗歌。撰稿人中的"左联"盟员大多积极参加了大众语文问题的论争和关于"旧形式"问题的讨论：鲁迅写了《汉字与拉丁化》《论"旧形式的采用"》等杂文，廖沫沙写了《采用旧形式是个实践问题》，魏猛克写了《如何采用旧形式》，胡风写了《关于采用旧形式的问题》，蒋弼写了《大众语和大众本》，勇余写了《深入大众》，张天虚写了《大众语是否土语》等等。聂绀弩写的论文更多，如《新形式的探求与旧形式的采用》《为白话文敬告林语堂先生》等，显示了左翼作家们对民族文化和祖国前途的深切关心和对人民大众思想解放、文化翻身的急迫愿望。	不分期，共出刊215次，每逢星期三不出刊	
《新诗歌》	诗刊	中国诗歌会主编	1933年2月11日在上海创刊	创刊号有《发刊诗》和《关于写作新诗歌的一点意见》（均署"同人等"），指出诗人的使命是"站在被压迫的立场，反对帝国主义的第二次世界大战，反对帝国主义侵略中国，反对不合理的压迫，同时引导大众以正确的出路"。要求诗人"用俗言俚语""写成民谣小调鼓词儿歌"，"要使我们的诗歌成为大众的歌调"。1934年6月1日2卷1期为"歌谣专号"。刊载歌谣体短诗及各地民谣61首，论文2篇。同年7月6日2卷2期为"创作专号"，刊载诗14首，内容丰富，形式多样，较好地体现了中国诗歌会同人的创作理论。摘要刊登的一封鲁迅论诗的来信，指示了诗歌大众化的明确方向：新诗必须"有节调，押大致相近的韵"，"容易记，又顺口，唱得出来"，具有普遍意义。	共出15期	第1卷1至4期为旬刊，24开横排本。1卷5至7期改为半月刊（6、7期为合刊）。第2卷改为月刊，24开直排本

刊名	刊物性质	编辑发行	创刊时间地点	主稿人及文艺作品	出版情况	其他
《新语林》	文学半月刊	主编者徐懋庸（5期起改为庄启东），发行者光华书局	1934年7月5日在上海创刊	"内容以短篇文字为主，凡批评社会之随感，研究文艺之简论，以及游记，读书录，人物志，短篇小说等，无论创作翻译，皆所具备。态度严肃者不枯燥，幽默者不浮泛，所载文字均言之有物，而使人乐于卒读"。撰稿人有杜德机（鲁迅）、埜荣（廖沫沙）、艾芜、魏猛克、陈君冶、任白戈、徐懋庸、张天翼、商廷发（瞿秋白）、许幸之、胡风、杜谈、征农、祝秀侠、蒋弼、郑伯奇、王任叔、胡依凡、胡楣、李辉英、叶紫、何家槐、郁达夫、耳耶（聂绀弩）、周钢鸣等"左联"盟员作家以及周木斋、风子（唐弢）、陈子展、曹聚仁、克士（周建人）、甘永柏、黎烈文、马国亮、艾思奇、艾青等进步作家。发表过鲁迅的杂文《隔膜》《难行和不信》《买〈小学大全〉记》《从孩子的照相说起》等。在"大众语"讨论中，组织有关人士进行讨论，发表过《大众语的建设问题》《大众语的建设之路》等论文多篇。1934年夏，奥国女作家莉莉·珂贝访问上海，发表了她的画像、签名、赠《新语林》诗和向读者致辞，还有访问记和作品，是一组莉莉·珂贝访华的珍贵史料。该刊5期登载"征求纪念订户一万人"，"内容大加革新、精彩百倍"的广告，说明"第7期出版妇女专号，以后尚有许多专号及4季特大号等，更有精彩，推陈出新，绝妙无穷"。物每期封面均采用黑白木刻。16开本，正文每页分上下两栏排印。	第6期问世后即被查禁，共出6期	

刊名	刊物性质	编辑发行	创刊时间地点	主稿人及文艺作品	出版情况	其他
《东流》	文学月刊	东流文艺社编辑出版(1卷2期起署编辑者林焕平,东流文艺月刊社发行;2卷4期起编辑、发行者为陈达人)	1934年8月在日本东京创刊	主要撰稿人林焕平、魏晋、林林、陈子鹄、邢桐华、蒲风、张香山、陈辛人、孟式钧、俞鸿模、陈斐琴、陈达人等。1卷2期《编后话》表示"我们绝不做任何一种文学或势力的喇叭"。"我们只愿在这块园地里做一个比乡下农夫还要老实的园丁,老老实实地贡献一点真实的东西给读者"。这是办刊方针。重视马克思主义文艺理论和外国进步文艺的介绍,每期均刊出数篇有关文章,较重要的文论有《妥斯退益夫斯基的方法》(魏晋、博文合译)、《郭果里的写实主义》(冈泽秀虎作,焕平译)、《从郭果里到妥斯退益夫斯基》(曼之译)、《惠特曼的现实主义》(焕平译)、《安娜加列尼娜的构成和思想》(邢桐华)、《现实主义与心理主义的表现》(奴西诺夫作,欧阳凡海译)、《托尔斯泰与现实主义》(梅林格作,斐琴译)、《罗曼·罗兰的托尔斯泰观》(俞念远)、《苏联文学的开展》(曼曼)、《日本文学的动向》(张香山)、《不许冷淡》(高尔基)等。此外发表了许多创作和翻译的小说、散文、诗。注意国内左翼文学运动动态,评论左翼文学作品,曾评论过蒋牧良、征农、张天翼的小说《赈米》《新年是不准哭的》《笑》及许幸之的诗《大阪井》。茅盾在1934年10月1日《文学》3卷4号《〈东流〉及其他》(署名惕若)一文中认为它是一个"具有前进意识的刊物"、一个"向上生长的幼芽",虽然"有点幼稚",然而"活泼可爱""朝气蓬勃",与北平学者教授们的《学文》杂志恰成鲜明的对比。和《东流》相较,那是一个"烂熟的果子""你一眼看到的,是他们那圆熟的技巧,但在圆熟的技巧后面,却是果子烂熟时那股酸霉气—人生的虚空。"	2卷2期送检时被日本官厅查禁。2卷3期起,仍坚持出版,1936年4月1日2卷4期出版后被查禁	

刊名	刊物性质	编辑发行	创刊时间地点	主稿人及文艺作品	出版情况	其他
《文学新地》	文学月刊	文学新地社编	1934 年 9 月 25 日在上海创刊	以发表马克思主义文艺理论为主，兼刊文学作品。理论方面有《托尔斯泰象俄国革命的一面镜子》（乌里亚诺夫作，商廷发译）、《马克思论文学》（E·Troshenko 作，杨潮译）、《现代资本主义与文学》（Sergel Dil- ramov 作，杨刚译）和《苏联的演剧问题》（卢那卡尔斯基作，金文生译）等篇，分别论述了文学艺术"在革命的宣传事业中极伟大的任务"，以及资本主义社会中文艺的日益商品化、法西斯化，和戏剧艺术必须"有益于社会主义"等重要文艺理论问题。作品方面刊登了鲁迅的杂文《一九三三年上海所感》（原载当年 1 月 1 日日本《朝日新闻》，石介译），叶紫的小说《王伯伯》（署名杨镜英），艾芜的小说《太原船上》（署名乔诚）和张招的小说《陆家栋》。此外还刊登了阿四《急就日记》、莫野《自相矛盾》、波哀《论杨邨人可以代表中国人》3 篇杂文。批判杨邨人、殷作桢、曾今可之流的"左联"叛徒和反动文人，具有鲜明的战斗性。 刊末的《后记》有云："……现在的读者究竟是感到非常寂寞，在我们，是想在文学方面为读者服一点务的，即使敌人用怎样的残酷手段来压迫我们，我们也要始终和他们战斗到底。现在，我们暂时就开辟了这一个《文学新地》"。这可看作是它的创刊宣言和宗旨。卷首有白描《春》1 幅，印制极美，另有木刻 4 幅，无署名及文字说明。	仅出 1 期即被禁	

刊名	刊物性质	编辑发行	创刊时间地点	主稿人及文艺作品	出版情况	其他
《文学新辑》	中国左翼作家联盟机关刊	编辑者文学新辑社，发行者王梅鸥	1935 年 2 月 20 日在上海创刊	撰稿人多为"左联"盟员，有聂绀弩、周文、蒋弼、张天虚、雷溅波、关露、宋寒衣、陈紫秋、洪道等。仅出第 1 辑。发表的主要作品有杂文《为大众语敬告林语堂先生》(耳耶)、《新堂吉诃德与大众语》(江弼)，小说《第三生命》(周文)、《风水》(天虚)，诗歌《辞工》(溅波)、《你去吧》(胡楣)、《在暗夜里蠕动》(宋寒衣)、《没有了灵魂》(紫秋)、《面包》(洪道)等。封面是木刻《怒吼》(新波)。	第 1 辑出版后即被禁	
《新小说》	文学月刊	郑君平(郑伯奇)编辑，上海良友图书公司出版发行	1935 年 2 月 15 日创刊	撰稿人有鲁迅、郭沫若、茅盾、王任叔、白薇、沈起予、何家槐、李辉英、艾芜、阿英、洪深、郁达夫、张天翼、庄启东、郑伯奇、穆木天、魏猛克等左翼作家。专载通俗化的小说、散文，"文言体及语录体恕不领教"。刊载过《唯命论者》(郁达夫)、《一九二四—三四》(张天翼)、《乡间的来客》(王任叔)、《货船》(萧军)、《促狭鬼莱歌羌台奇》(西班牙巴罗哈作，鲁迅译)、《西里亚的白柠檬》(意大利比朗德娄作，周立波译)、《刽子手》(法国巴尔扎克作，穆木天译)等创作和翻译小说。还发表了孙师毅的电影小说《新女性》。图文并茂，重要作品大多有插画，如鲁迅的译作《促狭鬼莱哥羌台奇》有马国亮的插画，张天翼的创作《伙计》有黄苗子的插画，柯灵的《牺羊》和曹聚仁的《焚草之变》有万籁鸣的插画，萧军的《货船》有万古蟾的插画，尤以李旭丹为立波的翻译小说《西里亚的白柠檬》所作白描插图最美。远在日本的郭沫若，曾致函编辑部，对刊物"轻松可喜"、饶有情趣表示欣赏。该刊 1 卷 2 期刊载了《推行手头字缘起》，鲁迅、郭沫若、茅盾等左翼作家都签名支持推行"手头字"，是一份重要的历史文献。	共出 6 期	

刊名	刊物性质	编辑发行	创刊时间地点	主稿人及文艺作品	出版情况	其他
《木屑文丛》	评论与作品的不定期刊	木屑文丛社编辑发行,上海内山书店及各"左联"小组秘密发行	1935 年 4 月 20 日在上海创刊	卷首的《凡例》宣称:该刊"没有佳作巨制","不过只是一些竹头木屑""一钉一楔""自命为'木屑',并不完全是由于自谦",也在于对自己的时代"能够尽点木屑的任务"。内容有论文《苏联作家大会的两个决议》《关于青年作家地创作成果和倾向》(谷非)、《〈子夜〉与革命的现实主义的文学》(何丹仁)、《中国的文字革命》(叶籁士)、《论文学及其他》(高尔基作,杨潮译)、《苏联作家总论》(苏联幼锦作,徐行译)、《日本普罗文学最近的问题》(日本藤田和夫作,方楫译)等;小说《动荡》(邬契尔)、《棉拷》(臧其人)、《心的俘虏》(王苦手)、《退却》(何谷天)等。邬契尔(吴奚如)的小说《动荡》反映了苏区人民的斗争生活,王苦手(欧阳山)的小说《心的俘虏》强调了革命思想对白军士兵的渗透与影响。	仅出版第 1 辑	
《杂文·质文》	杂文月刊,中国左翼作家联盟东京分盟机关刊	编辑者杜宣(第三号起改署勃生),发行者卓戈白	1935 年 5 月 10 日在日本东京创刊	撰稿人有鲁迅、郭沫若、任白戈、张香山、杜宣、林焕平、林林、孟式钧、陈辛人、陈北鸥、张罗天、邢桐华、陈君涵、臧云远、欧阳凡海、魏晋、东平、林蒂等"左联"盟员作家及其他青年作家。发表了鲁迅的杂文《孔夫子在现代中国》《从帮忙到扯淡》《什么是"讽刺"》和郭沫若的历史小说《孔夫子吃饭》《孟夫子出妻》等。"杂谈""杂论""杂记""杂讯""杂拾"等栏目,多登载杂文、杂论和国外文坛消息。1935 年 7 月 15 日第 2 期上 3 篇有关话剧《雷雨》首演的报道,具有重要文献价值。	1935 年 9 月,该刊 3 期在上海被国民党当局查禁,同年 12 月 15 日 4 号起改名《质文》继续出版,勃生(邢桐华)编辑。1936 年 6 月 15 日出版 5、6 号合刊,10 月 10 日出版 2 卷 1 期,同年 11 月 10 日出版 2 卷 2 期后被禁。共出 8 期	刊名是鲁迅所取,意在鼓舞远在海外的文学青年努力倡导杂文

刊名	刊物性质	编辑发行	创刊时间地点	主稿人及文艺作品	出版情况	其他
《杂文·质文》	杂文月刊，中国左翼作家联盟东京分盟机关刊	编辑者杜宣（第三号起改署勃生），发行者卓戈白	1935年5月10日在日本东京创刊	"介绍"栏介绍的大多是文艺理论，涉及现实主义、创作方法、文学遗产等问题。"插图"栏刊登了杜思退夫斯基、高尔基、普里鲍衣、伊利夫和彼得洛夫、秋田雨雀、鲁迅、郭沫若等中外作家的照片或画像，魏猛克所作鲁迅、郭沫若、秋田雨雀等的漫画像形神兼备，新颖可喜。发表论文《艺术自由论》（辛人）、《从典型说起》（郭沫若）、《现阶段的文学问题》（任白戈）、《国防文学集谈》（郭沫若辑）、《诗的国防论》（林林）、《关于国防文学的几个问题》（任白戈）以及高尔基、罗曼·罗兰、巴比塞等的文章。还出版了《纪念巴比塞》《罗曼·罗兰七十诞辰纪念》《纪念高尔基》《追悼鲁迅先生》4个特辑。1936年2月6日《申报》发表石吟《东京中国留学生的文化活动》一文，对《杂文》月刊作了很高的评价："这个刊物虽小，而在国内及此间同学们的脑子中所留下的影子却非常浓厚。它的态度正确，它是积极的，是在用一条结实的麻绳拖着深重的时代前进的，是与反动的，消极的，颓废的，向局部社会卖笑的《论语》立在对面的。"	1935年9月，该刊3期在上海被国民党当局查禁，同年12月15日4号起改名《质文》继续出版，勃生（邢桐华）编辑。1936年6月15日出版5、6号合刊，10月10日出版2卷1期，同年11月10日出版2卷2期后被禁。共出8期	刊名是鲁迅□取，意在鼓舞□在海外的文学□年努力倡导杂□

刊名	刊物性质	编辑发行	创刊时间地点	主稿人及文艺作品	出版情况	其他
《京报·熔炉》	文学周刊	熔炉社编。负责实际编务的是北平"左联"盟员路一和金肇野	1935 年 7 月 20 日在北平创刊	主要撰稿人有冰莹、牧风、路一、辛人、牧风、白罗、史巴克、段一虹以及王亚平、袁勃、段一虹等，发表的作品有《关于新兴艺术的风格问题》（路一）、《文野统一论》（辛人）、《中国文坛的黑暗面》（路一农）、《老王小李的谈话—关于世界语运动·拉丁化运动·国罗字运动》（白罗）、(毁灭)连续图画序》（冰莹）、《放洋》（牧风）、《洪水》（牧风）、《夜》（一农）、《悼》（路一）、《她的悲哀》《我不信你能百年完好》《爱神的吩咐》（以上史巴克）以及王亚平的诗《这一群》《暴风雨之夜》《纪念巴比塞》《冷箭》，袁勃的诗《吉卜色人之歌》《疆梦》《我愿》等，还发表了鲁迅《关于新文字》、茅盾《关于新文字》两篇同题文章（第 6 期、17 期）。《京报·熔炉》是中国左翼作家联盟北方部在《北辰报·荒草》停刊后创办的又一个左翼文学周刊，它继承文学的现实主义文学传统，刊载贴近时代、反映现实生活的小说、诗歌、戏剧和外国进步文学作品近 60 篇。	1935 年 12 月 14 日出版"终刊号"后停刊，共出 22 期	
《文艺群众》	中国左翼作家联盟机关刊	文艺群众社主编	1935 年 9 月 1 日创刊	主要撰稿人有文尹、叔子、萌华、田军等。提倡"民族自卫文学"。发表过《悼瞿秋白》（本社同人）、《社会主义的现实主义》（也夫作，虞丁译）、《民族危机与民族自卫文学》（萌华）、《十月革命与文学》（向明）、《论文化》（高尔基）、《十月》（田军）等论文与创作。第 2 期辟有"恩格斯逝世纪念特辑"，发表恩格斯《给保尔·厄斯特的信》《致拉萨尔的信》和马克思《致拉萨尔》。	共出 2 期	

刊名	刊物性质	编辑发行	创刊时间地点	主稿人及文艺作品	出版情况	其他
《时事新报·每周文学》	家联盟机关刊	周立波、王淑明编辑	1935年9月15日在上海《时事新报》上创刊，为该报副刊之一	撰稿人有鲁迅、郭沫若、立波、何家槐、梅雨、辛人、杨骚等"左联"盟员。以刊载杂文和短评为主。发表过鲁迅的《杂谈小品文》《论新文字》等杂文。拥护"国防文学"，发表有关文章十余篇，为鼓舞左翼作家投入抗日救亡运动发挥了积极作用。	1936年5月26日第36期出版后，被迫停刊	
《生活知识》	综合性半月刊	编辑人沙千里、徐步，发行人徐步。文艺栏编辑关露	1935年10月10日在上海创刊	所载大多为社会政治、经济类文章，文艺也占相当篇幅，为文艺栏撰稿的大多是左翼作家，如周钢鸣、徐懋庸、关露、周立波、聂绀弩、奚如、林娜、梅雨、柳倩、蒲风、舒群、林林、尘无、何家槐等。《发刊词》说，"我们的刊物"，"是生活知识，但不是生活于任何时间及任何地方的自然人所应有的知识，而是生活于国土丧失，农村破产，天灾因人祸才加剧的现代中国的社会人所特应有的知识。"文艺方面发表过《作家的主观与社会的客观》（徐懋庸）等文艺理论，《送走》（奚如）等小说。发表关露的诗（《失地》《临刑》《病院》等）是该刊的主要特色。这些短诗，朴实隽永，感情热烈，是大众化诗歌的精品。 该刊积极宣传"国防文学""国防戏剧""国防音乐""国防电影"，发表文章、剧本、歌曲不少，出过"国防戏剧特辑""国防文学论文辑"和"国防音乐特辑"。还公布过一个《九一八以来国防剧作编目》，左翼作家田汉的《回春之曲》等七个剧本、适夷的《S.O.S》和《活路》、白薇的《敌同志》等三个剧本、袁殊的《工场夜景》、张天翼的《最后列车》、任伽（于伶）的《瓦刀》和《炸弹》被作为优秀剧作列入编目。该刊还积极提倡新兴木刻，发表过温涛、唐英伟、野夫的作品，介绍过德国人民艺术家凯绥·珂勒惠支的版画。		1936年2月，国民党当局以"鼓吹全国武装救国，提倡拉丁文"罪名查禁此刊。但此后几个月，该刊抗拒禁令，仍继续出刊。直到10月5日2卷10期出版后停刊。11月至1937年6月间，国民党当局再次查禁此刊

刊名	刊物性质	编辑发行	创刊时间地点	主稿人及文艺作品	出版情况	其他
《海燕》	左翼文学月刊	编辑人史青文,出版者海燕文艺社	1936年1月20日在上海创刊	撰稿人鲁迅、胡风、沪生(荒煤)、奚如、田军、萧红、路丁、罗烽、周文、欧阳山等。注重评论和杂文,尤以鲁迅的杂文和胡风的评论为多,发表过鲁迅的《文人比较学》《大小奇迹》《"题未定"草》《阿金》《陀思妥夫斯基的事》等;胡风的译著《文艺底课题》(高尔基)、《文艺界底风习一景》等及陈节(瞿秋白)译的高尔基政论《论白党侨民文学》。也很重视报告文学这一体裁,1935年12月24日上海民众声援北平"一二·八"运动的大示威,以及同年纪念"一二·八"四周年的游行示威,刊物都及时发表了报告文学《记十二月二十四日南京路》(沪生)、《一二·八前进》(路丁),鼓舞读者的抗日救亡热情。 该刊重视插图,注意图文并茂。2月号发表报告文学《十二月二十四日续记》,同时又发表木刻《1935·12·24》(郭牧)。同期刊出杰米扬·别德内伊讽刺诗《主人的工作》和《好人》,同时登载了苏联漫画家库克雷尼克塞的两幅大型木刻插图。介绍法国作家纪德和马尔劳的作品时,也各佐以白描头像一幅,使版面显得活泼生动。	共出2期被禁	

刊名	刊物性质	编辑发行	创刊时间地点	主稿人及文艺作品	出版情况	其他
《东方文艺》	文艺月刊	编辑兼发行者侯枫，发行所东方文艺社，总经销处上海新钟书店	1936 年 3 月 25 日创刊	主要撰稿人有郭沫若、东平、张罗天、辛人、蒲风、欧阳凡海、张香山、梅雨、林蒂、雷石榆、魏晋等东京"左联"盟员，王余杞、许幸之、王任叔、郑伯奇、庄启东、方之中、张天翼、周而复、任钧、洪道、穆木天、关露、安娥、杨骚、舒群、罗烽、张若英（阿英）等各地"左联"盟员也在这里发表译著。刊物发表的小说《阴沉的天》（王任叔），散文《清明时节》（方之中），诗歌《天桥的风暴》（王亚平）和《平沪路上》（安娥）等，以中国人民的抗日救亡为题材，充满爱国激情。注重文艺批评和文艺理论，发表过《东平的眉目》（郭沫若）、《论戴望舒的诗》（蒲风）、《读大板井》（穆木天）和《艺术本质地是战斗》（高尔基作，代石译）、《苏维埃文学的新现实主义》（吉尔波丁作，梅雨译）、《到苏维埃之路》（高尔基作，代石译），	共出 7 期	1936 年 8 月 25 日出版 2 卷 1 期革新号，由原来的 16 开本改为 25 开本，每期封面均由吴天设计，无图案，仅有刊名。
				外国文学作品方面发表过《文明的齿轮》（巴比塞作，张罗天译）、《幼年》（托尔斯泰作，北芒译）、普希金的诗，左祝理的散文等。1 卷 4 期《追悼高尔基特辑》刊出 10 篇诗文，集中介绍了这位世界文豪的生平思想和创作，内容丰富。所有这些理论与作品，都有助于左翼文学运动的发展。支持"国防文学"的口号，发表过《对于国防文学的意见》（郭沫若）、《国防文学的中心问题》（谷平）等文。也重视新兴木刻，刊载过《北平的怒吼》（新波）和"全国木刻展览会作品"选 10 幅，这在当时是不寻常的。		

刊名	刊物性质	编辑发行	创刊时间地点	主稿人及文艺作品	出版情况	其他
《夜莺》	文学月刊	编辑方之中,助理编辑谢舶菩,发行人陈晓云	1936年3月5日在上海创刊	撰稿人有鲁迅、唐弢、欧阳山、王任叔、庄启东、方之中、东平、奚如、罗烽、白曙、雷石榆、谭林通、杨骚、以群、胡风、绀弩、尹庚、陈企霞、田间等。创刊号《编后》说:"本刊是一把扫帚,在这民族垂亡的紧迫关头,不管老的,新的,有形的,无形的垃圾砖块阻碍我们救亡的进路,它将无情的给以清除,如果遇着铁桩石块,我们也不惜以大刀板斧来迎击,只要我们的能力许可的话。"道出了该刊的办刊方针。理论与创作并重,理论上,支持鲁迅提出的"民族革命战争的大众文学"口号,同年6月1卷4期还专门出了"民族革命战争的大众文学特辑",发表鲁迅《几个重要问题》,"主张以文学来帮助革命,不主张徒唱空调高论",认为"现在我们中国最需要反映民族危机,鼓励争斗的文学作品"。《抗日文学战线》(龙贡公)、《创作口号和联合问题》(绀弩)、《文学的新要求》(奚如)等文,阐明了"民族革命战争的大众文学"口号的内容、特征及其正确性;还大力介绍高尔基、爱伦堡、法捷耶夫、森山启等外国作家的文艺理论,供我国作家参考。创作上,尽力发表左翼作家的新作,如小说《雾》(王任叔)、《失业者》(庄启东)、《候审室》(龙乙)、《生与死》(奚如),散文报告《为民族自由解放》(尹庚)、《苏州》(钱江),诗《饥饿》(田间)等,显示了左翼文学的实绩,是"左联"后期有影响的刊物。	共出4期	

刊名	刊物性质	编辑发行	创刊时间地点	主稿人及文艺作品	出版情况	其他
《令丁》	文学月刊	北平"左联"领导，主编兼发行令丁月刊文艺社	1936年4月1日在北平创刊	撰稿人大多是北平师范大学学生。以发表小说、散文为主，刊登过小说《夜之交流》（梁文彬）、《动摇》（史巴克）等，论文《文学是跟在现实后边跑的吗？》（方甲）《非常时文学的检讨》（于今）。也发表过《前进》（李桦）等木刻作品。	1936年5月15日出版1卷2期后即被查禁，共出2期	
《文学丛报》	文学月刊	主编王元亨、马子华（从第3期起增加萧今度），发行人童天润（田间）	1936年4月1日出版诞生号	主要撰稿人多为"左联"盟员，如鲁迅、郭沫若、聂绀弩、沈起予、奚如、东平、张天虚、马子华、周而复、白薇、周文、田间、任钧、柳倩、雷溅波、洪遒、白曙、以群、胡风、徐懋庸、梅雨、王任叔、方之中、杨骚、许幸之、俯拾（陈凌霄）、庄启东、雪苇、澎岛、李辉英等。诞生号《编后》说："我们没有什么伟大的希冀，仅仅是想办出一个并不是老气横秋俨然'私产'的东西，让它永远保持青春年少，活泼，有生气，并且是大众所有的粮食。"这可算是该刊宗旨。鲁迅支持该刊，他的重要文章《白莽遗诗序》《关于〈白莽遗诗序〉的声明》《我要骗人》《答托洛斯基派的信》均发表在这里。胡风的论文《人民大众向文学要求什么》也发表在同年6月1日第4期上。此外还刊载过郭沫若、周文、东平、聂绀弩、周而复、方之中、王任叔、李辉英等"左联"作家的小说散文，田间、任钧、杨骚、白薇、柳倩、林林等左翼诗人的诗以及陈白尘的剧本，新波、力群、野夫的木刻。	1936年8月1日第5期出版后停刊，共出5期	1936年，国民党当局以"每期几乎都有鲁迅的文章"之罪名查禁此刊

刊名	刊物性质	编辑发行	创刊时间地点	主稿人及文艺作品	出版情况	其他
《文学界》	文学月刊	主编周渊（系一虚名，实系戴平万、杨骚、徐懋庸、邱韵铎、沙汀共同编辑）。上海光华书局出版。	1936 年 6 月 1 日创刊	是倡导"国防文学"的主要刊物，先后发表过《关于国防文学》（周扬）、《与茅盾先生论国防文学的口号》（周扬）、《国防·污池·炼狱》（郭沫若）、《文艺界联合问题我见》（何家槐）、《我对于国防文学的意见》（罗烽）、《新的形势和文学的任务》（艾思奇）、《关于国防文学的争论》（丁非）等 20 余篇文章。鲁迅的《论现在我们的文学运动》一文也载于该刊。1 卷 3 号出刊《特辑：几个创作家对于国防文学的意见》，集中发表了荒煤、征农、艾芜、魏金枝、罗烽、林娜、舒群、戴平万、叶紫、沙汀、黄俞、杨骚、梅雨、张庚、茅盾、周扬、凡海的论文 17 篇。在"国防文学"理论指导下，发表了许多"国防小说""国防诗歌""国防戏剧"以及评论，如小说《萧苓》（舒群）、《依瓦鲁河畔》（白朗），剧本《黎明》（荒煤），还有《〈赛金花〉座谈会》、夏衍的《赛金花》创作谈《历史与讽喻》，梅雨对舒群的小说《没有祖国的孩子》的评论等，对推动"国防文学"的发展起了积极的作用。文学作品之外，发表了较多的"国防"题材的木刻，如张慧《水龙头的扫射》、段干青《向哪里去》、马达《关山依旧》、新波《铁蹄下》等，是刊物的一大特色。该刊努力提倡报告文学，发表过《报告文学论》（Merin 作，徐懋庸译）、《报告文学的必要》（A. Marlaux 作，沈起予译）等理论和基希、A·史沫特莱的报告文学作品。该刊 1 卷 2 期载《中国文艺家协会宣言》《中国文艺家协会简章》《中国文艺家协会会员名录》3 个中国文艺家协会的文件。	共出 4 期	1936 年 11 月被国民党当局查禁

刊名	刊物性质	编辑发行	创刊时间地点	主稿人及文艺作品	出版情况	其他
《浪花》	文学月刊	北平浪花社刊物	1936 年 7 月 15 日创刊	撰稿人有柳林、魏东明、碧野、林娜等北平和上海的左翼作家，载有论文《国防文学的理论与实践》（柳林）、《人民大众向文学的一个要求》（柳林）；小说《海上兵变记》（杨曼译）、《大街》（林娜）、《长白山下》（柳林）、《一支枪》（碧野），报告文学《早上》（魏伯）等。	8 月 15 日出版第 2 期后被查禁	第 3 期出版时改名《今日文学》。
《现实文学》	文学月刊	编辑者尹庚、白曙，出版者《现实文学》社，代表人林秩成	1936 年 7 月 1 日出版第 1 期	撰稿人有鲁迅、路丁（宋卢天）、耳耶（聂绀弩）、草明、罗烽、龙乙（欧阳山）、奚如、蒋牧良、张天翼、胡风、田间、白曙、方之中、辛人、周文、东平等。理论与创作并重。先后发表过鲁迅《论现在我们的文学运动》《答托洛斯基派的信》，何凝（瞿秋白）译的《巴尔扎克论》（恩格斯著），胡风的《M·高尔基断片》《田间的诗》，辛人《论当前文学运动的诸问题》，曹靖华译《我怎样创作的》（B·拉甫列涅夫著）等理论文章。在两个口号论争中，拥护鲁迅提出的"民族革命战争的大众文学"口号，第 1 期出过"民族革命战争的大众文学问题"专辑，发表 4 篇文章：《一点意见》（张天翼）、《现实形势与民族革命战争的大众文学》（路丁）、《创作活动的路标》（耳耶）、《今后戏剧运动的路》（艾淦）。创作有草明、罗烽、奚如、龙乙（欧阳山）、蒋牧良、张天翼、方之中、周文、东平等的小说，田间的诗。第一期卷末刊登了《中国文艺工作者宣言》（未列入目录）。该刊重视美术作品，刊载过高尔基、萧洛霍夫的画像、照片及作品插图两幅。	8 月 2 日出版第 2 期。共出 2 期。	1936 年，国民党当局以"刊登《答托洛斯基派的信》"的罪名查禁此刊

刊名	刊物性质	编辑发行	创刊时间地点	主稿人及文艺作品	出版情况	其他
《今日文学》	文艺月刊	北平出版，主编及发行：郎化舍	1936 年 9 月 15 日出版	作者大多为北平"左联"盟员。重要文章有《当前文学运动的两个口号》（柳林执笔）、《伊里奇的高尔基评》（托里方诺夫作，孟式钧译），小说《奔流》（碧野），诗《我要撕破法律的假面》（魏晋）、报告文学《传令兵张英生》（魏伯）等。是一种态度严肃、内容上乘的左翼文学刊物。	仅此 1 期	第 2 期刊名改为《浪花》
《小说家》	文学月刊	主编欧阳山，发行人沈一勇，出版者小说家月刊社	1936 年 10 月 15 日在上海创刊	以发表创作为主。1 卷 1 期发表《不平静的城》（谷斯范）、《古记》（蒋牧良）、《酒船》（绀弩）、《饥饿的伙伴》（辛劳）、《单纯的遗嘱》（草明）、《酒后》（张天翼）、《教授和富人》（东平）、《罢饭》（周而复）、《苦斗》（欧阳山）等小说 9 篇。1 卷 2 期为"哀悼鲁迅先生特辑"，发表陈烟桥、新波、绀弩、周文、东平、方之中、奚如的鲁迅悼文 8 篇和力群、烟桥、新波等的鲁迅像。此外还有《我的同伴》（文若）等小说散文 8 篇。两次小说家座谈会记录分别刊登在本刊上。	同年 12 月 1 日出版 1 卷 2 期。共出 2 期	

刊名	刊物性质	编辑发行	创刊时间地点	主稿人及文艺作品	出版情况	其他
《文艺科学》	文艺理论刊物	主编兼出版者文艺科学社，发行者慕容	1937年4月10日创刊	提倡"文艺理论的重工业运动"，即注重马克思主义文艺理论的介绍与翻译。创刊号发表吉尔波丁、罗森达尔等苏联文艺理论家关于社会主义现实主义问题的论文6篇，克鲁普斯卡娅的《伊里奇与现实主义作品》和马耶考夫斯基的诗《伊里奇》等。卷末《编完了》指出："国防文学已经成为现阶段的口号，目前的问题是在我们怎样干了。""'社会主义的现实主义'的展开，是我们在国防文学确立以后的刻不容缓的任务。"可见创办此刊的目的是为了促进"国防文学"的健康发展。	仅出1期	

后　记

　　首先感谢我的导师洪再新教授。2005 年，我开始人生的第二份工作，成为中国美术学院出版社的一名编辑，正因为这份工作，我和书、书籍封面打上了交道。读博进入写作阶段，洪老师考虑到我在本科阶段学习设计和硕士阶段学习设计史论，建议我选一个与工作和学习相关的论题开展研究。在和洪老师多次反复讨论之后，我最终确定了现在的题目，这正是本书的书名。

　　在写作过程中，洪老师为我提供了最关键的第一手资料和参考书，在关键的问题上，洪老师都是果断如斯，替我斩除种种无谓的细枝末节，他一次次地教导我，当我写不下去的时候，就返回到最基本的原点问题。正是在这样一遍一遍地回到原问题的过程中，才使我对 1934 年杂志封面设计中艺术与生活的关系研究越来越深入。此外在研究的过程中也不断地发现一些新的问题和故事，这些故事和画面除了与封面设计有密切的关联外，同时也完全可以作为一个独立的领域来进行论述。研究过程犹如现身说法，揭示中国设计史研究中最大的问题是其忽视马克思主义理论的基本精神，也就是包豪斯将工业设计与大众生活紧密结合在一起的现代理念。博士论文的写作虽然暂告一段落，但对于这段设计史的探索，道路才刚刚开始。

　　感谢孔令伟教授，他是研究近代特别是民国物质文化的专家，从读博伊始就给我方向性的指点，尤其在本书的结构、文献分类、文字组织等方面，给予我极为重要的引导和提示。

感谢上海图书馆王曼隽老师为我提供关于 1934 年杂志封面的资料。感谢后藤亮子老师不辞辛劳从日本帮我带回关于斋藤佳三的第一手资料，正是有了这些资料，才让我将中国美术学院和德国的那场现代设计运动联系起来。感谢蔡涛老师惠示日本研究斋藤佳三的展览图录，介绍日本近现代美术字设计的最新研究。感谢张书彬老师，他于 2013 年、2016 年帮助洪老师做的两个中国现代艺术史研究案例，编纂了《鲁迅日记》中魏猛克与鲁迅通信交往的编年，其活动都在"杂志年"期间，由此提供给我魏猛克和相关的线索。他提出视觉设计背后的人、技术与媒介传播、跨语境的蝴蝶效应以及各种相关的联系，让我论述中国早期图案教育与包豪斯之间有了一个大的历史框架。沈临枫拟以"林风眠与李树化——中国现代艺术中的音画关系"为博士论题，正好与本书研究的时段和人物相近，在写作过程对我多有点拨，提出各种建设性的意见。

感谢家人、朋友在我学习期间一直给予的照顾和支持，使我在这漫长而忙碌的学习和工作中，顺利完成本书的撰写。